危险化学品安全培训丛书

危险化学品事故处理与应急预案

陈海群　王凯全　等编著

中国石化出版社

内 容 提 要

本书介绍了危险化学品事故管理的理论、相关法律法规和方法。内容包括：危险化学品事故的概念、危险化学品事故的成因及其特点、危险化学品事故应急救援预案的编制方法、各类典型危险化学品事故扑救和救治技术、事故后的调查分析等，同时提供了一些典型的危险化学品事故案例。

本书可供从事危险化学品管理的技术人员和管理人员使用，也可作为高等学校安全工程专业师生和相关培训人员的参考书。

图书在版编目(CIP)数据

危险化学品事故处理与应急预案/陈海群，王凯全等编著.
—北京：中国石化出版社，2005(2006.7 重印)
(危险化学品安全培训丛书)
ISBN 7-80164-801-3

Ⅰ.危… Ⅱ.①陈… ②王… Ⅲ.化学品-危险物品管理-事故-处理 Ⅳ.TQ086.5

中国版本图书馆 CIP 数据核字(2005)第 038731 号

中国石化出版社出版发行
地址：北京市东城区安定门外大街 58 号
邮编：100011 电话：(010)84271850
读者服务部电话：(010)84289974
http://www.sinopec-press.com
E-mail:press@sinopec.com.cn
北京精美实华图文制作中心排版
河北天普润印刷厂印刷
全国各地新华书店经销
*
787×1092 毫米 16 开本 16.5 印张 272 千字
2005 年 5 月第 1 版 2006 年 7 月第 1 版第 2 次印刷
定价：28.00 元

前　言

改革开放以来，随着工业化进程的迅速发展，生产规模不断扩大，各种化学化工的新材料、新产品、新技术、新工艺和新设备给人民群众的生活带来了极大的便利，但随之而来的重大事故特别是危险化学品事故也不断发生，给人民的生命、财产安全和生活环境构成了重大的威胁。据统计，近年来我国危险化学品事故呈明显上升趋势，2000年全年发生事故514起，死亡785人，到2003年上升为621起，死亡960人。如2003年12月23日重庆开县发生的天然气井喷一案中，由于大量含有高浓度硫化氢的天然气四处扩散，造成243人因硫化氢中毒死亡、2000多人因硫化氢中毒住院治疗、65000人被紧急疏散安置、直接经济损失达6000余万元人民币的严重后果；2004年4月以来，黑龙江、吉林、北京等地又连续发生13起比较严重的危险化学品泄漏和爆炸事故，造成23人死亡，300多人受伤或中毒，疏散群众15万多人，2005年3月29日发生在京沪高速公路淮安段的35吨液氯泄漏事故又导致大量的人员伤亡，群众生命财产遭受重大损失，同时使环境受到污染，造成恶劣的社会影响，给国家和人民群众带来了极大的经济损失。

本书是《危险化学品安全培训丛书》中的一本，作者在查阅大量国内外文献资料的基础上，根据多年从事化工产品研究开发和教学的经验，针对我国危险化学品事故频繁发生的特点而编写的。本书首先从危险化学品事故的概念出发，阐述了危险化学品事故的成因及其特点；继而介绍了危险化学品事故应急救援预案的重要性及编制方法；然后列举了各类典型危险化学品事故扑救及事故发生后的医疗救治技术；最后讨论了事故发生后的调查分析、损失估算、责任追究等内容，同时提供了一些典型的危险化学品事故案例，对事故的成因和后果进行了深入细致的分析研究，指出大多数化学品事故都是可以避免的，对避免类似事故的灾难提出了参考意见。在编写过程中，作者力求将系统安全的基础理论和分析方法与化学品事故中的具体问题相结合，注重解决危险化学品事故管理中的实际问题，期望本书能给从事危险化学品生产的企业以及安全工程技术的教学和研究工作者提供借鉴和参考。

本书的第1章、第3章由陈海群编写，第2章由黄勇编写，第4章由何光裕编写，第5章由周旺鹰编写，第6章由龚方红编写，第7章由王凯全编写，全书由陈海群、王凯全统稿。在编写过程中，作者查阅和利用了大量的文献资料，在此对原著作者表示感谢。由于作者水平有限，书中难免有疏漏之处，恳请读者和同行多多赐教，不胜感激！

目　录

第1章 概 述

事故是在生产活动过程中，由于人们受到科学知识和技术力量的限制，或者由于认识上的局限，当前还不能防止，或能防止但未有效控制而发生的违背人们意愿的事例序列。

危险化学品具有易燃、易爆及毒性、腐蚀性等特征，在其生产、储存、运输、经营、使用过程中极易发生具有严重破坏性的火灾、爆炸、毒物泄漏等重大事故，造成人员伤亡或者财产损失，严重威胁职工的生命和国家财产的安全。目前就世界范围而言，危险化学品事故的危害已居各种工业事故危害的首位。

掌握危险化学品事故的概念、特点、发生机理及其致因等基本知识，有助于认识危险化学品事故的规律，有助于防止此类事故的发生，避免或减少事故造成的人员伤亡和财产损失。

1.1 危险化学品事故的定义

1.1.1 事故的定义

目前，在事故的种种定义中，人们普遍接受的是由伯克霍夫提出的定义。

伯克霍夫认为,事故是人(个人或集体)在为实现某种意图而进行的活动过程中,突然发生的、违反人的意志的、迫使活动暂时或永久停止的事件。事故的含义包括:

(1) 事故是一种发生在人类生产、生活活动中的特殊事件，人类的任何生产、生活活动过程中都可能发生事故。

(2) 事故是一种突然发生的、出乎人们意料的意外事件。由于导致事故发生的原因非常复杂,往往包括许多偶然因素,因而事故的发生具有随机性质。在一起事故发生之前,人们无法准确地预测什么时候、什么地方、发生什么样的事故。

(3) 事故是一种迫使进行着的生产、生活活动暂时或永久停止的事件。事故中断、终止人们正常活动的进行，必然给人们的生产、生活带来某种形式的影响。因此，事故是一种违背人们意志的事件，是人们不希望发生的事件。

事故这种意外事件除了影响人们的生产、生活活动顺利进行之外，往往还可能造成人员伤害、财物损坏或环境污染等其他形式的严重后果。在这个意义上说，事故是在人们生产、生活活动过程中突然发生的、违反人意志的、迫使活动暂时或永久停止，可能造成人员伤害、财产损失或环境污染的意外事件。

事故和事故后果是互为因果的两件事情:由于事故的发生产生了某种事故后果。但是在日常生产、生活中,人们往往把事故和事故后果看作是一件事件,这是不正确的。之所以产生这种认识,是因为事故的后果,特别是引起严重伤害或损失的事故后果,给人的印象非常深刻,相应地注意了带来某种严重后果的事故;相反地,当事故带来的后果非常轻微,没有引起人们注意的时候,人们也就忽略了事故。

因此，人们应从防止事故发生和控制事故的严重后果两方面来预防事故。

1.1.2 危险化学品事故的定义

明确危险化学品事故的定义，界定危险化学品事故的范围，不但是危险化学品事故预防和治理的需要，也是危险化学品安全生产的监督管理以及危险化学品事故的调查处理、上报和统计分析工作的需要。

(1) 危险化学品事故的定义

根据伯克霍夫的定义，危险化学品事故可以定义为：

危险化学品事故是人(个人或集体)在生产、经营、储存、运输、使用危险化学品和处置废弃危险化学品的活动过程中，突然发生的、违反人的意志的、迫使活动暂时或永久停止的事件。

危险化学品事故后果通常表现为人员伤亡、财产损失或环境污染。

构成危险化学品事故有两个必要条件，一是危险化学品，二是事故。

下面三个特征有助于判断危险化学品事故：

① 事故中产生危害的危险化学品是事故发生前已经存在的，而不是在事故发生时产生的。

② 危险化学品的能量是事故中的主要能量。

③危险化学品发生了意外的、人们不希望的物理或化学变化。

(2) 危险化学品事故的界定

危险化学品事故的界定条件如下：

① 界定危险化学品事故最关键的因素是判断事故中产生危害的物质是否是危险化学品。如果是危险化学品，那么基本上可以界定为危险化学品事故。

② 危险化学品事故的类型主要是泄漏、火灾、爆炸、中毒和窒息、灼伤等。

③ 某些特殊的事故类型，如矿山爆破事故，不列入危险化学品事故。

危险化学品事故的界定和危险化学品事故的定义是不同概念，危险化学品事故的定义，只定义危险化学品事故的本质，而危险化学品事故的界定，需要一些限制性的说明。

1.2 危险化学品事故的特点

危险化学品事故有以下特点：

(1) 危险化学品在事故起因中起重要的作用。

① 危险化学品的性质直接影响到事故发生的难易程度。这些性质包括毒性、腐蚀性、爆炸品的爆炸性(包括敏感度、安定性等)、压缩气体或液化气体的蒸汽压力、易燃性和助燃性、易燃液体的闪点、易燃固体的燃点和可能散发的有毒气体和烟雾、氧化剂和过氧化剂的氧化性等。

② 具有毒性或腐蚀性的危险化学品泄漏后,可能直接导致危险化学品事故,如中毒(包括急性中毒和慢性中毒)、灼伤(或腐蚀)、环境污染(包括水体、土壤、大气等)。

③ 不燃性气体可造成窒息事故。

④ 可燃性危险化学品泄漏后遇火源或高温热源即可发生燃烧、爆炸事故。

⑤ 爆炸性物品受热或撞击,极易发生爆炸事故。

⑥ 压缩气体或液化气体容器超压或容器不合格极易发生物理爆炸事故。

⑦ 生产工艺、设备或系统不完善,极易导致危险化学品爆炸或泄漏。

(2) 危险化学品在事故后果中起重要的作用。

事故是由能量的意外释放而导致的。危险化学品事故中的能量主要包括机械能、热能和化学能。危险化学品的能量是危险化学品事故中的主要能量。

① 机械能。主要有压缩气体或液化气体产生物理爆炸的势能,或化学反应爆炸产生的机械能。

② 热能。危险化学品爆炸、燃烧、酸碱腐蚀或其他化学反应产生的热能,或氧化剂和过氧化物与其他物质反应发生燃烧或爆炸产生的热量。

③ 毒性化学能。有毒化学品或化学品反应后产生的有毒物质,与体液或组织发生生物化学作用或生物物理学变化,扰乱或破坏肌体的正常生理功能。

④ 阻隔能力。不燃性气体可阻隔空气,造成窒息事故。

⑤ 腐蚀能力。腐蚀品使人体或金属等物品的被接触的表面发生化学反应,在短时间内造成明显破损的现象。

⑥ 环境污染。有毒有害危险化学品泄漏后,往往对水体、土壤、大气等环境造成污染或破坏。

(3) 危险化学品事故的发生,必然有危险化学品的意外的、失控的、人们不希望的化学或物理变化。这些变化是导致事故的最根本的能量。

(4) 危险化学品事故主要发生在危险化学品生产、经营、储存、运输、使用和处置废弃危险化学品的单位,但并不局限于上述单位。危险化学品事故主要发生在危险化学品的生产、经营、储存、运输、使用和处置废弃危险化学品过程中,但也不仅仅局限于发生在上述过程中。

(5) 危险化学品事故的突发性、延时性和长期性。

① 突发性。危险化学品事故往往是在没有先兆的情况下突然发生的,而不需要一段时间的酝酿。

② 延时性。危险化学品中毒的后果，有的在当时并没有明显地表现出来，而是在几个小时甚至几天以后严重起来。

③ 长期性。危险化学品对环境的污染有时极难消除，因而对环境和人的危害是长期的。

(6) 危险化学品事故往往造成惨重的人员伤亡和巨大的经济损失。

由于危险化学品易燃、易爆、毒害等特殊危险性，危险化学品事故往往造成惨重的人员伤亡和巨大的经济损失。特别是有毒气体的大量意外泄漏的灾难性中毒事故，以及爆炸品或易燃易爆气体液体的灾难性爆炸事故等。

1.3 危险化学品事故致因和发生机理

(1) 危险化学品事故致因

为了有效地采取安全技术措施控制危险源，人们对事故发生的物理本质进行了深入的探讨。在众多事故致因理论中，最适用于分析危险化学品事故致因的是能量意外释放理论和两类危险源理论。

① 能量意外释放理论。

1961 年吉布森(Gibson)、1966 年哈登(Haddon)等人提出了解释事故发生机理的能量意外释放论，认为事故是一种不正常的或不希望的能量释放。

能量在人类的生产、生活中是不可缺少的。人类在利用能量的时候，必须控制能量、使之按照人的意图传递、转换和做功。如果由于某种原因能量失去了控制，就会违背人的意愿发生意外的释放或逸出，造成活动的中止，发生事故。如果事故发生时意外释放的能量作用于人体，并且能量的作用超过人的承受能力，则将造成人员伤亡；如果意外释放的能量作用于设备、构筑物、物体等，并且超出它们的抵抗能力，将造成损坏。

从能量意外释放论出发，预防危险化学品事故就是控制、约束能量或危险物质，防止其意外释放；防止危险化学品事故后果就是在事故，能量或危险物质意外释放的情况下，防止人体与之接触，或者一旦接触时，作用于人体或财物的能量或危险物质的量尽可能地小，使其不超过人或物的承受能力。

② 两类危险源理论。

根据危险源在事故发生、发展中的作用，把危险源划分为两大类。

系统中存在的、可能发生意外释放的能量或危险物质称作第一类危险源。第一类危险源具有的能量越多，发生事故的后果越严重。同样，第一类危险源所含的危险物质的量越多，干扰人的新陈代谢越严重，其危险性越大。

系统中使能量或危险物质的约束、限制措施失效、破坏的原因因素称作第二类危险源，包括人、物、环境三个方面的因素。

人的因素即人的失误,可能直接破坏对第一类危险源的控制,造成能量或危险物质的意外释放。例如,合错了开关使检修中的线路带电;误开阀门使有害气体泄漏等。

物的因素问题可以概括为物的故障，可能直接使约束、限制能量或危险物质的措施失效而发生事故。例如，电线绝缘损坏发生漏电；管路破裂使其中的有毒有害介质泄漏等。

环境因素主要指系统运行的环境，包括温度、湿度、照明、粉尘、通风换气、噪声和振动等物理环境，以及企业和社会的软环境。不良的物理环境会引起物的故障或人的失误。

对于危险化学品事故而言，第一类危险源是危险物质，第二类危险源是反应釜、储罐、包装物等危险物质的约束物。在危险化学品事故的发生、发展过程中，这两类危险源相互依存、相辅相成。第一类危险源在事故发生时释放出的能量是导致人员伤害或财物损坏的能量主体，决定事故后果的严重程度；第二类危险源出现的难易决定事故发生的可能性的大小。两类危险源共同决定危险源的危险性。

(2) 危险化学品事故发生机理

危险化学品事故发生机理可分两大类。

① 危险化学品泄漏。

a. 易燃易爆化学品→泄漏→遇到火源→火灾或爆炸→人员伤亡、财产损失、环境破坏等。

b. 有毒化学品→泄漏→急性中毒或慢性中毒→人员伤亡、财产损失、环境破坏等。

c. 腐蚀品→泄漏→腐蚀→人员伤亡、财产损失、环境破坏等。

d. 压缩气体或液化气体→物理爆炸→易燃易爆、有毒化学品泄漏。

e. 危险化学品→泄漏→没有发生变化→财产损失、环境破坏等。

② 危险化学品没有发生泄漏。

a. 生产装置中的化学品→反应失控→爆炸→人员伤亡、财产损失、环境破坏等。

b. 爆炸品→受到撞击、摩擦或遇到火源等→爆炸→人员伤亡、财产损失等。

c. 易燃易爆化学品→遇到火源→火灾、爆炸或放出有毒气体或烟雾→人员伤亡、财产损失、环境破坏等。

d. 有毒有害化学品→与人体接触→腐蚀或中毒→人员伤亡、财产损失等。

e. 压缩气体或液化气体→物理爆炸→人员伤亡、财产损失、环境破坏等。

危险化学品事故最常见的模式是危险化学品发生泄漏而导致的火灾、爆炸、中毒事故，这类事故的后果往往也非常严重。

1.4 危险化学品事故的判别与分类

1.4.1 危险化学品事故的判别

(1) 首先判断事故中产生的危害物质是否属于危险化学品。

例如，1982 年 6 月广西某氮肥厂造气车间外煤渣堆放场发生煤渣堆爆炸事故，事故原因是高温煤渣遇水产生水煤气爆炸，这起事故中产生危害的物质是高温煤渣，高温煤渣不是危险化学品，因此这起事故不是危险化学品事故。又如1987年黑龙江某亚麻厂发生特大粉尘爆炸事故，由于亚麻粉尘不属于危险化学品，因此这起事故也不是危险化学品事故。再如，液化甲烷、压缩甲烷等是危险化学品，但煤矿井下涌出的瓦斯(主要成分是甲烷)不是危险化学品。因此，煤矿瓦斯爆炸事故不是危险化学品事故。

(2) 这里所说的事故中产生危害的物质，是指事故发生前已经存在的物质，而不是在事故发生时产生的有害物质。下面以几个案例来说明。

① 2001年3月，河南某金矿一氧化碳中毒事故，虽然致人死亡的物质是一氧化碳，但一氧化碳是事故过程巷道坑木着火产生的，而不是原本存在的，这里产生危害的物质是着火的坑木。因此，这起事故也不是危险化学品事故。同样，冬天取暖时产生一氧化碳而导致中毒的事故，也不属于危险化学品事故。另外，这两起事故中的一氧化碳不是危险化学品，因为它不是物品。

② 1999年7月，山东某公司在检修甲酸合成反应器时，物料一氧化碳由于阀门关闭不严而进入反应器，从而导致中毒事故。在这起事故中，一氧化碳是反应所需的物料，是原来存在的危险化学品。因此这起事故是危险化学品事故。

③ 危险化学品事故的类型主要是火灾、爆炸、中毒和窒息、灼伤等事故，此外，还有一种情况是危险化学品发生泄漏或其他人们不希望的变化后，仅造成财产损失或环境污染等后果的事故。简而言之，危险化学品事故的类型主要是泄漏、火灾、爆炸、中毒和窒息、灼伤等。除上述类型之外的其他事故，都不应该属于危险化学品事故。如盛装有危险化学品的容器或箱子砸伤、挤伤人体，或危险化学品车辆撞人、轧人事故等，不应该属于危险化学品事故。

④ 某些特殊的事故类型，如矿山爆破事故，可以考虑不列入危险化学品事故。

1.4.2 危险化学品事故的类型

根据危险化学品的易燃、易爆、有毒、腐蚀等危险特性，以及危险化学品事故定义的研究，确定危险化学品事故的类型分6类：

(1) 危险化学品火灾事故

危险化学品火灾事故指燃烧物质主要是危险化学品的火灾事故。具体又分若干小类，包括：① 易燃液体火灾；②易燃固体火灾；③自燃物品火灾；④遇湿易燃物品火灾；⑤其他危险化学品火灾。

易燃液体火灾往往发展成爆炸事故，造成重大的人员伤亡。单纯的液体火灾一般不会造成重大的人员伤亡。由于大多数危险化学品在燃烧时会放出有毒气体或烟雾，因此危险化学品火灾事故中，人员伤亡的原因往往是中毒和窒息。

由上面的分析可知，单纯的易燃液体火灾事故较少，因此，易燃液体、火灾事故往往被归入危险化学品爆炸(火灾爆炸)事故，或危险化学品中毒和窒息事故。固体危险化学品火灾的主要危害是燃烧时放出的有毒气体或烟雾，或发生爆炸，因此这类事故也往往被归入危险化学品火灾爆炸，或危险化学品中毒和窒息事故。

(2) 危险化学品爆炸事故

危险化学品爆炸事故指危险化学品发生化学反应的爆炸事故或液化气体和压缩气体的物理爆炸事故。具体又分若干小类,包括:①爆炸品的爆炸(又可分为烟花爆竹爆炸、民用爆炸器材爆炸、军工爆炸品爆炸等);②易燃固体、自燃物品、遇湿易燃物品的火灾爆炸;③易燃液体的火灾爆炸;④易燃气体爆炸;⑤危险化学品产生的粉尘、气体、挥发物的爆炸;⑥液化气体和压缩气体的物理爆炸;⑦其他化学反应爆炸。

(3) 危险化学品中毒和窒息事故

危险化学品中毒和窒息事故主要指人体吸入、食入或接触有毒有害化学品或者化学品反应的产物而导致的中毒和窒息事故。具体又分若干小类，包括：①吸入中毒事故(中毒途径为呼吸道)；②接触中毒事故(中毒途径为皮肤、眼睛等)；③误食中毒事故(中毒途径为消化道)；④其他中毒和窒息事故。

(4) 危险化学品灼伤事故

危险化学品灼伤事故主要指腐蚀性危险化学品意外的与人体接触，在短时间内即在人体被接触表面发生化学反应，造成明显破坏的事故。腐蚀品包括酸性腐蚀品、碱性腐蚀品和其他不显酸碱性的腐蚀品。化学品灼伤与物理灼伤(如火焰烧伤、高温固体或液体烫伤等)不同。物理灼伤是高温造成的伤害，使人体立即感到强烈的疼痛，人体肌肤会本能的立即避开。化学品灼伤有一个化学反应过程，开始并不感到疼痛，要经过几分钟，几小时甚至几天才表现出严重的伤害，并且伤害还会不断的加深。因此化学品灼伤比物理灼伤危害更大。

(5) 危险化学品泄漏事故

危险化学品泄漏事故主要指气体或液体危险化学品发生了一定规模的泄漏，虽然没有发展成为火灾、爆炸或中毒事故，但造成了严重的财产损失或环境污染等后果的危险化学品事故。危险化学品泄漏事故一旦失控，往往造成重大火灾、爆炸或中毒事故。

(6) 其他危险化学品事故

其他危险化学品事故指不能归入上述五类危险化学品事故之外的其他危险化学品事故。主要指危险化学品的肇事事故，即危险化学品发生了人们不希望的意外事件，如危险化学品罐体倾倒、车辆倾覆等，但没有发生火灾、爆炸、中毒和窒息、灼伤、泄漏等事故。

如果考虑与现行《企业伤亡事故分类》(GB 6441—86)中的事故类型相一致，可按以下分类，但在事故统计上报时，应在别处体现该事故为危险化学品事故。

① 火灾；②爆炸；③中毒和窒息；④灼烫；⑤其他(危险化学品泄漏事故包含在此类中)。

第2章　事故应急救援预案及其系统

2.1　概述

随着现代化生产的发展，其规模日趋扩大，生产过程中的巨大能量潜伏着危险源，尤其是重大火灾、爆炸、毒物泄漏事故危害极大。通过安全设计、操作、维护、检查等措施，可以预防事故、降低风险，但还达不到绝对的安全。因此，需要制定万一发生事故，应该采取的紧急措施和应急方法。事故应急系统是指通过事前计划和应急措施，充分利用一切可能的力量，在事故发生后迅速控制事故发展并尽可能排除事故，保护现场人员和场外人员的安全，将事故对人员、财产和环境的破坏的损失减小到最小程度。

20世纪70年代以来，重大事故应急管理体制和应急救援系统的建立受到国际社会普遍重视，许多工业化国家和国际组织都制定了一系列重大事故应急救援事故法规和政策，明确规定了政府有关部门、企业、社区的责任人在事故应急中的职责和作用，并成立了相应的应急救援机构和政府管理部门。1984年印度博帕尔毒物泄漏事故发生后，美国于1986年发布了《应急计划与社区知情权法》(The Emergence Planning and Community Right-to-Know Act)，1987年美国联邦应急管理署、环保署、运输部发布了《应急计划技术指南》。欧盟在1982年发布了《重大工业事故危险法令》，并于1986年进行了修订和补充。1993年国际劳工大会通过的《预防重大工业事故公约》，将应急计划(预案)作为重大事故预防的必要措施。

在职业安全卫生管理体系中，应急计划是关键的要素之一。事故应急管理的内涵如图2-1所示，包括预防、预备、响应和恢复四个阶段。尽管在实际情况中，这些阶段往往是重叠的，但他们中的每一部分都有自己单独的目标，并且成为下个阶段内容的一部分。事故应急管理四个阶段的内容与应对措施见表2-1。

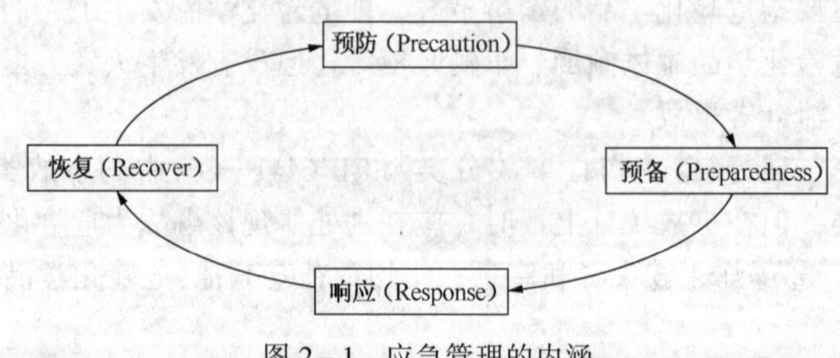

图2-1　应急管理的内涵

表2-1 事故应急管理四个阶段的内容与应对措施

阶　段	内容与应对措施	阶　段	内容与应对措施
预防 为预防、控制和消除事故对人类生命、财产和环境的危害所采取的行动	安全法律、法规、标准 灾害保险 安全信息系统 安全规划 风险分析、评价 土地勘测 建筑物安全标准、规章 安全监测监控 公共应急教育 安全研究 税务鼓励和强制性措施	响应 事故发生前及发生期间和发生后立即采取的行动。目的是保护生命，使财产损失、环境破坏减小到最小程度，并有利于恢复	启动应急通告报警系统 启动应急救援中心 提供应急医疗援助 报告有关政府机构 对公众进行应急事务说明 疏散和避难 搜寻和营救
预备 事故发生之前采取的行动。目的是应对事故发生而提高应急行动能力及推进有效的响应工作	国家政策 应急预案(计划) 应急通告与报警系统 应急医疗系统 应急救援中心 应急公共咨询材料 应急培训、训练与演习 应急资源 互助救援协议 特殊保护计划 实施应急救援预案	恢复 使生产、生活恢复到正常状态或得到进一步的改善	清理废墟 损失评估 消毒、去污 保险赔付 贷款和核批 失业评估 应急预案的复查 灾后重建

预防工作就是从应急管理的角度，防止紧急事件或事故发生，避免应急行动。如制定安全法律、法规、安全规划，强化安全管理措施、安全技术标准和规范，对员工、管理者及社区进行应急宣传与教育等。预备又称准备，是在应急发生前进行的工作，主要是为了建立应急管理能力，它把目标集中在发展应急操作计划及系统上。

响应又称反应，是在事故发生之前以及事故期间和事故后立即采取的行动。响应的目的，是通过发挥预警、疏散、搜寻和营救以及提供避难所和医疗服务等紧急事务功能，使人员伤亡及财产损失减少到最小。恢复工作应在事故发生后立即进行，它首先使事故影响地区恢复最起码的服务，然后继续努力，使社区恢复到正常状态。要求立即开展的恢复工作包括事故损失评估、清理废墟、食品供应、提供避难所和其他装备；长期恢复工作包括厂区重建、社区的再发展以及实施安全减灾计划。

预备、响应和短期恢复工作，要求在政府部门和企业间协调和决策时具备熟练的战术，以便应对事故情况下的应急行动。长期恢复和减灾则要求在计划、政策设计和采取降低风险行动以及控制潜在事故的影响方面，具有战略性的行动。

在应急行动产生之前，预防和预备阶段可持续几年、几十年，乃至几百年；

然而，如果应急发生则导致随之的恢复阶段，新的应急管理又以预防工作开始。事故应急救援预案又称事故应急计划，是事故预防系统的重要组成部分。应急预案的总目标是控制紧急事件的发展并尽可能消除事故，将事故对人、财产和环境的损失减小到最低限度。有关统计表明：有效的应急系统可将事故损失降低到无应急系统的6%。

《中华人民共和国安全生产法》要求："生产经营单位的主要负责人员有组织制定并实施本单位的生产安全事故应急救援预案的职责"。"生产经营单位对重大危险源应当登记建档，进行定期检测、评估、监控，并制定应急预案，告知从业人员和相关人员在紧急情况下应当采取的应急措施"。"县级以上地方各级人民政府应急组织有关部门制定本行政区域内特大生产安全事故应急救援预案，建立应急救援体系"。

《中华人民共和国职业病防治法》要求："用人单位应当建立、健全职业病事故应急救援预案"。

《中华人民共和国消防法》要求："消防安全重点单位应当制定灭火和应急预案，定期组织消防演练"。国务院《关于特大安全事故行政责任追究的规定》要求："市(地、州)、县(市、区)人民政府必须制定本地区特大安全事故应急处理预案。本地区特大安全事故应急处理预案经政府主要领导人签署后，报上一级人民政府备案"。

国务院《危险化学品安全管理条例》要求："县级以上地方各级人民政府负责危险品安全监督综合工作的部门应当会同同级其他有关部门制定危险化学品事故应急救援预案，报经本级人民政府批准后实施。危险化学品单位应当制定本单位事故应急救援预案，配备应急救援人员和必要的应急救援器材、设备，并定期组织演练。危险化学品事故应急救援预案应当报设区的市级人民政府负责危险化学品安全监督管理综合工作的部门备案"。

国务院《使用有毒物品作业场所劳动保护条例》要求："从事使用高毒物品作业的用人单位，应当配备应急救援人员和必要的应急救援器材、设备，制定事故应急救援预案，并根据实际情况变化对应急救援预案适时进行修订，定期组织演练。事故应急救援预案和演练记录应当报当地卫生行政部门、安全生产监督管理部门和公安部门备案"。

国务院《特种设备安全监察条例》要求："特种设备使用单位应当制定特种设备的事故应急措施和救援预案"。重大事故应急救援是国际社会极其关注的一项社会性减灾防灾工作，既涉及科学技术，也涉及计划、管理、政策等。灾难性的事故对社会具有极大的危害，而救援工作又涉及众多部门和多种救援队伍的协调配合，所以，事故应急救援也就不同于一般事故的处理，成为一项社会性的系统工程而受到政府和有关部门的重视。在我国大中型城市以及化工、石油、建筑、矿山、冶金、电力等行业，正开始实施应急救援体系建设工作。建立重大事故应急救援预案和应急救援体系是一项复杂的安全系统工程。

事故应急救援包括事故单位自救和对事故单位以及事故单位周围危害区域的社会救援。其中工程救援和医学救援是应急救援中最主要的两项基本救援任务。

事故应急救援工作是在预防为主的前提下，贯彻统一指挥、分级负责、区域单位自救和社会救援相结合的原则。其中预防工作是事故应急救援工作的基础，除了平时做好事故的预防工作，避免或减少事故的发生外，落实好救援工作的各项准备措施，做到有准备，一旦发生事故就能及时实施救援。重大事故所具有的发生突然、扩散迅速、危害范围广的特点，也决定了救援行动必须达到迅速、准确和有效，因此，救援工作只能实行统一指挥下的分级负责制，以区域为主，并根据事故的发展情况，采取单位自救和社会救援相结合的形式，充分发挥事故单位及地区的优势和作用。

事故应急救援又是一项涉及面广、专业性很强的工作，靠某一个部门是很难完成的，须把各方面的力量组织起来，形成统一的救援指挥部，在指挥部的统一指挥下，安全、救护、公安、消防、环保、卫生、质检等部门密切配合，协同作战，迅速、有效地组织和实施应急救援，尽可能地避免和减少损失。

事故应急救援的基本任务包括下述几个方面：

(1) 立即组织营救受害人员，组织撤离或者采取其他措施保护危害区域内的其他人员。抢救受害人员是应急救援的首要任务，在应急救援行动中，快速、有序、有效地实施现场急救与安全转送伤员是降低伤亡率、减少事故损失的关键。指导群众防护，组织群众撤离。由于重大事故发生突然、扩散迅速、涉及范围广、危害大，应及时指导和组织群众采取各种措施进行自身防护，并迅速撤离出危险区或可能受到危害的区域。在撤离过程中，应积极组织群众开展自救和互救工作。

(2) 迅速控制危险源，并对事故造成的危害进行检验、监测，测定事故的危害区域、危害性质及危害程度。及时控制造成事故的危险源是应急救援工作的重要任务，只有及时控制危险源，防止事故的继续扩展，才能及时有效地进行救援。特别对发生在城市或人口稠密地区的化学事故，应尽快组织工程抢险队与事故单位技术人员一起及时控制事故继续扩展。

(3) 做好现场清洁，消除危害后果。针对事故对人体、动植物、土壤、水源、空气造成的实际危害和可能的危害，迅速采取封闭、隔离、洗消等措施。对事故外溢的有毒有害物质和可能对人或环境继续造成危害的物质，应及时组织人员予以清除，消除危害后果，防止对人的继续危害和对环境的污染。对危险化学品事故造成的危害进行监测、处置，直至符合国家环境保护标准。

(4) 查清事故原因，评估危害程度。事故发生后应及时调查事故的发生原因和事故性质，评估出事故的危害范围和危险程度，查明人员伤亡情况，做好事故调查。

2.2 应急救援预案的必要性

上世纪80年代中期以来，相继发生了一系列灾难性工业事故，尤其是1984年11月19日墨西哥城的天然气泄漏爆炸，452人死亡；1984年12月3日印度博帕尔毒物泄漏事故，造成了2800多人死亡，12.5万人中毒。根据国际劳工组织统计，每年有130多万工人死于意外事故或与工作相关的疾病，造成的经济损失大约占GDP的4%。近几年，随着我国经济高速发展，各类事故居高不下，每年交通和工伤事故死亡人数达10余万人，其中工矿企业事故死亡人数约达1.5万人，每年发生一次死亡10人以上的事故100多起。重大、特大事故频繁发生，阻碍了我国社会经济的可持续发展。党的十六大报告要求高度重视安全生产，保护国家财产和人民生命的安全，全面建设小康社会。创造一个安全、健康的工作和生活环境，是社会和民众的普遍愿望，从安全哲学的观点看，安全是相对的，危险是绝对的，事故是可以预防的，但目前的安全科学技术还没有发展到能有效预测和预防所有事故的程度，因此，事故的应急救援是必不可少的。事故的应急救援是近10年来产生的一门新兴的安全专业和职业，是安全科学技术学科的重要组成部分，其主要目标是控制紧急事件的发生与发展并尽可能消除事故，将事故对人、财产和环境的损失减小到最低程度。工业化国家的统计表明，有效的应急系统可将事故损失降低到无应急系统的6%。2003年12月23日晚10时，由四川石油管理局川东钻探公司承钻的位于开县境内的罗家十六H井，在起钻过程中发生天然气井喷失控，从井内喷出的大量含有高浓度硫化氢的天然气四处扩散，导致两百四十三人因硫化氢中毒死亡、两千多人因硫化氢中毒住院治疗、六万五千人被紧急疏散安置、直接经济损失达六千余万元人民币的严重后果。如果一个企业制定了科学、合理、可行的事故应急救援预案，并进行必要的培训和演习，那么一旦发生事故，在岗人员就不会不知所措，或错误操作，而是按应急预案和程序实施应急处置，这样就可避免事故的扩大和惨剧的发生。可见，企业和政府主管部门依照《中华人民共和国安全生产法》做好应急救援预案的制定和培训，是十分必要的。

为了有效预防重大工业事故的发生，降低事故造成人员伤亡和财产损失，必须建立重大危险源控制系统。事故应急处理预案是重大危险源控制系统的重要组成部分，对于减少事故造成的人员伤亡和财产损失具有重要意义。随着我国经济的发展，我国政府和企业对事故应急处理预案的编制工作日益重视。2000年9月国务院办公厅文件《国有大中型企业建立现代企业制度和加强管理的基本规范(试行)》[国办发(2000)64 号]第 58 条要求企业“对重大危险源进行评估和监控，并制定应急预案”。2000 年 12 月国家经贸委文件《2001 年安全生产工作要点》[安全(2000)66 号]要求“要对各省会城市和计划单列市的重大危险源进行普查、评估和监控，并制定应急预案”。2001 年 4 月 21 日国务院发布的《国务院关于特大安全事故行政责任追究的规定》(国务院第 302 号令)规定：“市(地、州)、县(市、区)人民政府必须制定本地区特大安全事故应急处理预案”。

事故应急救援是一项系统性和综合性的工作，既涉及科学、技术、管理，又涉及政策、法规和标准。我国在此方面无论是科学研究或是企业和政府的实际应用都起步较晚，缺乏系统的理论和实践指导。当前，国家安全生产监督管理局(国家煤矿安全监察局)正着眼于建立安全生产长效机制，全力建设安全生产“六个支撑体系”，其中事故应急救援体系是其重要组成部分。

为了防止和减少生产安全事故，遏制生产安全事故的频繁发生，减少事故中的人员伤亡和财产损失，促进安全生产形势的稳定好转，建立生产安全事故应急救援体系就显得十分迫切和必要。一是通过生产安全事故应急救援预案的制定，总结以往本行政区生产工作的经验和教训，明确本行政区安全生产工作的重大问题和工作重点，提出预防事故的思路和办法，是全面贯彻“安全第一、预防为主”的需要；二是在生产安全事故发生后，事故应急救援体系能保证事故应急救援组织的及时出动，并有针对性地采取救援措施，对防止事故的进一步扩大，减少人员伤亡意义重大；三是专业化的应急救援组织是保证事故及时进行专业救援的前提条件，会有效地避免事故施救过程的盲目性，减少事故救援过程中的伤亡和损失，降低生产安全事故的救援成本。

安全生产是人类生存运动永恒的主题。人类生存，依靠生产；人类幸福，则需要生产安全。事故预防有着悠久的历史。自有生产劳动以来，人类与各种各样的事故灾害进行了不懈的抗争并取得了巨大的成果。但是，科学技术的发展、人类文明的进步，又赋予事故预防以新的意义，并给事故提出了新的研究课题。今天和未来，人类的生存和发展越来越依赖于人类自身发明的高科技的支持和保护，人们追求越来越高的文明享受终将把人类变得不堪一击。整个社会大系统都处在人类高科技控制的临界状态。一旦有所失控，就会出现难以设想的后果。

此外，化学品品种和数量的日益增多，给相关的产业带来了巨大变化，为提高人类的生活水平和促进物质文明的进步做出了巨大贡献。然而，人类在利用化学品的不同性质发展生产的同时，危险化学品固有的易燃、易爆、有毒、腐蚀等特性也会给人类的生命和生存及发展环境带来负作用，如果处理不当或疏于管理，将会发生严重的危险化学品事故，给人类造成严重的危害。随着我国改革开放的深化，社会主义市场经济的发展，我国石油和化学工业得到了快速发展，已成为世界上生产和进口化学品的大国。仅以 2000 年为例，销售收入 13142.7 亿元，占全国工业品销售收入的13.6%；进出口总额740.9亿美元，其中出口创汇218.4亿美元，进口用汇522.5亿美元，贸易逆差304亿美元。据有关资料显示，我国现在大约能生产45000余种化学品，其中绝大多数属危险化学品。危险化学品事故应急救援预案是针对特定化学危险源而预先制定的在危险状态下的应急救援行动方案，目的是为了在发生危险化学品事故时能以最快的速度发挥最大的效能，有序地实施救援，尽快控制事态发展，降低事故危害，减少事故损失。各地、各企业在制定化学事故应急救援预案中，针对不同的化学危险源，在救援技术上需要得到科学、权威的指导。

危险化学品事故具有突发性，且波及面较大，如果采取的抢救方法不当，将难以控制事故现场，甚至会导致事态的扩大。因此，为控制危险化学品事故发生的危害，减少职工和公民生命及财产的损失，研究建立化学事故应急救援体系，制定化学事故应急救援预案已十分必要。我国石油化学工业虽然起步较晚，20世纪70年代就有10230个，其中北京、上海、天津重大危险源均达2500个以上。由于这些危险源90%以上与化学品有关，无疑会对城市的安全构成巨大的威胁，危险性大，事故多发。特别是近年来，随着企业数量的增加，多种经济成分的大量涌现，进出口贸易额的增长，加上一部分企业规模较小、装备相对落后，因而产生了大量的事故隐患和不安定因素，特别是有些地方和企业为获取局部和短期的经济效益，忽视安全生产，导致化学事故屡有发生。危险化学品事故不仅仅发生在生产企业，它涉及到生产、使用、经营、运输、储存和销毁处置等6个环节，每个环节都有可能发生危及人和环境的重大事故。据统计，化工企业1996～2000年共发生伤亡事故1060起，死亡678人，重伤646人，其中造成死亡人数最多的是化学爆炸事故，死亡168人，占总死亡人数的24.77%；其次是中毒窒息事故，死亡99人，占总死亡人数的14.60%。

2.3 国内外重大事故应急系统简介

2.3.1 我国重大事故应急系统简介

在我国化学工业建设的初期，我国就已经开始了化学事故救援工作，不过那时仅仅是以抢救伤员为主，各大化工企业相继建立了职业病防治所，随后有些省、自治区和直辖市也相继设立了化工职业病防治所。为及时、有效地开展化学事故的应急救援，尽可能减少事故的危害和损失，保障人民生命与财产的安全，原化学工业部根据有关法律法规，1994年颁布了《化学事故应急救援管理办法》；1995年成立了“全国氯气泄漏事故工程抢险网”，颁布了《氯气泄漏事故工程抢险管理办法》；1996年，原化学工业部与国家经贸委联合组建了化学事故应急救援系统，该系统由化学事故应急救援指挥中心、化学事故应急救援指挥中心办公室和8个化学事故应急救援抢救中心等组成。该系统的建立，标志着我国化学事故应急救援抢救工作从组织上得到了加强，纳入了国家管理的范畴，为今后工作奠定了良好基础。但我国目前的化学事故应急救援工作，虽然有了一定的基础，但是没有形成明确、统一、系统的应急体系，与一些发达国家相比尚有差距，远远不能适应我国国民经济发展和安全生产工作的需要。主要存在以下几个突出问题：一是地方政府、国务院有关部门和有关单位在化学事故应急救援工作上的职责不明确，特别是缺乏法律、法规上的明确规定；二是缺少国家层面上的组织协调机构，对造成重大社会危害的化学事故难以实行统一指挥和实施有效救援；三是应急准备工作，特别是应急预案的制定和应急救援的装备、物资、经费等不落实。

建立化学事故应急救援体系是我国安全生产工作"六个支撑体系"的重要组成部分。2001年初，国家安全生产监督管理局成立后，根据国务院赋予的"组织、指导和协调化学事故应急救援工作"这项职责，即着手研究建立我国化学事故应急救援体系。根据国家局的工作思路，安全生产工作应着眼于建立安全生产长效机制，要着重抓好"三件大事"、构建"六个支撑体系"、处理好"五个关系"、推进"五项创新"。在六个支撑体系中，特大事故应急救援体系即是其中之一，这里包括矿山事故和化学事故的应急救援。这项工作要求对现有的应急救援资源进行调整和优化，有选择、分区域建立若干个基地，配备必要的现代化装备，加强人员的技能训练，对特大事故能够及时实施有力的救援和处理，从而把事故损失减少到最低程度。同时，要求尽快就体系框架提出总体方案。为了有效防范化学事故和为应急救援提供技术、信息支持，根据《危险化学品安全管理条例》和《危险化学品登记管理办法》(国家经贸委令第35号)的规定，国家已经实行危险化学品登记制度，并设立国家化学品登记注册中心和各省、自治区、直辖市化学品登记注册办公室。

国家化学品登记注册中心的职责：负责组织、协调和指导全国危险化学品登记工作；负责全国危险化学品登记证书颁发与登记编号的管理工作；建立并维护全国危险化学品登记管理数据库和动态统计分析信息系统；设立国家化学事故应急咨询电话，与各地登记注册办公室共同建立全国化学事故应急救援信息网络，提供化学事故应急咨询服务；组织对新化学品进行危险性评估；对未分类的化学品统一进行危险性分类；负责全国危险化学品登记人员的培训工作。

2.3.2 美国重大事故应急系统简介

1986年美国国会通过了SUPERFUND法的修正案，这个修正案是事故应急救援的最高法律依据，该法的第三部分为《应急计划和社区知情权法》。此外，与事故应急救援的相关法律还有《清洁空气法》、《综合性环境应急响应、赔偿和责任法》、《资源保护与恢复法》、《油液污染法》等。1987年美国环保署、联邦应急管理署发布了《应急计划技术指南》，OSHA标准《高危险化学物质生产过程安全管理》和环保署标准《风险管理计划》中对企业事故应急提出了要求。

联邦政府设立联邦紧急事务管理局，并成立了国家应急响应领导小组(NRT)。

国家应急响应领导小组由环保署牵头，由下列16个政府部门组成：环保署(EPA)、职业安全健康管理局(OSHA)、国防部、商务部、农业部、交通部、公共卫生事业管理局生部、联邦紧急事务管理局、内务部、司法部、能源部、财政部、核工业管理委员会、国务院、总务管理局、美国海岸警卫队。国家应急响应领导小组主要职责是协调与油品和危险物有关的重大事故应急计划、准备、响应行动，提出准备和实施事故应急预案的指导性文件。联邦紧急事务管理局的主要职责是制定政策，领导协调联邦应急援助，指导州和地方政府提出、审查评估及检查预案和实施预案的能力。根据应急计划和社区知情权法案，每个州的州应急委员会(SERC)要通过州长来任命。州应急委员会要指定应急预案区域，任命地方的应急预案委员会(LEPC)，监督和协调他们的活动，并且评审当地的应急响应预案。地方的应急响应委员会为社区准备应急响应预案，并建立接受和处理事故所产生的公共信息任务。美国重大事故应急计划体系如图2-2所示。

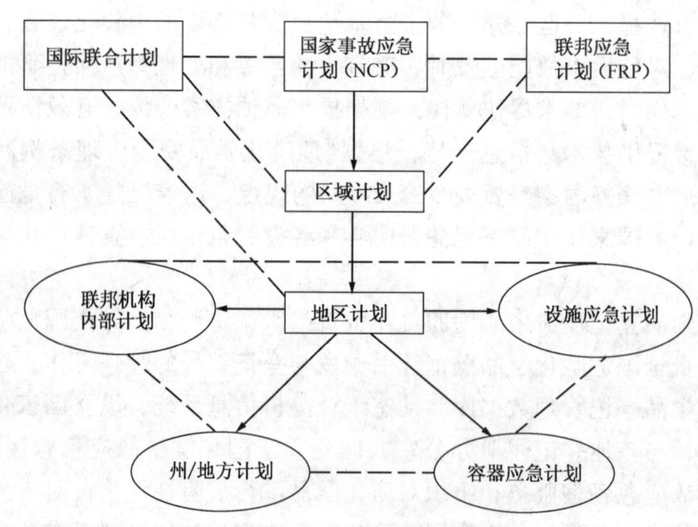

图2-2　美国重大事故应急计划体系

联邦政府和州政府应急管理的日常办事机构设在EPA，主要负责重大事故的应急管理、热线咨询和重大事故的处理。

地方应急预案委员会(LEPC)每年评审应急预案并对制定、实施预案所需资源进行评估和推荐。应急预案要求包括设施及特殊危险品的运输路线、应急响应程序、地方应急人员和医疗救护人员、社区名称和应急协调员姓名、向政府和公众通告的程序、事故监测与风险区域确定方法、社区和企业拥有的应急设备与设施、疏散与避难场所、应急培训、训练和演习计划等。

美国法律要求对重大危险源实行登记。对确定为重大危险源的装置、工艺和危险化学品的生产、储存设施，要向当地应急反应委员会申报注册备案。

2.3.3 欧洲重大事故应急系统简介

2.3.3.1 化学品安全管理

在化学品的安全监督管理方面，欧盟制订了一系列法规和标准，使欧盟各国在化学品的安全监督管理方面保持一致，以消除贸易障碍，如欧共体统一制订了关于危险货物危险性分类、包装和标注的法规(指令 96/56/EC)。欧盟国家对化学品，特别是新化学品的控制十分严格。

欧盟国家要求对化学品进行危害性鉴定、分类和评价。一种新化学品在成为商品投放到市场销售之前，必须进行危害性鉴定、分类和评价，测定其物理性质、化学性质、危险特性、环境数据、毒性和作业场所的健康危害数据。所有数据的测定必须由有资质的机构完成(其中环境数据、毒性和健康危害要到指定机构测定)。为此企业将支付 10 ~ 50 万美元的费用。对现有化学品的危害性鉴定、分类和评价，欧盟要求建立统一的数据库。欧盟于 2003 年出台一个新化学品法规，该项法规将要求在 2012 ~ 2020 年完成目前市场上所有化学品数据的测定。到 2020 以后，未经测定的化学品将不允许在市场销售。该项法规一旦获得通过，出口至欧盟国家的化学品也在其管制之列。据介绍，德国政府曾试图由政府统一开展此项工作，在做过一些化学品危害性鉴定、分类和评价之后，发现其费用十分巨大，政府难以承受。因此，要求生产企业进行该项工作。

在取得完整的化学品危害性鉴定、分类和评价报告之后，生产企业到登记注册机构进行登记注册。登记注册机构对企业的新化学品危害性鉴定、分类和评价报告进行审查，符合法律规定条件的，办理新化学品的登记注册手续，取得登记注册证之后，方可生产、销售。现有化学品和首次进口的化学品也同样需要登记注册。在现有化学品管理上，德国与法国、荷兰有所不同，联邦德国劳工与社会关系部和环保部联合公布了一个特控化学品名单，共有 23 种物质。凡生产名单上所列出的化学品的企业，必须登记注册。登记注册工作由劳工与社会关系部下属的联邦职业安全卫生研究所(FIOSH)负责。登记注册需申报生产的物质种类和数量，必须提供化学品的相关数据。数据可通过以下三个途径获得：

①到指定的部门进行测定；

②生产企业自行测定；

③使用其他企业的数据(通过购买或交换)。

在市场流通的化学品，必须有安全标签和危险化学品管理技术说明书。化学品安全标签和运输标签在欧洲的使用已十分普遍，有以下几种情况：

① 运输车辆：箱式货车的运输标签贴于后门的下部；槽车的运输标签贴于两侧的中下部。

② 包装容器：危险品包装容器上同时贴有安全标签和运输标签。

③ 储存仓库：危险品仓库的大门上贴有运输标签，并有明确的储存温度要求。

2.3.3.2 化学品的作业场所安全监督管理

欧共体对现有化学品的控制有专门的指令793/93/EC；而化学品在生产、使用和储存各环节的重大危险源控制，则依据欧共体指令96/82/EC实施管理，德国、法国和荷兰各国的做法大致相同。

生产(包括使用和储存)设施涉及的危险化学品量超过欧共体指令96/82/EC的规定的临界量后，定义为重大危险源。

列为重大危险源的设施，要按照规定向政府主管部门提交安全报告，安全报告的内容主要包括：工厂说明、相关安全设施说明、物质的危险性鉴别、工艺安全性分析、防止事故的措施、事故影响分析和应急计划等。

政府主管部门组织专家对安全报告进行审查。对报告的内容产生疑问时，企业必须提供进一步的说明，必要时到现场核查。

政府主管部门定期对重大危险设施和化学品生产企业进行检查。检查中，发现有问题的设施限期整改，整改达不到要求的限期停业整顿。

2.3.3.3 危险货物运输的安全监督管理

欧盟国家危险货物运输执行的法规模式见图2-3。

法国危险货物运输的安全监督管理：

(1) 包装材料、运输工具的检测。法国运输部要求所有生产包装材料的企业，必须委托有资质的机构进行检测，检测结果要达到在欧洲各国互相认可。危险货物的运输工具每年必须到工业部门在全国设置的分支机构进行检测，检测合格者发给许可证。运输公司持证运营。另外，每3年有1次严格的检测，对投用多年的车辆检测尤其苛刻。

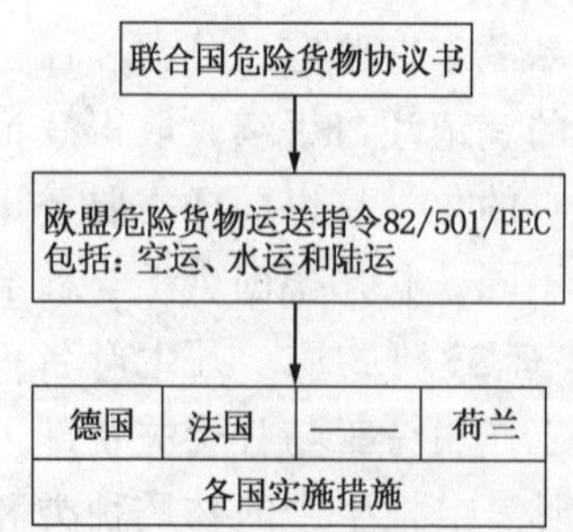

图2-3 欧盟国家危险货物运输执行的法规模式

(2) 从业人员的培训。在法国除从运人员(司机)需要经过专门的培训获得许可证之外，凡涉及危险货物的人员(包括装卸人员、库房管理人员、采购人员等)也必须进行专门的培训。政府主管部门对培训的内容没有硬性的规定，但必须有证据证明培训工作已经完成。

从2001年开始要求所有从事危险货物运输的公司必须有1名对《联合国危险货物运输建议书》精通的专家或顾问(小公司可外聘人员)，其主要的职责为：

① 对危险货物的装—运—卸全程进行指导；

② 对从业人员进行培训；

③ 对公司的营运活动进行审核，并将审核报告提交公司主管；在政府部门需要时有责任将报告提交给政府部门；

④ 参加公司运输事故的调查，并提交报告。

(3)营运安全检查。法国营运检查由交通部门和警察联合进行。每年有500人对20000辆车辆进行检查，大约10%的被检车辆有问题。通常问题较多的是许可证过期、缺少证件、车辆的安全附件不齐全和包装不合格。对检查有问题的车辆通常处以重额罚款，对一次有多种问题者叠加处罚。法国危险货物运输车辆占所有运输车辆的6%，在每年发生的200起运输事故中危险货物运输车辆占2%，事故率远低于一般运输车辆的水平，管理的效果十分明显。

欧盟国家国际性的化学事故应急救援行动由CEFIC组织实施。CEFIC通过推行ICE计划，在欧盟国家内部和欧盟国家之间，建立运输事故应急救援网络。在这个“网络”的运作下，在欧盟范围内欧盟国家的产品发生事故时，都能得到有效的“救助”，从而使运输事故的危害在欧盟国家降到最低。具体的做法为：

① 通过CEFIC组成国际性的应急网络。目前10个欧盟国家的化工协会都是CEFIC的成员，CEFIC已拥有2000多个成员企业。CEFIC的成员企业覆盖了整个欧盟地区。

② 通过ICE计划建立了完备的应急网络。每个欧盟国家都建立了ICE国家中心(如德国ICE中心为TUIS)，负责协调国家内部的应急救援行动；对外与其他国家危险化学品管理中心联系，协调国际间的应急救援行动。

③ 推行运输应急卡(TREMCARD)制度。运输应急卡是欧盟国家运输危险货物的车辆必须携带的文件，以备紧急情况下使用。主要内容包括：货物的性状、危险类别、个体防护、一般应急措施、附加措施、火灾、急救及附加信息等。

④ 统一应答语言。ICE国家中心之间的联系统一使用英语。因此，国家中心的值班人员都要能使用英语。

⑤ 统一应急响应程序。在欧盟国家内化学事故应急分3个级别：

Ⅰ级：提供24小时的电话/传真咨询；

Ⅱ级：派专家到事故现场进行技术指导；

Ⅲ级：派救援小组携带装备到事故现场进行救援活动。

按应急等级实施的程序见图2－4。

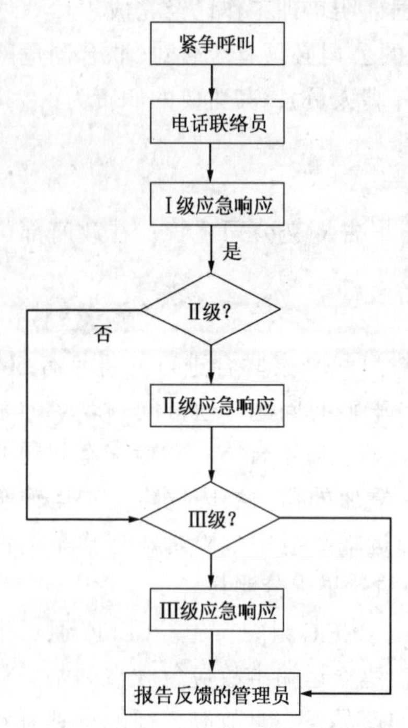

图 2-4 按应急等级实施的程序

2.3.4 澳大利亚重大事故应急系统简介

1993 年 1 月 1 日，澳大利亚成立了应急管理署(EMA)。EMA 负责所有类型的灾害，包括自然的、人为的、技术的或是战争(民防)的。如果发生了上述事故或灾害，EMA 担任抗灾救灾的任务。在灾害的预防、准备、响应和恢复方面，EMA 是通过一系列的州和地区的训练、响应、计划、装备、志愿人员援助等来实现的。

澳大利亚应急管理署的事故和灾害应急计划要求联邦政府、州和地方政府的各级部门都有责任保护其公民的生命和财产的安全。为做到这点，应急管理署通过以下几方面有效地实施对事故和灾害的预防、准备、响应和恢复。

① 社团和有关机构执行有法律效力的应急计划；

② 提供警察、消防、救护、医疗和医院等应急服务；

③ 为公众提供服务的政府和法定机构。

由于地方政府部门和志愿组织与其所服务的公众紧密联系，因此它们起到了重要的作用。联邦政府的任务是向州和地区在建立它们处理紧急事件和灾害的能力上提供指导和帮助，并向紧急事件中要求帮助的州或地区提供物质援助。

EMA 的职责是：

(1) 使国家应急管理的政策和安排正规化，并得到改进；

(2) 提供国家应急管理援助；

(3) 提供应急管理的教育，培训并负责应急研究；

(4) 提供并改进事故和灾害预知信息；

(5) 建立、协调并协助应急管理计划；

(6) 和联邦政府有关部门合作提供应急援助物资；

(7) 改进并提高国家民防能力；

(8) 作为澳大利亚国际发展协作局(AIDAB)的代表，协助进行灾后物资和技术援助；

(9) 在澳大利亚的有关地区协助进行灾害的救援准备工作。

EMA 的作用是：

(1) 建立、协助和支持有效的国家应急管理计划；

(2) 就应急管理事务向联邦政府机构、州和地区、工业界和国际团体提供建议；

(3) 作为澳大利亚国际发展协作局的代表，应协助澳大利亚的有关地区在应急管理方面进行帮助；

(4) 在发生灾害和紧急事件时，协助联邦政府做好物质和技术上的援助；

(5) 建立、实施、总结国家应急管理政策和计划；

(6) 管理州援助项目；

(7) 开展应急管理教育和训练；

(8) 提供应急管理信息；

(9) 建立和维护个人、工业界、团体组织和联邦、州、地区以及国际组织间的应急联系渠道；

(10) 促进公众对紧急事件的响应。

为达到和完成上述的任务，EMA 由两个主要部门组成：

负责政策、计划、协调、总管和财政的总部，以及负责应急管理训练、教育和研究的澳大利亚应急管理学院(AEMI)。

EMA 执行和协调任务的指令是通过 EMA 总部领导的国家应急管理协调中心(NEMCC)下达的。NEMCC 的一小部分固定人员负责帮助灾害服务联络员(DSLO)，这些联络员经有关的联邦政府部门、机构和州政府提名，是联络和促进应急响应的联结点。

EMA 维持和使用两个联邦灾害计划(一个用于澳大利亚，另一个用于国外援助)和一个国家响应计划，这些计划可满足大多数情况的重大紧急事件和灾害。

由 EMA 协调的紧急事件和灾害援助，通常不向州和地方提供经费援助，如果需要的话，在财政部作经费安排前，联邦政府需作出有关的经费预算。

在事故或灾害发生时，为响应从澳大利亚和国外来的查询，EMA 建立了一套国家意外事故人员死亡登记和应急咨询的计算机系统，用以处理事故或灾害发生地区来的信息，以及联邦政府应急管理人员所需的信息。

2.4 应急救援预案的体系及运作

2.4.1 应急救援预案的组织和结构

应急救援准备工作，主要抓好组织机构、人员、装备三落实，并制定切实可行的工作制度，使救援的各项工作得到规范化管理。

目前在我国各大中城市和有关政府部门正在建立事故应急救援机构。上海市人民政府于1991年7月5日颁布命令，明确上海市化学事故应急救援工作由市和区、县抗救灾委员会领导，日常工作由市和区、县民防办公室负责，组建起化学事故应急救援专家委员会和救援专业队伍，实行24小时的昼夜值勤制度。

2002年5月1日发布实施的《南宁市社会应急联动规定(试行)》是中国的第一部多警种应急联动地方政府法规。南宁市社会应急联动中心的地理信息系统由公安、交警、消防、急救、防洪、护林防火、防震、防空、水、电、气等56类应急救助资源和经济社会发展信息构建而成的信息化、数字化“南宁”平台，覆盖市辖区10092平方公里(含武鸣、邕宁两县)。南宁市110报警服务台、火警119、急救120、交警122等报警救助系统、市长公开电话12345及水、电、管道燃气、防洪、护林防火、防震、防空等应急救助系统纳入统一的指挥调度系统。公安部2002年6月向全国公安系统正式推广南宁市社会应急联动中心的社会应急联动工作模式。

2003年2月国家安全生产监督管理总局(国家煤矿安全监察局)成立了“矿山救援指挥中心”和“国家矿山应急救援委员会”，并着手国家矿山应急救援体系的建设。

国家矿山应急救援体系建设方案是根据国家安全生产监督管理总局(国家煤矿安全监察局)关于建立国家矿山应急救援体系的工作部署，依据《中华人民共和国安全生产法》、《中华人民共和国矿山安全法》、《煤矿安全监察条例》及其他法律法规和矿山应急救援工作发展的客观需要制定的，该方案由矿山应急救援管理系统、组织系统、技术支持系统、装备保障系统、通讯信息系统等五部分组成。

(1) 矿山应急救援管理系统由国家矿山应急救援委员会、国家安全生产监督管理矿山救援指挥中心、省级矿山救援指挥中心、市级及县级矿山应急救援指挥部门及矿山企业应急救援管理部门等组织(机构)组成。国家矿山应急救援委员会是在国家安全生产监督管理局领导下的负责矿山应急救援决策和协调的组织。国家安全生产监督管理局矿山救援指挥中心是国家安全生产监督管理局直属的事业单位，受国家安全生产监督管理局的委托，负责组织协调全国矿山救护及其应急救援工作。

(2) 矿山应急救援组织系统分为救护队伍和医疗队伍两部分。救护队伍由区域矿山救援基地、重点矿山救护队和矿山救护队组成。急救医疗队伍包括国家安全生产监督管理局矿山医疗救护中心、区域和重点医疗救护中心和企业医疗救护站，负责矿山重大事故的救护及医疗。

(3) 矿山救援技术支持系统包括国家矿山应急救援专家组、国家安全生产监督管理局矿山救援技术研究实验中心、国家安全生产监督管理局矿山救援技术培训中心，负责为矿山应急救援工作提供技术和培训服务。

(4) 矿山应急救援装备保障系统的基本框架是：国家安全生产监督管理局矿

山救援指挥中心购置先进的、具备较高技术含量的救灾装备与仪器仪表，储存在区域矿山救援基地，用于支援重大、复杂灾害的抢险救灾；区域矿山救援基地要按规定进行装备并加快现有救护装备更新改造，配备较先进、关键性的救灾技术装备，用于区域内或跨区域矿山灾害的应急救援；重点矿山救护队负责省(市、自治区)内重大、特大矿山事故的应急救援，按规定配齐常规救援装备并保持装备的完好性。

(5) 矿山应急救援通讯信息系统以国家安全生产监督管理局中心网站为中心点，建立完善的矿山抢险救灾通讯信息网络，使国家安全生产监督管理局矿山救援指挥中心、省级矿山救援指挥中心、各级矿山救护队、各级矿山医疗救护中心、各矿山救援技术研究、实验培训中心、地(市)及县(区)应急救援管理部门和矿山企业之间，建立并保持畅通的通讯信息通道，并逐步建立起救灾远程会商视频系统。矿山应急救援通讯信息系统在国家安全生产监督管理局矿山救援指挥中心与国家安全生产监督管理局调度中心之间实现电话、信息直通。

矿山应急救援的基本程序是：当矿山发生重大事故时，应以企业自救为主。企业救护队和医院在进行救助的同时，上报上一级矿山救援指挥中心(部门)及政府；救援能力不足以进行有效抢险救灾时，应立即向上一级矿山救援指挥中心(部门)提出救援要求；各级矿山救援指挥中心(部门)对得到的事故报告要迅速向上一级汇报，并根据事故的大小、处理的难易程度等决定是否调用重点矿山救护队或区域矿山救援基地以及矿山医疗救护中心实施应急救援。省内发生重特大矿山事故时，省内区域矿山救援基地和重点矿山救护队的调动由省级矿山救援指挥中心负责；国家安全生产监督管理局矿山救援指挥中心负责调动区域矿山救援队伍进行跨省区应急救援。

以上是矿山企业的应急救援，下面重点介绍一下化学事故的应急救援。

为做好我国化学事故应急救援工作，原国家化学工业部和国家经济贸易委员组建了我国化学事故应急救援系统。成立了化学事故应急救援指挥中心和8区域化学事故应急救援抢救中心，承担化学事故应急救援工作。

化学事故应急救援机构的设置与主要职责如下：

(1) 应急救援指挥中心(办公室)。在化学事故应急救援行动中，组织和指挥事故应急救援工作。平时应组织编制化学事故应急救援预案；做好应急救援专家队伍和救援专业队伍的组织、训练与演练；开展对群众进行自救和互救知识的宣传和教育，会同有关部门做好应急救援的装备、器材、物品、经费的管理和使用；对化学事故进行调查，核对发放事故通报。

(2) 应急救援专家委员会(组)。专家咨询组由权威的工程技术与管理指挥两部分专家组成，通常只在市一级建立。其主要职责是：对指挥组织进行的应急准备活动提出重要建议，特别是关于化学事故潜在威胁的估计，对新装备、器材研制与配备的必要性进行论证；对应急预案的制定及重要的训练演习活动等进行研究并提出决策性建议。化学事故发生后，专家咨询组的主要职责有三条：

① 对事故危害的现状与发展趋势做出估计；

② 对修改应急预案的必要性进行判断，对力量重新调整与部署提出具体建议；

③ 对重大防护措施，如公众撤离等的决策提供技术依据。在化学事故应急救援行动中，对化学事故危害进行预测，为救援的决策提供依据和方案。平时应做好调查与研究，当好领导参谋。

(3) 应急救护站(队)。在事故发生后，应急救援队应尽快赶赴事故地点，设立现场医疗急救站，对伤员进行现场分类和急救处理，并及时向医院转送。对救援人员进行医学监护以及为现场救援指挥部提供医学咨询。应急救援队平时应加强技术培训和急救准备。通常由市、区医院或急救中心、工厂医务室(医院)、军队医院等组成，在市或区卫生部门领导下开展救治活动。其主要职责是：进入事故发生区或中毒危害区，抢救中毒伤员或其他种类的伤员；指导危害区内公众进行自救、互救活动；集中、清点、输送、收治伤员。为了对中毒伤员进行正确的抢救，医疗救治组织中，可吸收部分熟悉毒伤急救的防化技术人员参与。

(4) 应急救援专业队。在应急救援行动中，各救援队伍应在做好自身防护的基础上，快速实施救援。侦检队应尽快地测定出事故的危害区域，检测化学危险物品的性质及危害程度。工程救援队应尽快堵源，做好毒物的清消工作，并将伤员救出危险区域和组织群众撤离、疏散。凡涉及化学危险物品的企业，均应建立本单位的救援组织机构，明确救援执行部门和专用电话，制定救援协作网，疏通纵横关系，以提高应急救援行动中协同作战的效能，便于做好事故自救。在没有设置应急救援机构的区域，一旦发生事故，当地政府主要领导应组织安全、公安、消防、卫生、环保、交通等部门成立紧急救援指挥部实施救援。

(5) 其他机构

① 监测组织。监测组织由地方环保监测站、卫生防疫站、军队防化侦察分队等单位组成。其职责主要是：对空气、水、食物等被污染的状况进行测定，为确定污染范围、水源和食物等可饮(食)用的情况提出技术依据；为侦察污染空气滞留状况提供条件。

② 公众疏散组织。公众疏散组织由公安、民政部门和街道居民组织抽调力量组成。必要时，可吸收工厂、学校中的骨干力量参加，或请求军队给予支援。其主要职责有：根据指挥部发布的警报等级及防护措施，指导部分高层住宅居住的居民实施隐蔽；引导必须撤出的居民有秩序地撤至安全区或安置区；组织好特殊人群(老、弱、病、残、儿童)的疏散安置工作；引导受污染的人员

前往洗消去污；维护撤离区内的社会秩序，打击“趁火打劫者”。保障居民和国家财产免受危害；维护安全区域或安置区内撤出公众的安全，稳定人心和社会秩序。

③ 交通管制组织。交通管制组织通常由公安部门负责组成，其主要职责有：对危害区外围的交通路口实施定向、定时封锁，阻止事故危害区外的公众进入；指挥、调度撤出危害区的人员和使车辆顺利地通过通道；及时疏通交通阻塞；对各封锁路口附近的重要目标实施保护；协助警戒巡逻分队维护社会秩序。

④ 安全警戒组织。对撤离区和安置区内的社会治安工作，可由公众疏散组织兼任，也可以组织专业的安全警戒队伍。在危害区范围较大时，也有必要成立专门的组织。其主要职责是：对撤离区的重要目标实施保卫，进行街巷巡逻，缉拿犯罪分子。这一组织可由公安、武警、军队的警卫分队组成。

⑤ 洗消去污组织。洗消去污组织由军队防化部队、公安消防队伍、环卫队伍组成。其主要职责是：开设洗消站(点)，对受污染而且必须处理的人员、装备、物资、器材进行消毒；组织地面洗消组实施地面消毒，开辟通道或对建筑物表面进行消毒；临时组成喷雾分队(组)，降低有毒有害物的空气浓度，阻止其扩大扩散范围。

事故应急救援工作涉及众多部门和多种救援队伍的协调配合，为有序实施事故救援，应建立起行之有效的应急救援网络体系。网络体系应包括事故救援的指挥体系，各救援部门的通讯网络，以及与上级救援部门的联系网络。除此之外，还应与本区域的公安、消防、卫生、环保、交通等部门建立起协调关系，以便协同作战。

另外，建立毒物资料库或信息网，以及化学事故应急救援专家联络网。对救援行动中可能涉及的毒物，应建立起资料信息库，其内容包括：毒物的物理化学性质、毒物的数据、泄漏物清消方法、消防措施、中毒临床表现、急救处理卫生标准及注意事项等，或者与国内有关毒物咨询中心建立起固定的联系，便于救援时咨询；建立应急救援专家库或专家联系名单，以便在救援过程中及时得到技术指导。

图 2－5 表示在一个生产装置范围内对可以控制的事故实施应急反应的过程。

发现事故，立即向上级指挥中心报告。在企业管理者负责应急反应的情况下，他就是负责处理事故的指挥者。若事故严重度升级可将指挥责任移交给上一级指挥中心，这样事故就上升为Ⅱ级事故。指挥中心根据事故状况将向部分或全体应急人员发出通知，然后向合作单位，包括技术服务机构、实验室咨询，以便从技术上就事故的后果及应采取的措施提供建议。应急人员在现场由他们各自的现场指挥者领导，并由指挥中心对全部活动进行管理和协调。对有害物质的浓度，应在专业服务机构(和/或实验室)的指导下立即进行测定，以便确定其影响程度和范围。这种测定将决定事故是否确属需要社区援助的Ⅱ级事故，或进一步

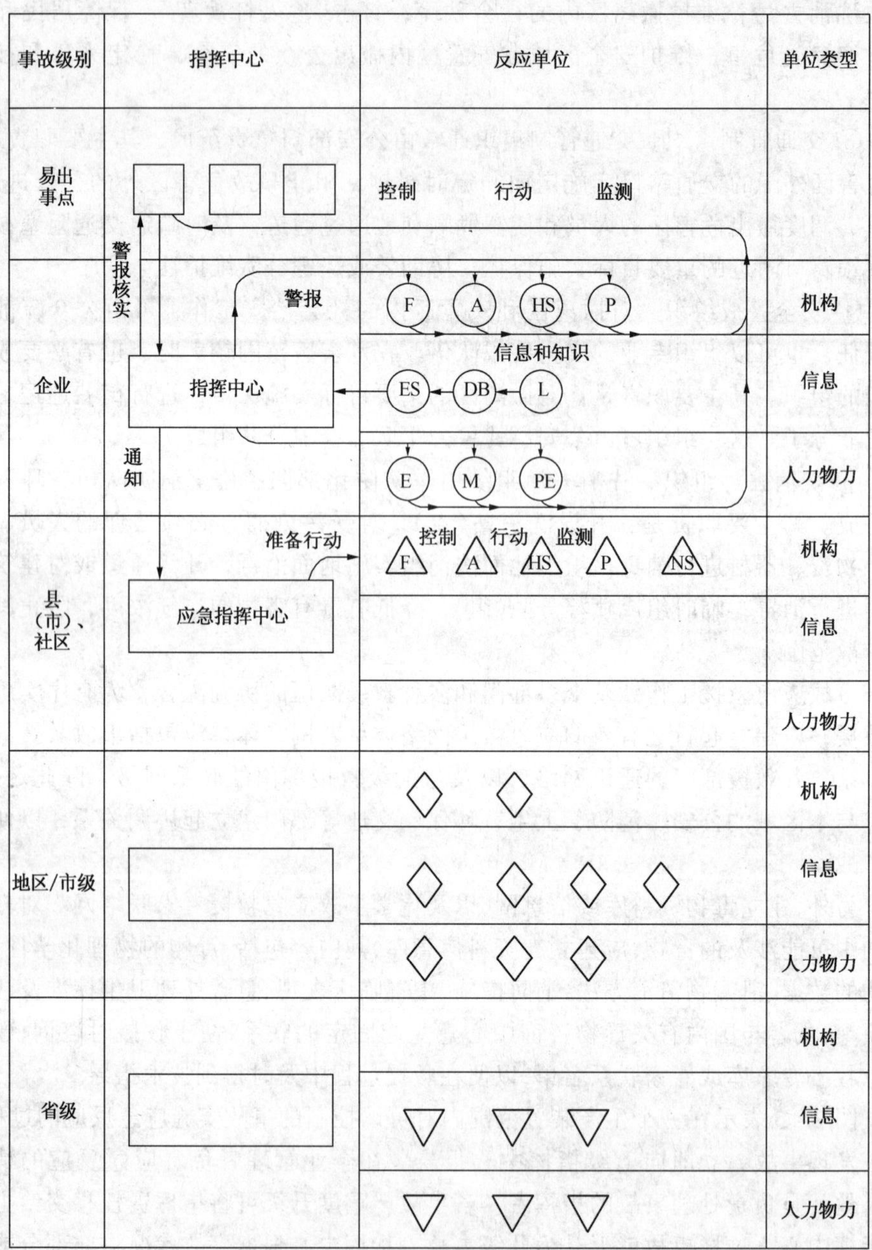

图 2-5　事故应急预案实施程序——I 级

○—企业内部的人力物力；◇—地区和/或市的人力物力；A—救护车；E—设备；F—消防队；L—实验室；P—警察局；NS—环境机构、水和废物管理机构；△—当地社区的人力物力；▽—省(自治区、直辖市)的人力物力；DB—信息数据库；ES—技术服务机构；HS—卫生机构；M—物资；PE—人员；

升级，启动更高级别的应急预案(见图 2-6)。

对于企业应急处理的事故，也要按照国家法律、法规要求向上级指挥中心(这可能是安全生产监督管理局、消防部门、市长办公室或由该社区指定为指挥中心的其他机构)提供有关事故的影响与所采取的措施的全部信息。社区级指挥

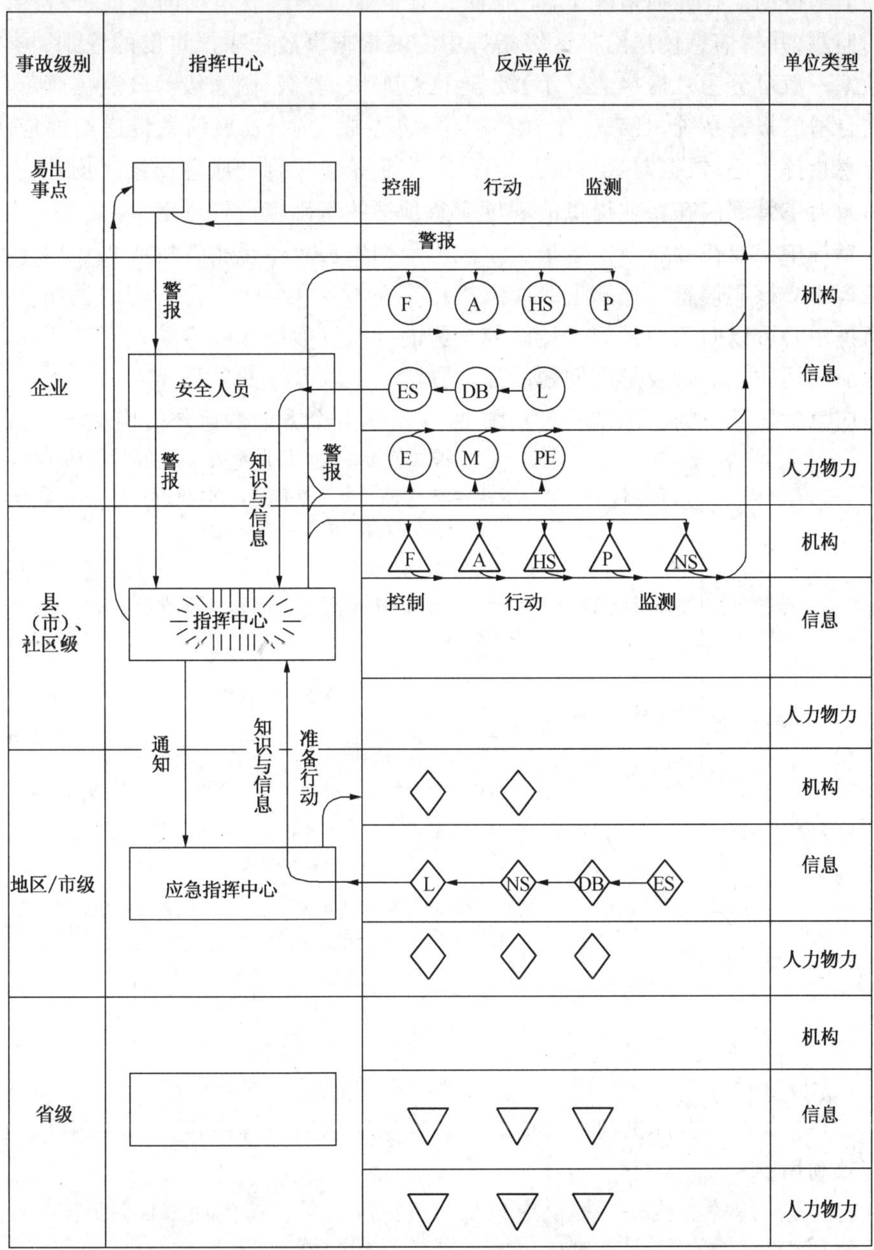

图 2-6　事故应急预案实施程序——Ⅱ级(图中符号同图 2-5)

中心将根据企业应急指挥中心的建议，决定是否应提供社区的人力物力来处理事故(上升到Ⅱ级事故)。

然而通常只有在事故的影响和后果会危害到企业所在的周围地区(社区),或需要提供帮助来处理事故的情况下,企业应急反应系统才向县、市或上级应急反应系统请求援助。在任何情况下,企业都要对企业现场事故情况的发展进行连续不断的监测,并将信息传送给社区级指挥中心。根据事故后果严重度的级别,场外应急预案一般可分为社区级、县(市)级、地区(市)级、省级、国家级。政府主管部门应建立合适的报警系统,且有一个标准程序,将事故发生、发展信息传递给相应级别的应急指挥中心,根据对事故情况的评价,实施相应级别的应急预案。场外应急预案由政府主管部门在企业提供的现场应急预案的基础上负责制定。

指挥中心设在社区级，警报由事故的最初发现者传至指挥中心。然后，社区级指挥中心核实信息，通知上级应急机构，并领导社区级应急机构的运作。社区级指挥中心可以向工业部门、地区或全国的专家、数据库和实验室，就所涉及的化学品的性质、危险及解决问题的最佳方法，征求专家的意见。

应急救援系统的组织结构包括图 2－7 所示五个方面的运作机构：

应急救援组织机构
- 应急指挥中心：整个系统的重心，负责协调事故应急期间各个机构的运转，统筹安排整个应急行动，保证行动快速、有效的进行，避免因混乱造成不必要的损失
- 事故现场指挥机构：负责事故现场应急的指挥工作，进行应急任务分配和人员调度，有效利用各种应急资源，保证在最短时间内完成对事故现场的应急行动
- 支持保障机构：应急的后方力量，提供应急物质资源和人员、技术支持，全方位保证应急行动的顺利完成
- 媒体机构：负责与新闻媒体接触的机构，处理一切媒体报道、采访、新闻发布会等相关事务，以保证事故报道的可信性，对事故单位、政府部门及公众负责
- 信息管理机构：负责系统所需一切信息的管理，提供各种信息服务，在计算机和网络技术的支持下，实现信息利用的快捷性和资源共享，为应急工作服务

图 2－7　应急救援预案系统组成框架图

(1) 应急指挥中心——协调应急组织各个机构运作和关系；

(2) 事故现场指挥机构——负责事故现场应急的指挥工作、人员调度、资源的有效利用；

(3) 支持保障机构——提供应急物质资源和人员支持的后方保障；

(4) 媒体机构——安排媒体报道、采访、新闻发布会；

(5) 信息管理机构——信息管理、信息服务。

各机构要不断调整运行状态，协调关系，形成整体，使系统快速、有效、高效地开展现场应急救援。

化学工业事故应急处理预案是指针对化学危险物品等由于各种原因造成或可能造成众多人员伤亡及其他较大社会危害，为及时控制危险源，抢救受害人员，指导群众防护和组织撤离，消除危害后果而制订的一套救援程序和措施。

编制化工事故应急处理预案工作应在预防为主的前提下，贯彻统一指挥，分级负责，区域为主，单位自救与社会救援相结合的原则。化学事故具有发生突然、扩散迅速、危害途径多、作用范围广的特点，因此，救援行动必须迅速、准确和有效，充分发挥事故单位及地区的优势和作用。

编制事故应急处理预案是一项涉及面广、专业性很强的工作，靠某一个部门是很难完成的，必须把各方面的力量组织起来，形成统一的救援指挥部，在指挥部的统一指挥下，同救灾、公安、消防、化工、环保、卫生、劳动等部门密切配合，协同作战，迅速、有效地组织和实施事故应急处理预案，尽可能地避免和减少损失。

2.4.2　应急救援预案系统的运作

要保证应急救援系统的正常运行必须事先制定一个应急救援预案(又称应急计划)，用计划指导应急准备、训练和演习，乃至迅速高效的应急行动。

(1) 对可能发生的事故进行预测和评价；

(2) 人力、物资等资源的确定与准备；

(3) 明确应急组织和人员的职责；

(4) 设计行动战术和程序；

(5) 制定训练和演习计划；

(6) 制定专项应急计划；

(7) 制定事故后清除和恢复程序。

应急救援系统内各个机构的协调努力是圆满处理各种事故的基本条件。当发生事故时，由信息管理机构首先接收报警信息，并立刻通知应急指挥机构和事故现场指挥机构在最短时间内赶赴事故现场，投入应急工作，并对现场实施必要的交通管制。如有必要，应急指挥机构进而通知媒体和支持保障单位进入工作状态，并协调各机构的运作，保证整个应急行动能有序高效地进行。同时，事故指挥机构在现场开展应急的指挥工作，并保持与应急指挥机构的联系，从支持保障机构调用应急所需的人员和物资投入事故的现场应急。同时，信息管理机构为其他各单位提供信息服务。这种应急救援运作能使各机构明确自己的职责，管理统一，从而满足事故应急救援快速、有效的要求。

应急救援系统为顺利完成救援任务，首先应明确系统的结构体制(见图 2－8)。

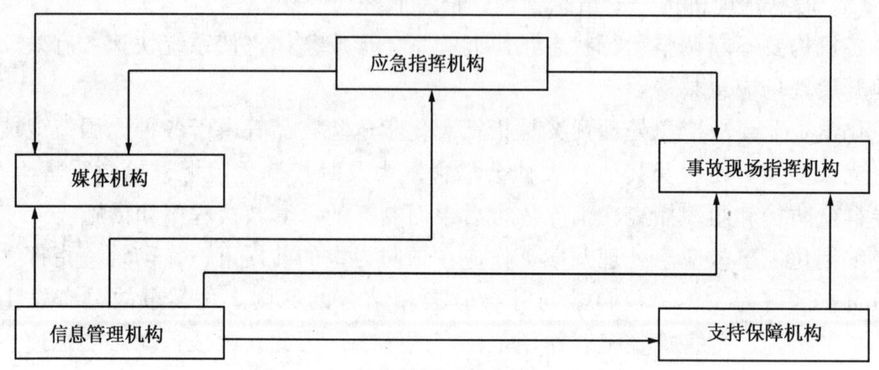

图 2-8 应急救援系统各中心关系图

前面已经论述了各机构在应急救援系统中的职责和功能。当事故发生时,系统进入有效的整体运作状态,完成整个应急救援任务,实现减轻事故后果的目的。

上述应急救援系统是以模块化设计为主进行的，通过对系统内五个方面机构的设计和建立，以实现机构的快速反应、整体行动、信息共享，尽可能提高应急救援的速度，缩短救援作业的时间，降低事故灾害后果。该系统能够在应急救援行动中动态调整应急救援行动，最大可能地完成最优化的应急救援。在该系统的建设中，应尽可能注意各机构的优势和能力的协调，强调一体化管理，步调要一致，行动要迅速，配备训练有素的救援人员和必要的设备等，从而保证应急救援系统的有效运转。

一个完整应急救援体系应包括下述几个部分：

(1) 应急救援原则坚持“安全第一、预防为主”的方针，立足防范，认真落实应急措施；实行统一指挥，分级负责，区域为主，单位自救与社会救援，现场急救与信息服务相结合的原则。充分利用现有的应急救援基础，完善工作体系，建设责任明确，反应灵敏，指挥有力，快速有效的化学事故应急救援系统。

(2) 组织体系按照国务院关于各类突发事件原则上由当地政府负责处理的精神，国家化学事故应急救援体系设国家、省(自治区、直辖市)、市、县、企业 5 级应急救援组织体系，根据事故影响范围和事故后果的严重程度，分别由不同层次的应急救援指挥部门负责救援工作的组织实施。该体系依托政府各部门在各级行政区域设立的组织系统，体系完整，能够逐级实施领导管理，覆盖全境，责任明确，适应化学事故点多、面广，救援工作应急性强，以当地救援为主的特点。县级以上人民政府应设立本辖区化学事故应急救援委员会。委员会由辖区政府主要领导和安全生产监督管理部门、公安、国防科工委、环保、卫生、交通、财政、邮政、劳动和社会保障等有关部门人员组成。

化学事故应急救援委员会的主要职责是：

① 统一领导和协调本辖区内的化学事故应急救援工作；

② 组织制定本辖区内化学事故应急救援工作的实施办法等规章；

③ 组织制定和实施本辖区化学事故应急救援计划；

④ 指导和协调本辖区重大化学事故应急救援，及时向上级相关部门汇报事故救援情况。

(3) 技术支持体系。

① 信息技术支持体系。由国家化学品登记注册中心和各省(市)地方登记办公室组成的危险化学品登记网络,结合国家实行危险化学品登记制度,建立包括危险化学品生产、储存、经营、运输企业动态信息的数据库,为国家和地方的化学事故应急救援准备和救援行动提供信息支持,提供 24 小时国家化学事故应急咨询热线服务,为危险化学品安全管理、事故预防和应急救援提供技术、信息支持。

② 现场救援技术支持体系。加强应急救援队伍与应急装备建设，促进各种救援力量的有效整合。完善国内消防特勤队伍的建设，购置先进的灭火车辆、侦检设备、防护器材与通讯设备等；完善目前的化学事故应急救援队伍，购置先进的化学事故应急救援车辆、急救设备、防护器材与通讯设备；充分发挥总参防化部队的作用，完善防化设备，增强应急力量。

③ 专家库系统。根据地域分布，聘请包括安全、消防、卫生、环保等在内的各类专家，定期进行考核和资格认证，保证其化学事故应急咨询时的权威性和时效性，必要时就近专家可赴现场指导应急救援工作。

(4) 应急预案系统。各级人民政府负责制定、修订、实施各辖区内的化学事故应急救援预案,并建立各级化学事故应急救援预案系统。根据应急预案,定期组织演练。

(5)培训机制的建设。定期对各级应急指挥人员、管理人员、现场救援人员进行专业培训，对普通民众、在校学生等进行应急知识培训，根据不同培训对象，采用不同的培训教材。

(6) 法律法规体系。法律法规体系的完善是国家化学事故应急救援体系正常运转的基本保证，因此有必要制定一部化学事故应急救援管理条例。通过该条例的制定，建立一套明确的机构和经费管理机制，规定各方责任，可有效快速地处理事故，确保体系的正常运转。

2.5　应急救援预案的编制

2.5.1　编制应急救援预案的步骤

企业对每一个重大危险源都应有一套现场应急预案。现场应急预案应由企业准备并应包括对重大事故潜在后果的评估。世界卫生组织(WHO)欧洲办事处建议企业现场事故应急预案制定程序如图 2－9 所示。

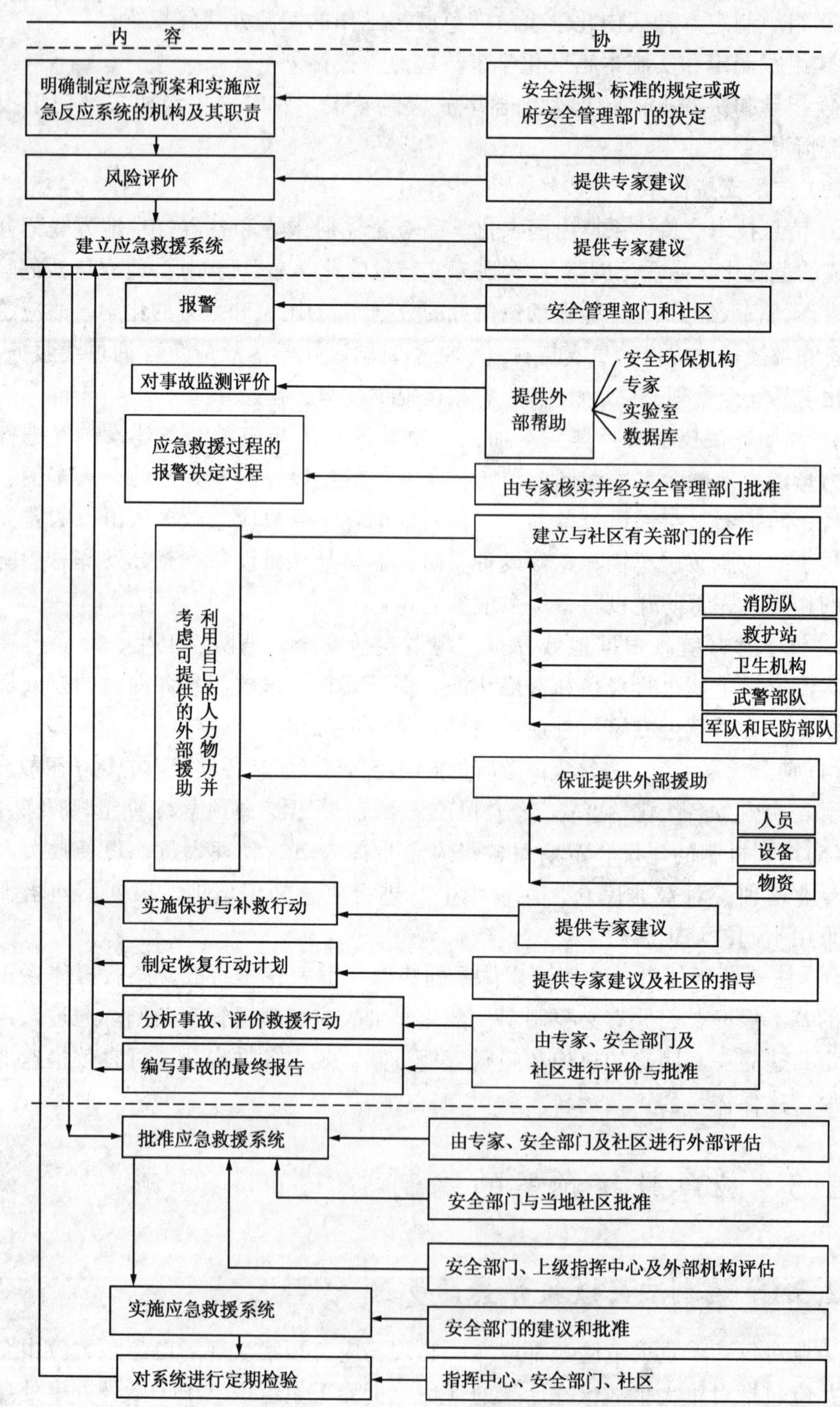

图 2－9 应急救援预案编制程序

通常企业编制事故应急预案的步骤如下：

(1) 成立预案编制小组；

(2) 收集资料并进行初始评价；

(3) 辨识危险源并评价风险；

(4) 评价能力与资源；

(5) 建立应急反应组织；

(6) 选择合适类型的应急计划方案；

(7) 编制各级应急计划。

虚线把图分成三部分，第一部分为计划过程；第二部分为应考虑的应急救援系统的要素；第三部分为系统的批准与检验。

美国国家应急反应领导小组(NRT)建议社区(地方政府)制定应急预案的步骤如图 2-10 所示。

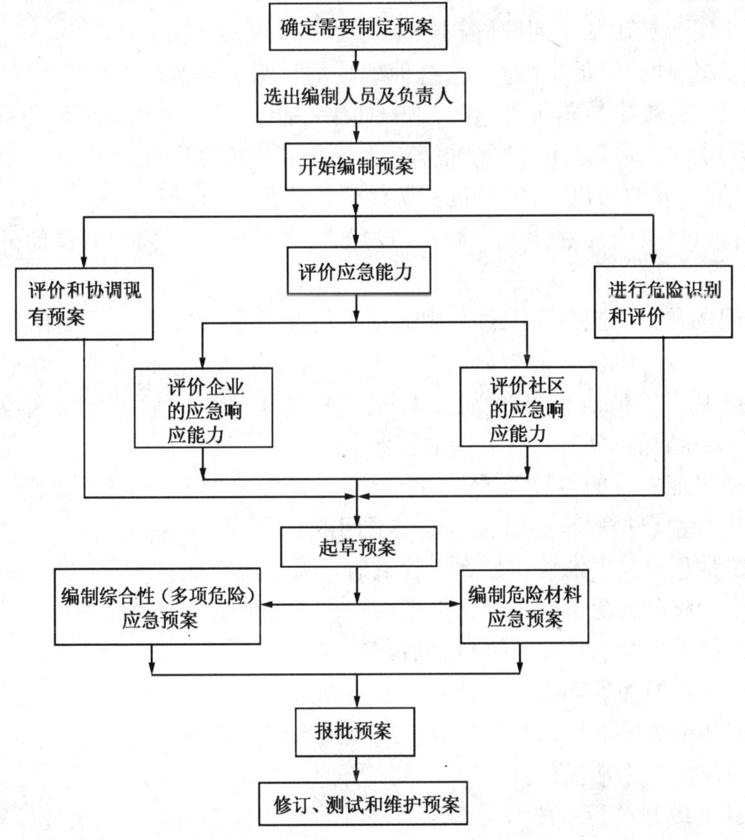

图 2-10　社区(地方政府)制定应急预案的步骤

2.5.2 成立应急救援预案编制小组

企业管理层首先应指定应急预案编制小组的人员，组员是预案制定和实施中有重要作用或是可能在紧急事故中受影响的人。

预案编制小组代表来自以下职能部门:(1)安全;(2)环保;(3)操作和生产;(4)保卫;(5)工程;(6)技术服务;(7)维修保养;(8)医疗;(9)环境;(10)人事。

此外，小组成员也可以包括来自地方政府、社区和相关政府部门的代表(例如，安全、消防、公安、医疗、气象、公共服务和管理机构等)。这样可消除现场事故应急预案与政府应急预案中的不一致性，同时也可明确紧急事故影响到厂外时涉及的单位及其职责。

编制小组的首要任务就是收集制定预案的必要信息并进行初始评估，包括:(1)适用的法律、法规和标准；(2)企业安全记录、事故情况；(3)国内外同类企业事故资料；(4)地理、环境、气象资料；(5)相关企业的应急预案等。

编制小组应提出如下问题(但不只限于这些)：

(1)会发生什么样的事故？(2)这种事故的后果如何(要包括对现场和企业外的影响)？(3)这类事故是否可预防？(4)如果不能，会产生什么级别的紧急情况？(5)会影响到什么地区？(6)如何报警？(7)谁来评价这种紧急情况，根据什么？(8)如何建立有效的通讯？(9)谁负责做什么，什么时间，怎么做？(10)目前具备什么资源？(11)应该具备什么资源？(12)如有可能，可得到什么样的外部援助，怎样得到？

这些问题是制定应急预案过程中必须分析和考虑的部分。在初始阶段，编制小组应辨识所有可能发生的事故场景并评价现有资源，包括人力、物资和设备。初始阶段编制小组的工作可分为三部分：(1)危险辨识、后果分析和风险评价；(2)明确人员和职能；(3)明确需要的资源。

根据最可能发生的事故场景，编制小组可以确定出不同紧急情况下采取相应的应急反应行动。据此，小组可回答以下问题：

(1) 在紧急情况下谁该做什么、什么时候做、怎么做？

(2) 整个应急过程由谁负责，管理结构应该如何适应这种情况？

(3) 如何通报紧急情况，谁负责通知？

(4) 可获得哪些外部援助，什么时候能到达？

(5) 在什么情况下厂内和厂外人员应该进行避难或疏散？

(6) 如何恢复正常操作？

这是预案编制过程中的综合部分，是在前面分析工作的基础上进行的研究。

2.5.3 编制应急救援预案的注意事项

事故应急预案应当简明，便于有关人员在实际紧急情况下使用。一方面，预案的主要部分应当是整体应急反应策略和应急行动，具体实施程序应放在预案附录中详细说明。另一方面，预案应有足够的灵活性，以适应随时变化的实际紧急情况。前面所提到问题的所有结论和解决办法应缩减为一个简单明了的文件，便于评价和使用。

除了这些以外，预案中非常重要的内容是预案应包括至少六个主要应急反应要素，它们是：(1)应急资源的有效性；(2)事故评估程序；(3)指挥、协调和反应组织的结构；(4)通报和通讯联络程序；(5)应急反应行动(包括事故控制、防护行动和救援行动)；(6)培训、演习和预案保持。

根据企业规模和复杂程度不同，应急预案也存在各种形式。编制小组的另一任务是使总体预案的格式应用于企业的具体情况。

最后，小组应确定出如何保证预案更新，如何进行培训和演习。根据预案格式，可以把一些条款放在总体内容中或放在附录中。

预案编制不是单独、短期的行为，它是整个应急准备中的一个环节。有效的预案应该不断进行评价、修改和测试，持续改进。

编制事故应急处理预案要求高，难度大，组织复杂。预案中要有侦察、洗消、灭火、抢救、人员防护撤离、通信联络、器材保障等多项内容。因此应急指挥部必须在全面调查归纳的基础上，周密细致地制订出事故应急处理预案。

事故一旦发生，事故应急处理预案就是救援行动的指南。为了确保应急行动的准确性，在制订预案时要根据本系统本企业单位事故潜在威胁的情况和现有诸方面救援力量的实际，将分散在各系统、各部门的各种力量有效地组合，形成整体力量，使若干分系统形成一个总体系，最大限度地发挥整体效益。

编制事故应急处理预案是一项系统工程，它具有严格的科学性和实践性，预案一定要结合实际情况认真细致地考虑到各项影响因素，并经演练的实践考验，不断补充、修改完善。

2.5.3.1 基本要求

(1) 根据实际情况，按事故的性质、类型、影响范围和后果等制订相应的预案。为使预案更有针对性和能迅速应用，一般要制订出不同类型的应急预案。如火灾型、爆炸型、泄漏型等。

(2) 一个系统、单位的不同类型的应急预案要形成统一体，救援力量要统筹安排。

(3) 要切合本系统、本单位的实际条件制订预案，应急方案应立足于本地，立足于国内。

(4) 制订的预案要有权威性，各级应急组织明确其在事故应急处理预案中的职责，通力协作。

(5) 预案要经过上级批准才能实施，要有相应的法律保障。

(6) 预案要定期演习和复查，要根据实际情况定期检查和修正。

(7) 应急队伍要进行专业培训，并要有培训记录和档案，应急人员要通过考核，证实确能胜任所担负的应急任务后，才能上岗。

(8) 各专业队平时就要组建落实并配有相应器材。应急器材要定期检查，保证设备性能完好，在应急救援时不至于因为设备问题带来损失。

2.5.3.2 制订预案的依据

(1) 必须根据本单位重大灾害事故危险源的数量和发生事故的可能性来制定预案。

(2) 预案是依据可能发生的事故类型、性质、影响范围大小以及后果的严重程度等的预测结果，结合本系统、本企业单位的实际情况而制定相应的应急措施。它具有一定的现实性和实用性，要制定切合实际的预案，必须依据各种确切的资料，一般包括下述内容：

① 有权威性的应急指挥组织系统情况；

② 有关应急救援方面的立法文件和规范、规定；

③ 调查并准备有关图表。

城市地图：包括城市行政区划分、政府机关及重点单位(目标的位置、地形、地貌、并标出影响气象参数的重要地区)。

城市交通图：区分出道路宽度等级，标出交通道口、立交桥等通过能力。

城市水系及管道分布图：标出水源，自来水管路及流量，下水道及排水流向。

重点防护目标分布图：标出目标单位和坐标位置，产品名称、产量、源强和高度。

城市水系及管道分布图：标出水源，自来水管路及流量，下水道及排水流向。

建筑物情况图：按方格为单位标出建筑物的结构、层数(高度、用途、耐火等级、防护系数和房间距的比例数)。

人口情况图：按方格为单位标出夜晚、白天、上下班、节假日的人员分布情况，并分出15岁以下儿童和老弱病残者比例。

救援能力分布总图：标出应急救援指挥部位置。按需要绘制各个专业队的实力图，标出分布的单位、人数、专业技术情况、配备器材情况。

监测、化验力量分布图：标出分布点位置、仪器、设备情况，监测化验能力，人员技术状况等。

连续三年的气象资料：如风速、风向、云量、气温，各月风频率、大气垂直稳定度。

救援能力调查表：如防护能力、侦察能力、初步救护能力、消防能力、后果处置能力、撤离能力等。

④ 调查应急事故状态下所需应急器材、设备、物资的储备和供给保障的可能性。

⑤ 选择2~3个撤离安置点和对撤离路线上的休息站的实地调查。

2.5.3.3 制定方法与步骤

制定事故应急处理预案，一般可按以下四步进行：

(1) 调查研究，收集资料。这是制定预案非常重要的第一步，是制定预案的基础和前提，收集的内容与“依据”的内容相同。

(2) 全面分析，分析评估的内容为：

① 危险源的分析。主要包括有毒、有害、易燃、易爆事故应急处理预案编制指南。企事业单位的名称、地点、种类、数量、分布、产量、储量、危险度、以往事故发生情况和发生事故的诱发因素等。

② 危险度评估。事故源潜在危险度的评估就是在对危险源全面调查的基础上，对化工企业单位的事故潜在危险度进行全面的科学评估，为确定目标单位危险度的等级找出科学的数据依据。

③ 救援力量的分析。对现有可用于参与事故应急救援队伍的单位、人员、装备情况、分布特点、可担负的任务及执行任务能力等逐项分析、正确估价、合理使用。

(3) 制定预案要分工负责，组织编写制定预案要涉及各个方面、各个部门，是一项比较复杂的工作，必须在统一领导下，指定专门的部门牵头组织，吸收有关单位参加，共同拟定。

(4) 制定预案要现场勘察，反复修改。为使预案切实可行，尤其是重点目标区的具体行动预案，拟定前需要组织有关部门，单位的专家、领导到现场进行实地勘察，如重点目标区的周围地形、环境、指挥所位置、分队行动路线、展开位置、人口疏散道路及疏散地域等的实地勘察、实地确定。预案拟定后还要组织有关部门、单位的领导和专家进行评议，使制定的预案更清楚、更科学、更合理。

2.5.3.4 预案主要内容

(1) 应急救援分为国家或区域性的救援预案以及单位(企业)预案。基本预案的主要内容包括，危险源情况与判断：生产使用有毒有害、易燃易爆危险品单位的数量、分布、潜在威胁情况；重要目标区的划分：各重要目标区的单位名称、数量、毒物储量、可能的危害范围和伤亡数量。重要目标区的划分依据，主要是事故应急处理预案编制指南。

工程保障：包括编号、数量、任务要求等；

治安保障：包括编号、任务分工、重点警戒目标区的划分；

物资保障：包括编号、各种物品储备数量及保障要求。

对制定预案和落实预案的要求。即单位根据其潜在威胁和现有救援资源，制定出基本预案和重点目标区救援预案,并按预案具体要求,确保各项工作的落实。

对指挥机关、救援分队平时应急训练的要求。即指挥人员和救援分队应根据所担负的任务进行训练。一方面熟悉目标区的情况；另一方面要进行模拟训练，提高指挥机关和分队的指挥能力和救援水平。

2.5.4 危险化学品事故应急救援预案编制导则(单位版)

2.5.4.1 范围

本导则规定了危险化学品事故应急救援预案编制的基本要求。一般危险化学品事故应急救援预案的编制要求参照本导则。

本导则适用于中华人民共和国境内危险化学品生产、储存、经营、使用、运输和处置废弃危险化学品单位(以下简称危险化学品单位)。主管部门另有规定的，依照其规定。

2.5.4.2 规范性引用文件

下列文件中的条文通过在本导则的引用而成为本导则的条文。凡是注日期的引用文件，其随后所有修改（不包括勘误的内容)或修订版均不适用本导则，同时，鼓励根据本导则达成协议的各方研究是否可使用这些文件的最新版本。凡是不注日期的引用文件，其最新版本适用于本导则。

《中华人民共和国安全生产法》(中华人民共和国主席令第70号)

《中华人民共和国职业病防治法》(中华人民共和国主席令第60号)

《中华人民共和国消防法》(中华人民共和国主席令第83号)

《危险化学品安全管理条例》(国务院令第344号)

《使用有毒物品作业场所劳动保护条例》(国务院令第352号)

《特种设备安全监察条例》(国务院令第373号)

《危险化学品名录》(国家安全生产监督管理局公告2003第1号)

《剧毒化学品目录》(国家安全生产监督管理局等8部门公告2003第2号)

《化学品安全技术说明书编写规范》(GB 16483)

《重大危险源辨识》(GB 18218)

《建筑设计防火规范》(GBJ 16)

《石油化工企业设计防火规范》(GB 50160)

《常用化学危险品储存通则》(GB 15603)《原油和天然气工程设计防火规范》(GB 50183)

《企业职工伤亡事故经济损失统计标准》(GB 6721)

2.5.4.3 名词解释

(1) 危险化学品

指属于爆炸品、压缩气体和液化气体、易燃液体、易燃固体、自燃物品和遇湿易燃物品、氧化剂和有机过氧化物、有毒品和腐蚀品的化学品。

(2) 危险化学品事故

指由一种或数种危险化学品或其能量意外释放造成的人身伤亡、财产损失或环境污染事故。

(3) 应急救援

指在发生事故时，采取消除、减少事故危害和防止事故恶化，最大限度降低事故损失的措施。

(4) 重大危险源

指长期地或临时地生产、搬运、使用或者储存危险物品，且危险物品的数量等于或者超过临界量的单元 (包括场所和设施)。

(5) 危险目标

指因危险性质、数量可能引起事故的危险化学品所在场所或设施。

(6) 预案

指根据预测危险源、危险目标可能发生事故的类别、危害程度，而制定的事故应急救援方案。要充分考虑现有物质、人员及危险源的具体条件，能及时、有效地统筹指导事故应急救援行动。

(7) 分类

指对因危险化学品种类不同或同一种危险化学品引起事故的方式不同发生危险化学品事故而划分的类别。

(8) 分级

指对同一类别危险化学品事故危害程度划分的级别。

2.5.4.4　编制要求

(1) 分类、分级制定预案内容；

(2) 上一级预案的编制应以下一级预案为基础；

(3) 危险化学品单位根据本导则及本单位实际情况，确定预案编制内容。

2.5.4.5　编制内容

2.5.4.5.1　基本情况

主要包括单位的地址、经济性质、从业人数、隶属关系、主要产品、产量等内容，周边区域的单位、社区、重要基础设施、道路等情况；危险化学品运输单位运输车辆情况及主要的运输产品、运量、运地、行车路线等内容。

2.5.4.5.2　危险目标及其危险特性、对周围的影响

(1) 危险目标的确定

可选择对以下材料辨识的事故类别、综合分析的危害程度，确定危险目标：

① 生产、储存、使用危险化学品装置、设施现状的安全评价报告；

② 健康、安全、环境管理体系文件；

③ 职业安全健康管理体系文件；

④ 重大危险源辨识结果；

⑤ 其他。

(2) 根据确定的危险目标，明确其危险特性及对周边的影响

2.5.4.5.3　危险目标周围可利用的安全、消防、个体防护的设备、器材及其分布

2.5.4.5.4　应急救援组织机构、组成人员和职责划分

(1) 应急救援组织机构设置依据危险化学品事故危害程度的级别设置分级应急救援组织机构。

(2) 组成人员

① 主要负责人及有关管理人员；

② 现场指挥人。

(3) 主要职责

① 组织制定危险化学品事故应急救援预案；

② 负责人员、资源配置、应急队伍的调动；

③ 确定现场指挥人员；

④ 协调事故现场有关工作；

⑤ 批准本预案的启动与终止；

⑥ 事故状态下各级人员的职责；

⑦ 危险化学品事故信息的上报工作；

⑧ 接受政府的指令和调动；

⑨ 组织应急预案的演练；

⑩ 负责保护事故现场及相关数据。

2.5.4.5.5　报警、通讯联络方式

依据现有资源的评估结果，确定以下内容：

(1) 24 小时有效的报警装置；

(2) 24 小时有效的内部、外部通讯联络手段；

(3) 运输危险化学品的驾驶员、押运员报警及与本单位、生产厂家、托运方联系的方式、方法。

2.5.4.5.6　事故发生后应采取的处理措施

根据工艺规程、操作规程的技术要求，确定采取的紧急处理措施；

根据安全运输卡提供的应急措施及与本单位、生产厂家、托运方联系后获得的信息而采取的应急措施。

2.5.4.5.7　人员紧急疏散、撤离

人员紧急疏散、撤离依据对可能发生危险化学品事故场所、设施及周围情况

的分析结果，确定以下内容：

(1) 事故现场人员清点，撤离的方式、方法；

(2) 非事故现场人员紧急疏散的方式、方法；

(3) 抢救人员在撤离前、撤离后的报告；

(4) 周边区域的单位、社区人员疏散的方式、方法。

2.5.4.5.8　危险区的隔离

危险区的隔离依据可能发生的危险化学品事故类别、危害程度级别，确定以下内容：

(1) 危险区的设定；

(2) 事故现场隔离区的划定方式、方法；

(3) 事故现场隔离方法；

(4) 事故现场周边区域的道路隔离或交通疏导办法。

2.5.4.5.9　检测、抢险、救援及控制

检测、抢修、救援及控制措施依据有关国家标准和现有资源的评估结果，确定以下内容：

(1) 检测的方式、方法及检测人员防护、监护措施；

(2) 抢险、救援方式、方法及人员的防护、监护措施；

(3) 现场实时监测及异常情况下抢险人员的撤离条件、方法；

(4) 应急救援队伍的调度；

(5) 控制事故扩大的措施；

(6) 事故可能扩大后的应急措施。

2.5.4.5.10　受伤人员现场救护、救治与医院救治

依据事故分类、分级，附近疾病控制与医疗救治机构的设置和处理能力，制定具有可操作性的处置方案，应包括以下内容：

(1) 接触人群检伤分类方案及执行人员；

(2) 依据检伤结果对患者进行分类现场紧急抢救方案；

(3) 接触者医学观察方案；

(4) 患者转运及转运中的救治方案；

(5) 患者治疗方案；

(6) 入院前和医院救治机构确定及处置方案；

(7) 信息、药物、器材储备信息。

2.5.4.5.11　现场保护与现场洗消

(1) 事故现场的保护措施

(2) 明确事故现场洗消工作的负责人和专业队伍

2.5.4.5.12　应急救援保障

2.5.4.5.12.1　内部保障

依据现有资源的评估结果，确定以下内容：

(1) 确定应急队伍，包括抢修、现场救护、医疗、治安、消防、交通管理、通讯、供应、运输、后勤等人员。

(2) 消防设施配置图、工艺流程图、现场平面布置图和周围地区图、气象资料、危险化学品安全技术说明书、互救信息等存放地点、保管人。

(3) 应急通信系统。

(4) 应急电源、照明。

(5) 应急救援装备、物资、药品等。

(6) 危险化学品运输车辆的安全，消防设备、器材及人员防护装备。

(7) 保障制度目录

① 责任制；

② 值班制度；

③ 培训制度；

④ 危险化学品运输单位检查运输车辆实际运行制度(包括行驶时间、路线、停车地点等内容)；

⑤ 应急救援装备、物资、药品等检查、维护制度(包括危险化学品运输车辆的安全、消防设备、器材及人员防护装备检查、维护)；

⑥ 安全运输卡制度(安全运输卡包括运输的危险化学品性质、危害性、应急措施、注意事项及本单位、生产厂家、托运方应急联系电话等内容。每种危险化学品一张卡片；每次运输前，运输单位向驾驶员、押运员告之安全运输卡上有关内容，并将安全卡交驾驶员、押运员各一份)；

⑦ 演练制度。

2.5.4.5.12.2　外部救援

依据对外部应急救援能力的分析结果，确定以下内容：(1)单位互助的方式；(2)请求政府协调应急救援力量；(3)应急救援信息咨询；(4)专家信息。

2.5.4.5.13　预案分级响应条件

依据危险化学品事故的类别、危害程度的级别和从业人员的评估结果，可能发生的事故现场情况分析结果，设定预案的启动条件。

2.5.4.5.14　事故应急救援终止程序

(1)确定事故应急救援工作结束；(2)通知本单位相关部门、周边社区及人员事故危险已解除。

2.5.4.5.15　应急培训计划

依据对从业人员能力的评估和社区或周边人员素质的分析结果，确定以下内容：(1)应急救援人员的培训；(2)员工应急响应的培训；(3)社区或周边人员应急响应知识的宣传。

2.5.4.5.16　演练计划

依据现有资源的评估结果，确定以下内容：(1)演练准备；(2)演练范围与频次；(3)演练组织。

2.5.4.5.17　附件

(1)组织机构名单；(2)值班联系电话；(3)组织应急救援有关人员联系电话；(4)危险化学品生产单位应急咨询服务电话；(5)外部救援单位联系电话；(6)政府有关部门联系电话；(7)本单位平面布置图；(8)消防设施配置图；(9)周边区域道路交通示意图和疏散路线、交通管制示意图；(10)周边区域的单位、社区、重要基础设施分布图及有关联系方式，供水、供电单位的联系方式；(11)保障制度。

2.5.4.6　编制步骤

2.5.4.6.1　编制准备

(1)成立预案编制小组；(2)制定编制计划；(3)收集资料；(4)初始评估；(5)危险辨识和风险评价；(6)能力与资源评估。

2.5.4.6.2　编写预案

2.5.4.6.3　审定、实施

2.5.4.6.4　适时修订预案

2.5.4.7　预案编制的格式及要求

2.5.4.7.1　格式

(1)封面：标题、单位名称、预案编号、实施日期、签发人(签字)、公章；(2)目录；(3)引言、概况；(4)术语、符号和代号；(5)预案内容；(6)附录；(7)附加说明。

2.5.4.7.2　基本要求

(1) 使用 A4 白色胶版纸(70g 以上)；(2)正文采用仿宋 4 号字；(3)打印文本。

2.6　应急救援预案的演练

2.6.1　应急救援预案演练的指导思想

有了应急预案并不能使个人、企业和政府主管部门有效地对实际发生的事故做出反应。经验表明，如果应急响应人员不能充分理解每项职责和步骤，在对事故进行应急救援时会出现严重的问题。为了执行应急行动预案，政府应急官员和相关支持单位还必须对整个理念、他们在其中的职责以及执行程序进行培训。培训要确保帮助事故应急救援的有关部门和应急人员充分理解预案。不进行培训与训练，就好似只发给执法人员手枪，而不教给他们如何装子弹、瞄准和发射一样，这件武器不仅没用，甚至可能发生危险。即使有了事故应急预案，不理解和不明白如何执行，那么在事故应急时就不能达到预期目标。

为提高救援人员的技术水平与救援队伍的整体能力，以便在事故的救援行动中达到快速、有序、有效的效果，经常性地开展应急救援培训、训练或演习应成为救援队伍重要的日常性工作。

应急救援培训、训练与演习的指导思想应以加强基础，突出重点，边练边战，逐渐熟悉为原则。

应急培训、训练与演习的基本任务是锻炼和提高队伍在突发事故情况下快速进入事故源、及时营救伤员、正确指导和帮助群众防护或撤离、有效消除危害后果、提高现场急救伤员、转送等应急救援技能和应急反应综合素质，有效降低事故危害，减少事故损失。

2.6.2 应急救援预案演练的基本任务

① 控制危险源。及时控制造成事故的危险源是编制化工事故应急处理预案工作的首要任务，只有及时控制住危险源，防止事故的继续扩展，才能及时、有效地进行救援。特别对发生在城市或人口稠密地区的化学事故，应尽快组织工程抢险队与事故单位技术人员一起及时堵源，控制事故避免继续扩展。

② 抢救受害人员。抢救受害人员是实施事故应急处理预案的重要任务。在实施事故应急处理预案行动中，及时、有序、有效地进行现场急救与安全转送伤员是降低伤亡率，减少事故损失的关键。

③ 指导群众防护，组织群众撤离。由于化学化工事故发生突然、扩散迅速、涉及范围广、危害大，应及时指导和组织群众采取各种措施进行自身防护，并向上风方向迅速撤离出危险区或可能受到危害的区域。在撤离过程中应积极组织群众开展自救和互救工作。

④ 做好现场清消，消除危害后果。对事故外逸的有毒有害物质和可能对人和环境继续造成危害的物质，应及时组织人员予以清除，消除危害后果，防止对人的继续危害和对环境的污染。

⑤ 查清事故原因，估算危害程度。事故发生后应及时调查事故的发生原因和事故性质，估算出事故危害波及范围和危险程度，查明人员伤亡情况，做好事故调查。

一般可采取三种不同的救援形式：

① 事故单位自救。事故单位自救是实施事故应急处理预案最基本、最重要的救援形式，这是因为事故单位最了解事故的现场情况，即使事故危害已经扩大

到事故单位以外区域，事故单位仍须全力组织自救，特别是尽快控制危险源。

② 对事故单位的社会救援。主要是指事故危害虽然局限于事故单位内，但危害程度较大或危害范围已经影响了周围邻近地区，依靠本单位以及消防部门的力量不能控制事故或不能及时消除事故后果而组织的社会救援。

③ 对事故单位以外危害区域的社会救援。指事故危害超出本事故单位区域，其危害程度较大或事故危害跨区、县或需要各救援力量协同作战而组织的社会救援。

化工厂发生化学危险品事故一般有以下特点：

① 危险性。实施事故应急处理预案工作常常是处在一个高度的危险环境中，特别是事故原因不明，危险源尚未有效控制的情况下，随时可能造成新的人员伤害。这就要求救援人员树立临危不惧、勇于作战和对人民高度负责的精神。

② 复杂性。复杂性表现在事故原因的复杂性，救援环境的复杂性，以及救援工作具有高度的危险性，这就为实施救援工作带来一定的困难，因此，救援工作必须采取科学的态度和方法，避免蛮干和防止人海战术。在救援过程中发扬灵活机动的战略战术，根据事故原因、环境、气象因素和自身技术、装备条件，科学地实施救援。

③ 突发性。事故的突发性使实施事故应急处理预案工作任务重、突击性强。面临条件差、人手少、任务重的情况，要求救援人员发扬不怕苦和连续作战的精神。以最小的代价，取得最大的效果，尽量减小事故带来的损失。

发生化学事故时，由于事故单位最了解事故现场的实际情况，可以尽快控制危险源，实施初期扑救，所以，事故单位积极实施自救是化学事故应急救援的最基本、最重要的救援形式。

我国政府和相关职能管理部门十分重视企业化学事故应急救援预案的编制，1997年，原化学工业部就颁布了《关于实施化学事故应急救援预案，加强重大化学危险源管理的通知》(化督发[1997]459号文)，提出了《化学事故应急救援预案编写提纲》。《安全生产法》第十七条中规定，生产经营单位的主要负责人应组织制定并实施本单位的生产安全事故应急救援预案。《危险化学品安全管理条例》第五十条中规定，危险化学品单位应当制定本单位事故应急救援预案，配备应急救援人员和必要的应急救援器材、设备，并定期组织演练。企业化学事故应急救援预案的制定程序和区域性化学事故应急救援预案的编制程序基本一致，包括编制的准备、危险辨识和风险评价、预案编制、预案的演习和修订、审核实施。但企业化学事故更强调其针对性、专业性。另外，企业应急救援预案应并入地方政府编制的区域性化学事故应急救援预案体系中，有助于增进企业和地方政府的相互了解，也确保了企业应急救援预案作为区域性化学事故应急救援体系的有机组成部分，在紧急情况下实施。

2.6.2.1 编制的准备

(1) 成立预案编制小组。企业应组织安全、环保、生产、设备、医护等相关部门的技术人员组成编制小组。小组成员最好包括来自地方政府相关部门的代表，以保证企业事故应急救援预案与区域性化学事故应急救援预案的一致性，实现当事故扩大或波及到厂外时，与区域性应急救援预案实现有效衔接。

(2) 相关资料收集。包括适用的法律、法规和标准，企业的化学品普查，企业事故档案，国内外同类企业的事故资料，相关企业的应急预案。

(3) 企业应急资源。在紧急情况下，企业所具有的包括人力、设备和供应等方面的应急资源，如全职和兼职的应急人员、消防供水系统、个体防护设备、毒物检测设备、医疗救生设备、交通设备、通讯设备等。

(4) 当地的气象、地理、环境、周边人口分布情况以及当地可动用的社会应急资源。

2.6.2.2 危险辨识和风险评价

危险辨识和风险评价是编制化学事故应急预案的关键和主要依据。关于危险辨识和风险评价的具体做法和相关规定，可参阅国家安全生产监督管理局颁布的《生产、储存、使用危险化学品装置、设施现状安全评价管理办法》。

2.6.2.3 预案编制

在完成上述工作的前提下，企业就可以编制本企业的化学事故应急救援预案了，一般来说，预案主要包括以下几个部分：

(1) 企业概况

① 企业的投产时间。企业建立以及投产时间，各重大危险源和装置投产或进行技改、大修详细时间列表。

② 企业基本情况。企业的地理位置、组织机构、人员构成、生产能力等。

③ 重大危险源或事故隐患。根据危险辨识和风险评价的结果，确定本企业的危险工艺单元、重大危险源、危险化学品数目及其安全技术说明书和安全标签。

④ 救援力量。厂内消防、救护、防化、保卫等部门的人员、车辆情况，厂外消防、急救等部门的情况，地区应急救援指挥机构的联系人和联系方式等。

(2) 事故发生时，应急救援系统能否对事故作出迅速有力的反应，直接取决于应急救援系统的组成是否合理。所以，预案中必须对应急救援系统精心组织，划清责任，落实到人。应急救援系统主要由应急救援领导小组和应急救援专业队伍组成。应急救援领导小组设企业应急总指挥，小组成员应包括具备完成某项任务的能力、职责、权力及资源的厂内安全、生产、设备、保卫、医疗、环境等部门负责人，还应包括具备有关社会、生产装置、储运系统、应急救援专门知识的技术人员。小组成员直接领导各下属应急救援专业队，并向总指挥负责，由总指挥统一协调部署各专业队的职能和工作。应急救援专业队是事故发生后，接到命令即能火速赶往事故现场，执行应急救援行动中特定任务的专业队伍。按任务可划分为以下几部分，通讯队：确保各专业队与总调度室和领导小组之间通讯的畅通，通过通讯指挥各专业队执行应急救援行动；治安队：维持厂区治安，按事故的发展态势有计划地疏散人员，控制事故区域人员、车辆的进出；消防队：对火灾、泄漏事故，利用专业器材完成灭火、堵漏等任务，并对其他具有泄漏、火灾、爆炸等潜在危险点进行监控和保护，有效实施应急救援、处理措施，防止事故扩大以致造成二次事故；抢险抢修队：该队成员要对事故现场、地形、设备、工艺熟悉，在具有防护措施的前提下，必要时深入事故发生中心区域，关闭系统，抢修设备，防止事故扩大，降低事故损失，抑制危害范围的扩大；医疗救护队：对受害人员实施医疗救护、转移等活动；运输队：负责急救行动中人员、器材、物质的运输；防化队：在有毒物质泄漏或火灾中产生有毒烟气的事故中，侦察、核实、控制事故区域的边界和范围，并掌握其变化情况，或与医疗救护队相互配合，混合编组，在事故中心区域分片履行救护任务；监测站：迅速检测所送样品，确定毒物种类，包括有毒物的分解产物、有毒杂质等，为中毒人员的急救、事故现场的应急处理方案以及染毒的水、食物和土壤的处理提供依据；物资供应站：为急救行动提供物质保证，其中包括应急抢险器材、救援防护器材、监测分析器材和指挥通信器材等。由于在应急救援中各专业队的任务量不同，且事故类型不同，各专业队任务量所占比重也不同，所以专业队人员的配备应根据各自企业的危险源特征，合理分配各专业队的力量。应该把主要力量放在人员的救护和事故的应急处理上。

(3) 应急行动

① 报警。发现灾情后，应立即向生产总调度值班室、电话总机或消防队报警，要求提供准确、简明的事故现场信息，并提供报警人的联系方式。企业发生化学事故时很重要的是前期扑救工作，应积极采取停车、启动安全保护、组织人员疏散等措施。

② 接警和通达。总调度或消防队值班室接到报警后，应首先报告应急救援领导小组，报告内容包括：事故发生的时间和地点，事故类型如火灾、爆炸、泄漏(暂态、连续)，是否为剧毒品，估计造成事故的物质量。领导小组全面启动事故处理程序，通知各专业队火速赶赴现场，实施应急救援行动。然后向上级应急指挥部门报告，根据事故的级别判断是否需要启动区域级应急救援预案。

③ 现场抢险。

a. 根据事故现场的情况，确定警戒区域范围，并维持相关区域的秩序，控制人员和车辆的进出通道。

b. 进行事故现场侦察并取样，送监测站确定毒物种类。

c. 对现场受伤人员进行营救、寻找，并转移至安全区，由医疗救护队负责对受伤人员进行抢救、护理。

d. 组织抢险队伍，控制泄漏源，确定灭火介质，进行事故扑救，监控和保护周边具有火灾、爆炸性质的危险点，防止二次事故发生。

e. 通过信号、广播组织和引导群众进行疏散、自救。

f. 密切注视事故发展和蔓延情况，如事故呈现扩大趋势，应及时向上一级应急指挥中心报告，启动区域性应急救援预案，组织区域性应急救援力量参与抢险、救援行动。

(4) 确保能够提供充足的通讯器材、救援器材、防护器材、药品、应急电力和照明器材等；明确经费来源，确保应急救援所需费用；建立完善的应急值班、检查、评比制度等。

(5) 事故后的清消、恢复和重新进入。从应急救援行动到清消和恢复需要编制专门的程序，根据事故类型和损坏的严重程度，具体问题具体解决，主要考虑以下内容：组织重新进入人员，调查损坏区域，宣布紧急状态结束，开始对事故原因进行调查，并评价事故损失，组织力量进行污染区的清消、恢复。

2.6.2.4 预案演习和修订

预案的编制必须经过一个持续改进，不断完善的过程。由于经验、技术和理论等方面的限制，在实施过程中往往会有意外情况发生，因此，应定期进行预案内容的培训，并有针对性地组织模拟演习，检验和完善预案的正确性和有效性，对预案进行检查、修订和完善。

2.6.2.5 审核实施

修订后的预案，报经当地人民政府备案、审核和批准后实施。另外，企业在组织救援的过程中，应及时向上级应急指挥中心提供有关事故的影响以及采取的措施。当事故的影响和后果危害到周围地区，或事故的危害程度本身超出了企业应急力量的处置能力时，请求社会救援，启动区域性化学事故应急预案。

2.6.3 应急救援预案演练的准备及实施训练准备与计划

良好的准备是成功的关键。如前所述，虽然各种类型训练的计划准备程度及训练时间变化很大，但是训练准备都包括以下的一些基本内容：

(1) 确定目的(即必要性分析)；

(2) 辨识现有资源以及进行训练的能力(即资源分析)。

为了使准备更加充分，可参考表 2-2 的“训练计划和日程安排表”。

表 2-2　训练计划和日程安排表

项　目	计划日期	完成日期	项　目	计划日期	完成日期
1. 进行必要性分析			10. 训练场景叙述		
2. 进行资源分析			11. 确定设施/设备		
3. 确定计划需要人员			12. 确定通讯联络		
4. 确定要进行训练的预案要素			13. 编制训练模拟材料		
5. 确定训练氛围			14. 确定训练人员需要		
6. 选择训练类型			15. 进行人员培训		
7. 明确参加者任务			16. 编制评估材料		
8. 确定训练经费和责任			17. 进行训练前讲话		
9. 优化目标/预期行动			18. 开始训练		

2.6.3.1　必要性分析

为方便必要性分析，表 2-3 左栏列出了训练项目，确定是否需要进行这些

表 2-3　必要性分析表

训练项目	最新性	修　订	人员变动	工厂/危险变化
应急救援指挥中心				
消防反应小组				
泄漏控制小组				
应急医疗小组				
环境监测				
保卫				
检测和报警				
事故评价				
应急通讯联络				
疏散				
企业外协调				
应急公共信息				
交通运输				
资源管理				
损失评价				
清理和营救操作				
应急停车				
火灾应急预案				
泄漏应急预案				
其他				

项目的训练。影响这些训练的因素是：

(1) 最新性：训练项目是否最近实施过；

(2) 修订：项目内容是否变更；

(3) 人员变动：负责实施项目的关键人员是否变化；

(4) 企业或危险变更：企业、生产操作或危险是否发生变化，能否影响应急反应能力；

(5) 最后实施或训练日期：在一项训练或实际应急中最近实施项目的日期。

确定选择训练项目的优先顺序如下：

(1) 全面性——任何新的训练项目应该被测试；

(2) 最后实施日期——在很长时间没有实施过的项目应该优先进行；

(3) 多项选择的训练项目应优先；

(4) 只划一个勾的项目(除了最新性)，优先顺序是：①修订；②人员变更；③工厂或危险变化。

要注意的是没有优先训练的项目并非不重要。

2.6.3.2 训练计划

训练计划一旦完成必要性分析和资源分析,就可开始计划过程。它包括以下步骤：(1)确定范围;(2)选择训练类型;(3)确定成本和责任;(4)目的说明;(5)优化目标。

2.6.3.3 确定范围

确定训练范围就确定了训练的基础。确定训练范围包括分析下面 6 个条件，它们是确定操作范围、参加组织、人员、危险类型、地理区域和真实程度。

(1) 确定操作范围

要求明确参加者要完成的特定应急任务。明确了训练的整体任务，还要确定其中特定任务或操作。例如，确定训练范围包括测试消防程序，首先确定要采取什么方式，例如使用消防灭火器，与应急指挥中心的通讯交流和与当地消防部门协调。

(2) 参加组织

一旦确定某种操作，需要明确所有参与的组织。使用前面的例子，在训练过程中灭火操作任务要求三个组织参加：企业消防队、应急救援中心人员和当地消防部门。在计划某些训练中，参与组织可能不像这个例子这么明显。因此应该审查应急预案确定哪个组织负责实行某项任务。

(3) 人员

明确参加训练的组织，也就可确定这些组织中的具体人员。每个选定的组织不是每个人员都需要参加每项训练。

(4) 危险类型

关于危险类型，要考虑两个因素：

① 危险必须具体。例如，如果在训练中是火灾，不应只说“发生火灾”，而是“在仓库发生溶剂火灾”。

② 确定风险程度。说明事故发生概率和可能的严重度。不能量化的风险可能降低训练有效性。

(5) 地理区域

训练地理区域应该是危险发生和采取实际应急反应行动的合理地点。

(6) 真实程度

真实程度是指紧张程度、复杂性和时间、压力等。真实程度必须在计划早期阶段确定。现实程度常由实际条件限制和资金限制，但实现训练目标的真实程度应该满足。

(7) 选择训练类型

完成上述分析后，可选择训练类型。要注意复杂的训练应在较简单的训练之后进行。例如，在进行全范围训练之前，应该完成一项或多项功能训练。这种渐进式方法保证训练的复杂性不超过参加者执行任务能力。

2.6.4 演习的组织与准备

应急演习是一种综合性的训练，也是训练的最高形式，演习应该在培训和训练后进行。演习是在模拟事故的条件下实施的，是更加逼近实际的训练和检验训练效果的手段。事故应急演习也是检查应急准备周密程度的重要方法，是评价应急预案准确性的关键措施，演习的过程，也是参演和参观人员学习和提高的过程。

演习的目的是：验证应急预案的整体或关键性局部是否可能有效的付诸实施；验证预案在应对可能出现的各种意外情况方面所具备的适应性；找出预案可能需要进一步完善和修正的地方；确保建立和保持可靠的通信联络渠道；检查所有有关组织是否已经熟悉并履行了他们的职责；检查并提高应急救援的启动能力。

必须指出，演习特别是全面演习或综合演习，主要是在宏观上检验应急预案的可靠性与可行性，为修正预案提供依据。同时，也为各个应急救援专业组织之间、应急救援指挥人员之间的协作提供实际配合的机会，以提高他们的协同能力和水平。

应急管理部门应该按国家法律和法规的要求，定期开展事故应急与防灾演习。

2.6.5 成立演习委员会

成立一个演习委员会是组织地方政府和企业应急演习的有效方法。演习委员会是演习的领导机构，是演习准备与实施的指挥部门，对演习实施全面控制，其主要职责：

(1) 确定演习目的、原则、规模、参演的单位。确定演习的性质与方法，选定演习的地点与时间，规定演习的时间尺度和公众参与的程度；

(2) 协调各参演单位之间的关系；

(3) 确定演习实施计划、情景设计与处置方案，审定演习准备工作计划、导演和调整计划；

(4) 检查和指导演习准备与实施，解决准备与实施过程中所发生的重大问题；

(5) 组织演习总结与评价。

根据社区的情况，应急管理人员可以担任，也可以不担任委员会的主席。除了应急管理人员，社区演习委员会包括消防、安全、环保部门、地方医院、应急医疗系统的代表，但这仅仅是一个基本名单，可以根据管辖区的需要而扩大。例如，在一些社区，把红十字会、疗养院，甚至私营企业的代表也包括在他们的演习委员会中。

有人建议举行不公开宣布的演习。这样做存在两个问题：为了搞好不宣布的演习，要求很高的效率并进行培训；而且开展不宣布的演习，对于一直把白天作为响应模式的组织来说是比较困难的。

尽管应急救援预案中某些部分的演习(如执行应急行动计划、预警和召回人员)采取不宣布的方式可能是适用的，但是对于正在进行中的工作以及日常紧急事件，采用不宣布的方式做试验却是很困难的，所以应该慎重决定是否采取不宣布的演习。

一个演习是否能成功，部分地取决于参加者是否理解这个演习。应急管理人员通过向参加者提供一份阐明演习目的、内容和做法的文件，保证帮助参加者理解这次演习。下述提纲可以作为应急管理人员组织编写演习文件的案例。应根据具体的要求和演习的种类及范围对这个提纲进行修订。

(1)序言；(2)演习目的；(3)演习科目；(4)演习日程表；(5)演习的组织：①参加者名单；②指挥者：a. 组成；b. 作用；c. 职责；③观察员；

(6) 演习内容：

①预警和警报；②决策；③指挥和控制；④疏散：a. 启用避难所；b. 交通管制；c. 应急救援运输；d. 医疗机构；e. 特殊需求的居民。

(7)演习事项表；(8)准备演习通告；(9)培训；(10)特别指令；(11)述评。

演习结束后，对演习进行述评是有必要的。对演习的述评由指挥者准备，他们有责任确保演习达到预定计划并完成任务。指挥者要密切观察演习，做出标记以便随后进行述评。在正常情况下，每位指挥者评估计划的某部分(是他们特别了解的部分)。而在一些小的企业或社区，则可以由一位指挥者观察所进行的演习。指挥者除了是应急管理人员外，一般来自参加演习单位以外的部门。

随着计算机水平的不断提高，现在对于应急演习有一个很强的趋势，就是把计算机模拟技术与实物演习相结合。目前，美国紧急事务管理人员通过州紧急事务管理办公室，可获得由联邦紧急事务管理局提供的计算机演习程序包。程序包包括对一些常见事故和灾害(如龙卷风、特大伤亡事故、火灾事故和洪水等)的演习项目。输入地方数据，可以设计社区的演习。采用计算机演习程序的经验表明，它是设计演习的一种极好工具。另一种利用计算机的方法，是准备演习通告，并把它存在计算机数据库中。它们将按规定的时距自动地存储在演习科目中。这些通告根据参加者的位置，转送到演习现场以及现场的打印机上。这种技术可以使多个应急行动在同一时间进行演习(如一个省内的几个不同城市)，并且允许对演习进行良好的全面控制。但是，采用这种方法的应急管理人员应注意：每个地方都应保存通告的复印件，以便计算机出现故障时，采取手工操作。

2.6.6 危险化学品事故应急处理预案的组织机构与装备

2.6.6.1 组织机构

为防止中毒事故发生，加强对急性中毒患者的抢救，保护职工的安全与健康，1986 年 11 月 24 日原化工部发布了《化工企业急性中毒抢救应急措施规定》。该规定第三条规定：“生产、使用、储存有毒化学物质的工厂应成立化学毒物急性中毒抢救领导小组，由企业领导人担任组长，成员有安全、卫生、保卫、监测、工会等部门的负责人。”同时，还规定了 1000 人以上的企业，要设立救护站：1000 人以下的企业，可成立救护队；有毒的车间应成立救护组等。

2.6.6.1.1　企业法人的责任

(1) 根据国家法律、条例和国际标准，识别所管辖的重大危险设施和物质。

(2) 将其识别或决定的重大危险设施和化学危险物质的临界量(Threshold quantity)向地方政府报告；当重大危险设施永久关闭(停产)之前，也应向主管当局报告。

(3) 对重大危险设施的安排，应制订控制危害的条例，条例应包括以下内容：

① 对危害的识别与分析及风险评估；

② 对设施的设计、安全系统、建筑和化学品的选用、储运和维修等进行监察；

③ 对职工进行培训与指导，提供必需的保障，如安全装备、工作人员配备标准、工作时间、职责的界定及外用合同工的管理等组织措施；

④ 制定事故应急处理预案及控制化学工业事故后果的措施；

⑤ 收集信息及分析事故和准事故的措施，同工人及其代表讨论，吸取经验教训，提出改进办法。

(4) 根据前条的要求，编写安全报告，并定期检查。增补或修改安全报告，并上报主管当局。

(5) 企业法人需在事故发生后的规定期限内，向政府安全监督管理部门提供一份详细的事故报告，阐明事故的起因、经过、造成的影响和采取的行动，并提出改进措施、事故应急处理预案编制指南和预防再发生的详细建议。

2.6.6.1.2 工人及其代表的权利和义务

(1) 权利

① 有充分和适当地得知同重大危险设施有关的各种危害及其可能发生后果的权利；

② 有了解上级主管部门发布的有关命令、指示和建议的权利；

③ 有了解和参与讨论编写“安全报告”、“应急计划和程序”和“事故报告”等的权利；

④ 有接受职业安全卫生培训教育的权利；

⑤ 工人在培训和操作经验的基础上，有正当理由认为重大事故将要发生时，有权采取纠正行动，必要时，可中断活动。在采取行动前后，立即通知上级并发出警报；

⑥ 发生重大危害时，有权向主管当局或企业领导通报这些危害，并提出建议。

(2) 义务

① 遵守国家法规、条例和安全操作规程，积极参与控制重大危害事故的预防；

② 精心操作，严格执行工艺操作规程，遵守纪律，认真记录；

③ 正确使用、妥善保管劳动保护用品、器具和防护器材、消防器材等；

④ 一旦发生重大事故时，遵守一切应急程序，并及时向上级报告或发出警报。

2.6.6.1.3 专家(技术顾问)组责任

(1) 专家或技术顾问由主管当局或安全卫生技术协会提名，经评议产生。其成员包括从事安全、卫生、环保、化工、设计、设备、工会组织和大专院校等部门具有专业知识的人员。也可从熟悉化工状况和职业安全卫生的监察人员中招聘。

(2) 专家组的责任：

① 对化学事故、重大危害控制系统的人员进行培训教育、咨询和专业讲座；

② 对化学有害物质、重大危害控制系统进行评价；

③ 协助建立重大危险设施，主要化学毒物数据库，并向国内外用户提供咨

询和解答；

④ 参与国家主管当局对企业的安全卫生监察和对事故的调查，并提出改进建议；

⑤ 事故调查结束，要写出书面报告呈报上级主管部门，并通知事故单位。

2.6.6.1.4 应急指挥中心

(1) 组织与领导

由政府主管部门与地区或企业(集团)公司协商组建“应急指挥中心”。该中心在业务上接受上级主管部门的指导、协调和调动。日常工作则由所隶属的地区或企业(集团)公司领导。

(2) 组织与分工

理想的、功能完全的应急指挥中心应设置以下部分：

① 办公室：

a. 负责日常业务工作；

b. 接受上级指示，收集并分析化工事故信息，建立档案，并承担业务咨询工作；

c. 定期对外发布信息、交流经验；

d. 定期开展专业培训或组织演习。

② 工程抢险队(组)：

由熟悉重大危险设施和化工工艺专业的人员组成，其职责是：

a. 发生事故时，立即进入现场，尽快排除危险源，同时要采取措施保护现场，防止有毒有害物质扩散；

b. 迅速修复或更换已破损的设备、仪表等装置，为恢复生产做准备；

c. 负责火灾的扑救、有毒化学物质的洗消和处理；

d. 参与事故原因调查；

e. 协助保安人员维持秩序、疏散人员和救助伤员。

(3) 医疗救护队(组)由经过专业培训的医务人员组成。其职责如下：

① 负责对事故现场的中毒者和伤员的抢救和搜寻工作；

② 负责对中毒者和伤员的救护、包扎、诊治和人工呼吸等现场急救；

③ 经初步抢救后，对伤病员进行分类、观察，采取进一步治疗措施；

④ 对重症患者，负责向有条件的医疗单位转送；

⑤ 负责对死亡者的尸体处理。

2.6.6.2 实施应急预案的部门的基本装备

应急装备是实施应急预案工作必不可少的条件。为保证应急预案有效实施，各部门都应制定应急装备的配备标准。平时做好应急装备的保管工作，保证装备处于良好的使用状态，一旦发生事故就能立即投入使用。

(1) 应急装备的配备原则

应急装备的配备应根据各自承担的任务和要求选配。选择应急装备要从实用性、功能性、耐用性和安全性以及客观条件上配置。

(2) 基本应急装备的分类

基本应急装备可分为两大类：基本装备和专用装备。基本装备，一般指所需的通讯装备、交通工具、照明装备和防护装备等；专用装备，主要指各专业队伍所用的专用工具和物品。

① 通讯装备。目前，我国救灾所用的通讯装备一般分为有线和无线两类，在实施应急预案工作中，常采用无线和有线两套装置配合使用。电话是有线通讯中常用的工具，由于使用方便，拨打迅速，在实施应急预案中已成为常用的工具。在无线通讯装备中，使用较多的是800兆频段的移动集群通讯系统。由于该系统是集上世纪90年代无线传输技术、微电子技术及计算机方式的现代无线通讯系统，具有迅速、准确、安全的优点，并可构成多层次的专用指挥调度网。在机型上有手机型、车载型和固定机型，其优点是有利于指挥调度工作，已被作为主要通讯手段。在近距离的通讯联系中，也可使用对讲机。另外，传真机的应用缩短了空间的距离，使工作所需要的有关资料及时传送到事故现场。

② 交通工具。良好的交通工具是迅速实施应急预案的可靠保证。在行动中常用飞机和汽车作为主要的运输工具。国外，直升飞机和专用汽车已成为实施事故应急处理预案的常规运输工具，在行动中配合使用，提高了行动的快速机动能力。目前，我国的交通工具主要以汽车为主，在需要远距离的行动中，借助民航和铁路运输。

③ 照明装置。事故现场情况较为复杂，常常需要有良好的照明。因此，需配备必要的照明工具，有利于工作的顺利进行。照明装置的种类较多，在配备照明工具时除了应考虑照明的亮度外，还应根据事故现场的特点，注意其安全性能。

④ 防护装备。有效地保护自己，才能取得工作的成效。在实施化学事故应急处理预案行动中，对各类人员均需配备个人防护装备。个人防护装备可分为防毒面罩和防护服。指挥人员、医务人员和其他不进入污染区域的人员多配备过滤式防毒面罩。防护服可选用82型透气式防毒服，并与防毒手套和防毒靴等配套使用。其目的是在执行任务中，防止风向的突然变化或穿越污染区域时的应急自我保护。对于进入污染区域的人员应配备密闭型防毒面罩。目前，常用正压式空气呼吸器。防护服应能防酸碱。

侦检装备，应具有快速、准确的特点，现多采用检测管和专用气体检测仪，优点是快速、安全、操作容易、携带方便，缺点是具有一定的局限性。国外采用专用监测车，车上除配有取样器、监测仪器外，还装备了计算机处理系统，能及时对水源、空气、土壤等样品就地实行分析处理，及时检测出毒物和毒物的浓度，并计算出扩散范围等救援所需的各种数据。

医疗急救器械和急救药品的选配应根据需要，有针对性地加以配置。急救药品，特别是特殊解毒药品的配备，应根据当地化学毒物的种类备好一定的数量。为便于紧急调用，需编制化学事故医疗急救器械和急救药品配备标准，以便按标准合理配置。

世界卫生组织为满足灾害之后的卫生需要，编制了紧急卫生材料的标准。由两种药物清单(A 和 B 清单)以及一种临床设备清单(C 清单)组成，在紧急情况下使用。其中：A 清单包含 25 种简单药物，供辅助医务人员和受过极少训练的卫生人员对症治疗使用。B 清单提供 31 种药物供医生或高级卫生人员使用，C 清单是设备部分。

2.6.6.3　应急装备的保管和使用

做好应急装备的保管工作，保持良好的使用状态是一项重要工作。各部门都应制定应急装备的保管、使用制度和规定，指定专人负责，定时检查。做好应急装备的交接清点和装备的调度使用，严禁装备被随意挪用，保证事故应急处理预案的顺利实施。

2.6.7　危险化学品事故应急救援演练的实施

危险化学品事故应急救援是指危险化学品由于各种原因造成或可能造成众多人员伤亡及其他较大的社会危害时，为及时控制危害源，抢救受害人员，指导群众防护和组织撤离，清除危害后果而组织的救援活动。随着化学工业的发展，生产规模日益扩大，一旦发生事故，其危害波及范围将越来越大，危害程度将越来越深，事故初期，如不及时控制，小事故将会演变成大灾难，将会给生命和财产造成巨大损失。以下为危险化学品泄漏事故中应急救援演练实施过程。

2.6.7.1　危险化学品事故应急救援的基本形式、分级和应急网络

危险化学品事故应急救援按事故波及范围及其危害程度，可采取单位自救和社会救援两种形式。

(1) 事故单位自救

事故单位自救是危险化学品事故应急救援最基本、最重要的救援形式，这是因为事故单位最了解事故的现场情况，即使事故危害已经扩大到事故单位以外区域，事故单位仍需全力组织自救，特别是尽快控制危险源。

危险化学品生产、使用、储存、运输等单位必须成立应急救援专业队伍，负责事故时的应急救援。同时，生产单位对本企业产品必须提供应急服务，一旦产品在国内外任何地方发生事故，通过提供的应急电话能及时与生产厂取得联系，获取紧急处理信息或得到其应急救援人员的帮助。

(2) 社会救援

目前，国家经贸委已成立国家危险化学品事故应急救援系统，成立了危险化学品事故应急救援指挥中心并按区域组建起了化学事故应急急救抢救中心，负责化学事故应急救援工作。

危险化学品事故应急救援按救援内容不同分四级：

0级：8小时内提供危险化学品事故应急救援信息咨询；

Ⅰ级：24小时内提供危险化学品事故应急救援信息咨询；

Ⅱ级：提供24小时危险化学品事故应急信息救援咨询的同时，派专家赴现场指导救援；

Ⅲ级：在Ⅱ级基础上，出动应急救援队伍和装备参与现场救援。

目前，我国已建立8大应急救援抢救中心，主要分布于我国化工发达地区，随着危险化学品登记注册的开展，各地区相继成立危险化学品地方登记办公室，将担负起各地区的应急救援工作，使应急网络更加完善，响应时间更短，事故危害将会得到更有效的控制。

2.6.7.2 危险化学品事故应急救援的组织与实施

危险化学品事故应急救援一般包括报警与接警、应急救援队伍的出动、实施应急处理即紧急疏散、现场急救、溢出或泄漏处理和火灾控制等几个方面。

2.6.7.2.1 事故报警和接警

事故报警的及时与准确是能否及时控制事故的关键环节。当发生化学品事故时，现场人员必须根据各自企业制定的事故预案采取抑制措施，尽量减少事故的蔓延，同时向有关部门报告。事故主管领导人应根据事故地点、事态的发展决定应急救援形式：是单位自救还是采取社会救援。对于那些重大的或灾难性的化学事故，以及依靠本单位力量不能控制或不能及时消除事故后果的化学事故，应尽早争取社会支援，以便尽快控制事故的发展。

为了做好事故的报警工作，各企业应做好以下几方面的工作：

① 建立合适的报警反应系统；

② 各种通讯工具应加强日常维护，使其处于良好状态；

③ 制定标准的报警方法和程序；

④ 联络图和联络号码要置于明显位置，以便值班人员熟练掌握；

⑤ 对工人进行紧急事态时的报警培训，包括报警程序与报警内容。

2.6.7.2.2 出动应急救援队伍

各主管单位在接到事故报警后，应迅速组织应急救援专业队，赶赴现场，在做好自身防护的基础上，快速实施救援，控制事故发展，并将伤员救出危险区域和组织群众撤离、疏散，做好危险化学品的清除工作。

在应对危险化学品事故时，只有平时充分作好应急救援的各项准备工作，才能保证事故发生时遇灾不慌，临阵不乱，正确判断，正确处理。应急救援的准备工作主要是抓好组织机构、人员、装备三落实，并制订切实可行的工作制度，使应急救援的各项工作达到规范化管理。因此，各企业应事先成立危险化学品事故应急救援指挥中心。平时作好应急救援专家队伍和救援专业队伍的组织、训练与演练；对群众进行自救和互救知识的宣传和教育；会同有关部门作好应急救援装备、器材物品的管理和使用。应急救援队伍的主要组成与职责见表2-4。

表2-4 应急救援队伍组成及主要职责

组　成	主要职责
抢险抢修组	负责紧急状态下的现场抢险作业： ① 泄漏控制、泄漏物处理； ② 设备抢修作业； ③ 恢复生产的检修作业。
消防组	担负灭火、洗消和抢救伤员任务。
安全警戒组	① 布置安全警戒，保证现场井然有序； ② 实行交通管制，保证现场及厂区道路畅通； ③ 加强保卫工作，禁止无关人员、车辆通行；
抢救疏散组	负责现场周围人员和器材物资的抢救、疏散工作。
医疗救护组	① 组织救护车辆及医务人员、器材进入指定地点； ② 组织现场抢救伤员； ③ 进行防化防毒处理。
物资供应组	① 通知有关库房准备好沙袋、锹镐、泡沫、水泥等消防物资及劳动保护用品； ② 备好车辆，将所需物资供应现场。

注意：等待急救队或外界的援助会使微小事故变成大灾难，因此每个职工都负有化学事故应急救援的责任，应按应急计划接受基本培训，使其在发生化学品事故时采取正确的行动。

2.6.7.2.3　紧急疏散

(1) 危险化学品泄漏事故中疏散距离的确定

在危险化学品泄漏事故中，必须及时做好周围人员及居民的紧急疏散工作。根据化学物质的理化特性和毒性，结合气象条件，如何迅速确定疏散距离是救援工作的一项重要课题。鉴于我国目前尚无这方面的详细资料，特推荐美国、加拿大和墨西哥联合编制的ERG2000中的数据(详细数据见书后附表)。这些数据是运用下述四个方面综合分析而成，具有很强的科学性。

① 最新的释放速率和扩散模型；

② 美国运输部有害物质事故报告系统(HMIS)数据库的统计数据；

③ 美国、加拿大、墨西哥三国120多个地方5年的每小时气象学观察资料；

④ 各种化学物质毒理学接触数据。

疏散距离分为二种：紧急隔离带是以紧急隔离距离为半径的圆，非事故处理人员不得入内；下风向疏散距离是指必须采取保护措施的范围，即该范围内的居民处于有害接触的危险之中，可以采取撤离、密闭住所窗户等有效措施，并保持通讯畅通以听从指挥。由于夜间气象条件对毒气云的混和作用要比白天来得小，毒气云不易散开，因而下风向疏散距离相对比白天的远。夜间和白天的区分以太阳升起和降落为准。

使用附表内的数据还应结合事故现场的实际情况如泄漏量、泄漏压力、泄漏形成的释放池面积、周围建筑或树木情况以及当时风速等进行修正：如泄漏物质发生火灾时，中毒危害与火灾、爆炸危害相比就处于次要地位；如有数辆槽罐车、储罐或大钢瓶泄漏，应增加疏散距离；如泄漏形成的毒气云从山谷或高楼之间穿过，因与大气的混和作用减小，表中的疏散距离应增加。白天气温逆转或在有雪覆盖的地区，或者在日落时发生泄漏，如伴有稳定的风，也需要增加疏散距离。因为在这类气象条件下污染物的大气混和与扩散比较缓慢(即毒气云不易被空气稀释)，会顺下风向飘得较远。另外，对液态化学品泄漏，如果物料温度或室外气温超过30℃，疏散距离也应增加。

最后请注意附表中以下标记的含义：

① 少量泄漏：小包装(< 200 L)泄漏或大包装少量泄漏

② 大量泄漏：大包装(> 200 L)泄漏或多个小包装同时泄漏

注：某些气象条件下，应增加下风向的疏散距离。具体疏散距离见附表。

(2) 建立警戒区域

事故发生后，应根据化学品泄漏的扩散情况或火焰辐射热所涉及到的范围建立警戒区，并在通往事故现场的主要干道上实行交通管制。建立警戒区域时应注意以下几项：

① 警戒区域的边界应设警示标志并有专人警戒。

② 除消防、应急处理人员以及必须坚守岗位人员外，其他人员禁止进入警戒区。

③ 泄漏溢出的化学品为易燃品时，区域内应严禁火种。

(3) 紧急疏散

迅速将警戒区及污染区内与事故应急处理无关的人员撤离，以减少不必要的人员伤亡。紧急疏散时应注意：

① 如事故物质有毒时，需要佩戴个体防护用品或采用简易有效的防护措施，并有相应的监护措施。

② 应向上风方向转移，明确专人引导和护送疏散人员到安全区，并在疏散或撤离的路线上设立哨位，指明方向。

③ 不要在低洼处滞留。

④ 要查清是否有人留在污染区与着火区。

为使疏散工作顺利进行，每个车间应至少有两个畅通无阻的紧急出口，并有明显标志。

2.6.7.2.4　现场急救

在事故现场，危险化学品对人体可能造成的伤害为：中毒、窒息、冻伤、化学灼伤、烧伤等，进行急救时，不论患者还是救援人员都需要进行适当的防护。

现场急救注意事项：

① 选择有利地形设置急救点；

② 作好自身及伤病员的个体防护；

③ 防止发生继发性损害；

④ 应至少2～3人为一组集体行动，以便相互照应；

⑤ 所用的救援器材需具备防爆功能；当现场有人受到危险化学品伤害时，应立即进行以下处理：

① 迅速将患者从现场转移至空气新鲜处。

② 呼吸困难时给氧；呼吸停止时立即进行人工呼吸；心脏骤停，立即进行心脏按压。

③ 皮肤污染时，脱去污染的衣服，用流动清水冲洗，冲洗要及时、彻底、反复多次；头面部灼伤时，要注意眼、耳、鼻、口腔的清洗。

④ 当人员发生冻伤时，应迅速复温。复温的方法是采用40～42℃恒温热水浸泡，使其温度提高至接近正常；在对冻伤的部位进行轻柔按摩时，应注意不要将伤处的皮肤擦破，以防感染。

⑤ 当人员发生烧伤时，应迅速将患者衣服脱去，用流动清水冲洗降温，用清洁布覆盖创伤面，避免伤面污染；不要任意把水疱弄破。患者口渴时，可适量饮水或含盐饮料。

⑥ 口服者，可根据物料性质，对症处理。

⑦ 经现场处理后，应迅速护送至医院救治。

注意：急救之前，救援人员应确信受伤者所在环境是安全的。另外，口对口的人工呼吸及冲洗污染的皮肤或眼睛时，要避免进一步受伤。具体救援措施见(第4章　事故区人员救援及医院救治)。

2.6.7.2.5　危险化学品泄漏的处理

(1) 制定处理计划

如果有危险化学品从窗口中溢出或从储罐及其他地方如管子或器皿中泄漏而

出时，那么应采取一定的程序进行处理。同处理其他紧急事故一样，处理危险化学品溢出和泄漏的程序也应事先进行计划，并编入紧急事件计划中。

要成功地控制化学品的溢出和泄漏，关键先要了解有关化学物质的化学性质和反应特性。此外，最好的信息源是每种化学品所附带的化学品安全数据表，或者是能处理多种化学品溢出的工厂化学家或职业卫生学家。

工厂内处理化学品溢出和泄漏的人员应该能够立即判断处理工作是否由厂内的人员就能完成以及是否需要请求外界的援助。

根据溢出或泄漏的多少和性质、以及化学品的危险性，必须采取如下步骤：

① 将任何不必要的人员疏散到不存在任何危险的安全区域，必要时，进行急救。

② 如果化学品是易燃易爆的，应该扑灭任何明火及任何其他形式的热源和火源，以降低发生爆炸或火灾的危险性。

③ 对化学品溢出和泄漏的严重程度及厂内处理人员的处理能力进行评估，如有必要，请求外界帮助。

④ 假设这是一种异常情况。尽管在化学品的日常处理和使用中不需要使用个人防护设备，但是化学品的溢出或泄漏会超过通常的操作控制范围，因此，根据化学品安全数据表的要求要事先确定好用于安全处理这种异常情况的个人防护设备。

⑤ 如果有可能的话，可通过控制化学品的溢出或泄漏源来消除化学品的进一步扩散，这可通过关闭阀门、密封储罐或改变运送路线等方式来实现。这些操作应由一个熟知生产过程的能干的人来完成，以避免任何可能导致附加危险的情况出现。

⑥ 采用围堵或吸收等方法设法将溢出或泄漏的化学品控制住，如果可能的话，应将溢出的化学品密封在容器中或对其进行中和处理。

⑦ 一旦溢出的化学品被安全地储存和中和后，必须对溢出和泄漏区域进行消毒，并由取得一定资格的人员监督检查。

⑧ 如果该区域被确认安全，则可重新开始正常的生产活动。

(2) 泄漏处理

危险化学品泄漏后，不仅污染环境，对人体造成伤害，对可燃物质，还有引发火灾爆炸的可能。因此，对泄漏事故应及时、正确处理，防止事故扩大。

泄漏处理一般包括泄漏源控制及泄漏物处理两大部分。

进入泄漏现场进行处理时，应注意以下几项：

① 进入现场人员必须配备必要的个人防护器具。

② 如果泄漏物是易燃易爆的，应严禁火种。

③ 应急处理时严禁单独行动，要有监护人，必要时用水枪、水炮掩护。

如果可能的话，可通过控制泄漏源来消除危险化学品的溢出或泄漏。可通过以下方法：

① 在厂调度室的指令下进行，通过关闭有关阀门、停止作业或通过采取改变工艺流程、物料走副线、局部停车、打循环、减负荷运行等方法。

② 容器发生泄漏后，应采取措施修补和堵塞裂口，制止危险化学品的进一步泄漏，对整个应急处理是非常关键的。能否成功地进行堵漏取决于几个因素：接近泄漏点的危险程度、泄漏孔的尺寸、泄漏点处实际的或潜在的压力、泄漏物质的特性。

(3) 泄漏物处理

现场物料泄漏时，要及时进行覆盖、收容、稀释、处理，使泄漏物得到安全可靠的处置，防止二次事故的发生。

泄漏物处置主要有四种方法：

① 围堤堵截。液体泄漏物会四处蔓延扩散，难以收集处理。为此，需要围堤堵截或引流到安全地点。储罐区发生泄漏时，要及时关闭雨水阀，防止物料沿明沟外流。

② 稀释与覆盖。通常用水枪或消防水带向有害物蒸气云喷射雾状水，加速气体向高空扩散，使其在安全地带扩散。同时产生的污染水应疏通到排污管道。对于可燃物，在现场可施放大量蒸汽或氮气，破坏燃烧条件。为降低泄漏物蒸发速度，可用泡沫或其他覆盖物品覆盖外泄物，抑制其蒸发。

③ 收容(收集)。大泄漏时，可用隔膜泵将泄漏物料抽入容器或槽车内，泄漏物少时，也可用沙子、吸附材料、中和材料等吸收中和。

④ 废弃。将收集的泄漏物运至废物处理场所处置。用消防水冲洗少量剩下物料，冲洗水排入含油污水系统。

注意：危险化学品火灾的扑救应由专业消防队来进行。其他人员不可盲目行动，待消防队到达后，介绍物料性质，配合扑救。

应急处理过程并非是按部就班的按以上顺序进行，而是根据实际情况尽可能同时进行，如危险化学品泄漏，应在报警的同时尽可能切断泄漏源。

一旦发生危险化学品事故，往往会引起人们的慌乱，若处理不当，会引起二次灾害。因此，各企业应制订和完善危险化学品事故应急计划。让每一个职工都知道应急方案，定期进行培训教育，提高广大职工对付突发性灾害的应变能力，做到遇灾不慌，临阵不乱，正确判断，正确处理，增强人员自我保护意识，减少伤亡。

2.7 应急救援预案的评估

2.7.1 评估

评估的主要目的是：(1)辨识应急预案和程序中的缺陷；(2)辨识培训和人员

需要；(3)确定设备和资源的充分性；(4)确定培训、训练、演习是否达到预期目标。

确定评估内容的第一步是审查培训、训练演习的专项目标。评估每项目标的标准应该在培训、训练、演习计划制定过程中考虑。如果它不能测定或评估，就不应考虑作为目标。

训练和演习的评估可分为三个阶段：(1)评估人审查；(2)参加者汇报；(3)训练和演习改正。

评估者和上级主管人员在一定位置观察和记录参加者的反应，通过观察比较参加者在训练和演习中的行动和预期行动。许多应急预案的缺陷可通过参加者自己对照训练和演习立即辨识出来，因为评估人不能发现训练或演习中出现的每个问题。如果参加训练或演习的人数规模较小，总结时，每个参加者都要进行口头汇报，依次被提问，提出意见。如果人数规模很大，则可要求书面意见。评估会议中要使参加者反映对应急预案和应急行动的评估意见。训练和演习改正：这项评估的不同在于它的目的不是评估应急预案和应急行动，而是要评估训练或演习管理本身。训练或演习改正单应该在训练或演习完成之后立刻发给所有参加人员并配有说明，见表2－5。

表2－5 训练或演习改正单

训练或演习改正单

请花几分钟完成这个表格。您的选择和建议会帮助我们未来训练和演习中准备得更好。

	选择答案
1. 你是否知道训练与演习的目的和目标？	是　否
2. 你觉得是否达到了目的和目标？	是　否
3. 场景叙述是否明白？	是　否
4. 你觉得场景是否真实？	是　否

5. 你觉得训练和演习进程是快还是慢？

6. 使用下列图例来评判整体训练和演习：

1　2　3　4　5　6　7　8　9　10
很差　　　　　　　　　　　　很好

7. 与以前训练和演习相比你觉得如何？

1　2　3　4　5　6　7　8　9　10
很差　　　　　　　　　　　　很好

8. 这次训练或演习是否有效地模拟了应急环境和测试了你的应急能力？

是______　　否______

9. 请写出任何问题及您对将来训练或演习的建议：

2.7.2 评估报告

评估报告是提出纠正措施和纠正行动的重要依据，应该由训练或演习的指挥者负责准备。评估报告应经所有参加训练或演习的部门及人员充分讨论后形成，并交企业领导或上级主管机构。评估报告应包括：

(1) 训练或演习总结，包括目的、目标和场景的评论；

(2) 对重大偏差、缺陷的总结；

(3) 建议和纠正措施；

(4) 完成这些纠正措施的日程安排。应急管理者负责检查措施进展，完善应急预案和程序，改进未来的训练和演习，一旦完成所有纠正措施，应向企业经理报告。

(5) 演习时的安全保证。演习要在绝对安全的条件下进行，如燃烧、爆炸的设定，模拟剂的施放，洗消用水的排放，交通控制的安全，防护措施的安全，消防、抢险演习的安全保障都必须认真、细致地考虑，演习时要在其影响范围内告知该地区的居民，以免引起不必要的惊慌，要求居民做到的事项要各家各户地通知到每个人。

演习后的讲评是对每个演习者的再次学习和全面提高的好机会，要求每个演习者都要参加演习后的讲评。对组织指挥者来说，通过讲评可以发现事故应急救援预案中的问题，并可以从中找到改进的措施，把预案提高到一个新的水平。因此，演习后的讲评和总结是演习必不可少的组成部分，时间安排上往往要长于演习时间。讲评、总结的内容要整理成资料存档，并报上级。对于每个救援专业队来说，通过讲评要写出书面报告呈送上级部门，报告内容包括：

(1) 通过演习发现的主要问题；

(2) 对演习准备情况的评价；

(3) 对预案有关程序、内容的建议和改进意见；

(4) 对训练、器材设备方面的改进意见；

(5) 演习的最佳顺序和时间建议；

(6) 对演习情况设置的意见；

(7) 对演习指挥机关的意见等。

应急救援演习指挥部根据每个救援专业队的报告汇集写成综合报告。

事故应急救援预案是要通过实践考验，证实该预案切实可行后才能实施。因此在演习评价和总结以后，要根据评价、总结的意见，进行进一步的验证，确实需要修正的预案内容应在最短时间内修正完毕，并报上级批准。

第3章　危险化学品事故的扑救

3.1　化工企业事故概述

在化工企业的诸多安全事故中，火灾、爆炸与泄漏事故是最可怕的灾害之一。火灾、爆炸与泄漏事故一旦发生，如果不及时扑救，后果往往十分严重，甚至不堪设想。它不仅会造成人员伤亡，而且还会给企业在经济方面带来巨大损失。有的企业会因火灾、爆炸、泄漏等事故中断生产或导致生产瘫痪或处于半瘫痪状态，进而丢掉市场，甚至破产，所以火灾、爆炸、泄漏是危险化学品企业最常见的事故。

化工企业发生火灾、爆炸、泄漏事故的原因很多，其中一个重要的原因是员工缺乏防火防爆防泄漏等安全技术知识及消防安全管理知识。欲将企业的扑救工作搞好，无论是企业的法定代表人或是专、兼职消防管理的人员，还是易燃、易爆危险物品仓库的保管员及防火防爆重点工种人员，都必须学习必要的消防安全技术知识，掌握在市场经济条件下企业消防安全管理的新方式、新方法，以进一步提高企业安全员消防安全素质，从而对本单位、本部门实施更加有效的消防安全管理，防止和控制火灾、爆炸、泄漏等事故的发生。

危险化学品事故一般伴有火灾、爆炸或有毒物质扩散，并常有物质从容器中泄漏，当物质具有挥发性时，则是蒸发或扩散。事故可能包括以下重大危险：

——易燃物质泄出，它与空气混合，生成蒸气云，漂移到引燃源，导致火灾或爆炸，影响现场并可能波及居民区。

——有毒物质泄漏，生成有毒蒸气云，它的漂移直接影响现场并可能波及居民区。可燃物质泄漏时，因大量挥发性液体或气体骤然跑出造成的最大危险是生成可燃、可爆的蒸气云。这种蒸气云如被点燃，其爆炸后果取决于多种因素，其中有风速和蒸气云被稀释的程度。这种危险可能导致人员的大量死亡和现场内外大规模破坏。然而，一些严重事故的发生，其影响只限于现场周围的几百米之内。

大量有毒物质突然泄出，可能导致更大距离内的人员死亡和重伤。在理论上，这种泄出物在一定的气候条件下，距泄出点的几千米内能生成具有致命浓度的毒云。但是在实际上，死亡人数将取决于毒云经过地区居民的密度和急救措施的效果，其中包括疏散人员。

某些装置或某组装置可能造成两种威胁。爆炸和其产生的冲击波和泄出物将威胁其他装有易燃或有毒物质的设备，因之引起灾害的升级，这种升级有时被称之为“多米诺效应”。

3.1.1 化工企业事故的分类

易燃或有毒物质泄入大气中，从而导致爆炸、火灾或是生成毒雾，后者在当前尤其要注意。化工厂主要事故有以下几类。

(1) 爆炸

爆炸的特征是产生冲击波。这种冲击波发出砰砰响声，它破坏厂房，打碎窗户，并可将物体抛至几百米之外。这种对人员的伤害或厂房等的破坏首先是爆炸振动波自身引起的。人群被吹倒或击倒，被倒塌的厂房埋压，或是被飞来的玻璃击伤。虽然被倒塌的厂房重压可直接导致死亡，但这只发生在爆炸地点附近。工业爆炸的历史证明，倒塌的厂房、飞出的玻璃或瓦砾等非直接后果会造成更多的死亡和重伤。冲击波的作用可因爆炸物质的性质和数量，以及蒸气云封闭程度而变化。爆炸压力的峰值可在轻超压与数百千帕之间变动。对人直接造成伤害的压力为 5 ~ 10kPa(只有在较高的超压下出现死亡)，造成厂房倒塌、门窗破坏的最低压力为 3 ~ 10kPa。冲击波的压力将随距爆炸源的距离增加而迅速降低。例如，一只装有 50t 丙烷的储罐，其爆炸压力在 250m 处为 14kPa，而在 500m 处仅为 5kPa。

(2) 快燃与爆炸

快燃是在火焰速度较低的情况下发生的，如 1m/s。爆炸是在火焰速度极高的情况下发生的。火焰的前沿是冲击波，此时标准速度为 2000 ~ 3000m/s。爆炸产生较大的压力并造成比快燃更大的破坏力。在封闭的空气容器中的快燃，其压力可达 70 ~ 80kPa，而爆炸极易达到 200kPa。快燃还是爆炸取决于物质的种类和发生爆炸的条件。一般认为，气相爆炸要求容器具备相当程度的密闭性。

(3) 气体与粉尘爆炸

气体或粉尘爆炸可以根据所用物质而加以区别。一般说来，气体大爆炸发生在大量可燃物质泄漏，并发生在引燃前分散于空气中生成可爆炸蒸气云时；粉尘爆炸发生在可燃固体物质与空气强烈混合时，分散的固体物质呈粉状，其颗粒极细。继火花存在或是小爆炸引起吸附于物体表面的粉尘飞扬于空中等诱发事件之后，就可能发生爆炸。与空气混合的结果是二次爆炸，后者又引起三次爆炸，等等。过去这些连锁爆炸的后果导致了灾难并毁掉整个工厂。由于谷物、奶粉和面粉是可燃物质，因而农业行业中粉尘爆炸是比较常见的。然而，粉尘爆炸的历史，尤其是近些年的历史，已经证明爆炸后果一般只限于工作场所，而不是厂区外的居民。

(4) 封闭和非封闭蒸气云爆炸

封闭型爆炸是指发生在某些容器，如储罐、管道中的爆炸。厂房内的爆炸也属于此类。露天中发生的爆炸属于非封闭型爆炸，其产生的压力仅为几个千帕，而封闭型爆炸最高压力一般较高，可达几百个千帕。它们都是蒸气云爆炸，其中在某些情况下是因气体的封闭而导致的爆炸。

(5) 失火

火对人的影响方式是皮肤烧伤，这是因为暴露于热辐射所致。烧伤程度取决于热力强度和暴露时间。热辐射强度与热源的距离平方成反比。一般说来，在大约 5s 时间内，皮肤的耐热能力为 10kW/m，在 0.4s 内为 30kW/m。超过此时间，才感到疼痛。

在化工工业中，火灾比爆炸或有毒物质泄漏更经常发生，不过引起死亡后果的一般较少。因此，可以认为火灾比爆炸或泄漏具有更小的潜在重大危险。然而，如果漏出的可燃物质的点燃被延迟，则可能形成未封闭的蒸气云。

失火可以有几种不同形式：喷火、储池火、闪火和沸腾液体扩大成蒸气爆炸。喷火是出现一条长而窄的火焰，例如从点燃的瓦斯管漏出的火焰。储池火很可能发生，例如原油从储罐中泄入灼热的码头储池。如果泄出的气体通入火源并迅速烧回到泄漏处，就发生闪火。沸腾液体扩大成蒸气爆炸，比其他失火要严重得多。

失火时另一个需要注意的致命影响是燃烧过程中空气氧量的耗尽，这一现象一般只限失火处的附近。暴露于失火产生的烟气也对人体健康有重要影响，这些烟气中含有气体，如二硫化碳燃烧生成二氧化硫，硝酸铵失火产生氮氧化物。

(6) 沸腾液体扩大为蒸气爆炸

这种现象有时称为火球。沸腾液体扩大成蒸气爆炸是失火与爆炸相结合的产物，并在短时内伴有强大的热辐射。正如字意一样，这种现象发生在装有液化气的容器或储罐中，其中的液化气处于常压沸点之上。如果受压容器因结构强度下降而出现裂隙，则内装的液化气如同气液混合紊流立即由容器中泄出，在空气中迅速扩展，分散成气云。此种气云被点燃时，极易出现火球，在几秒钟内形成巨大的热辐射强度。它足以使在容器几百米以内的人员皮肤严重烧伤或致死，这取决于燃烧的气体量。这种现象可以因已受过压或破坏的容器或储罐的物理撞击而发生。例如，储罐车出了交通事故或储罐列车出轨，或是由于火星落入容器或容器被火吞没，因此其结构强度下降。一个 50t 丙烷储罐爆炸，可以使 200m 之内的人员造成三度烧伤，在 400m 之内的人员烧伤起泡。有时，很难区分是火灾还是爆炸，常常是爆炸伴随着火灾，死亡往往是两种现象共同造成的。

(7) 有毒物质泄漏

职业卫生的主要内容是研究控制暴露于这些化学物质中所需要的方法，使一名操作人员在其整个工作时期尽可能不受危害。这一点对工人的安全是最为重要的。另一方面，这些化学物质，从重大危险角度考虑，其作用是很不同的，而且人们关注的是在重大事故发生当时和不久之后的急剧暴露，而不是长期缓慢的暴露。

化学物质的毒性，一般用四种方法确定：事件的研究、流行病学研究、动物实验和微生物实验。还有其他一些因素：如年龄、性别、遗传、民族、营养状况、劳累程度、疾病状况、暴露于其他物质的合并效应、时间和劳动方式等，也影响化学物质的毒性。

虽然化学物质毒性资料还不够充分，但一些化学物质的毒性已经确定。如已知氯气浓度在 10~20ppm，暴露时间为 30min 时，对人的健康有害；浓度在100~150ppm，暴露时间为 5~10 分钟时，则使人致死；浓度达 1000ppm，暴露时间很短时，就能使人致死。因此，氯气泄漏的后果是令人关注的，已知 10t 氯气连续泄漏，在距 2 千米的下风侧，其浓度可达 140ppm。在 D5 级气候条件(正常无逆风)下，在距 5 千米的地方，其浓度为 15ppm。

此外，化工厂的厂房设计复杂、生产设备繁多、工种繁杂、工艺路线交叉、明火作业和涂装作业较多。而生产原料和产品具有易燃、易爆等性能的企业(类似化工企业、纺织企业、木材加工企业等)中，发生火灾及爆炸的危险性就比一般企业更大。近年来，由于新工人(包括外包工、临时工)的不断增多以及生产技术的不断进步，给工业企业带来了一些新的事故的危险因素。

据不完全统计，某地化工系统从 1969~1998 年期间，火灾、爆炸事故高居各类事故榜首，占各类事故总数的 26.5%，其中磷肥化工行业在这期间因火灾、爆炸而死亡的人数占各类事故死亡总人数的 48.4%。由此可见，火灾和爆炸是工业企业最危险的事故之一，因此，对化工企业的事故扑救必须引起公安消防部门和工业企业领导的高度重视。

3.1.2　化工企业事故的特点

3.1.2.1　火灾和爆炸事故

火灾和爆炸事故都会给生产设施造成重大破坏，给人员造成死亡，但两者的发展过程显著不同。火灾是在起火后火势逐渐蔓延扩大的，随着时间的延续，损失数量迅速增长，损失大约与时间的平方成比例，如火灾时间延长 1 倍，损失可能增加 4 倍。爆炸则是猝不及防，可能仅在 1s 内，爆炸过程已经结束，设备损坏，房屋倒塌，人员伤亡等巨大损失也将在这 1s 内发生。

下列情况比较复杂：

(1) 爆炸－火灾。爆炸抛出的易燃物可能引起火灾，这种情况常在燃料槽或胶液罐等的爆炸之后发生。因此，在发生爆炸后，应立即考虑是否会出现火灾，并及时组织力量抢救。

(2) 火灾－爆炸。火灾能引起易燃物爆炸，这种情况在油槽车或危险品库起火时易于发生，此外，一些在常温下不能爆炸的物质，例如醋酸，在火场高温下有变成爆炸物的可能。所以一旦发生火灾，要尽快将危险品撤出，或在危险品与火场之间立即清理出一条隔火间距，同时要用大量冷却水保持易燃品处于低温状态，预防进一步发生爆炸，否则一般性火灾将因爆炸而恶性发展，变得更难扑灭。

爆炸事故有三个特点：

(1) 爆炸的发生时间和地点常常难以预料。在隐患未发现前，人们容易麻痹大意，一旦发生爆炸则又措手不及，这是爆炸事故的突然性。它告诉我们必须保持高度的警惕，不能存有侥幸心理。

(2) 各种爆炸事故的发生原因、灾害范围及其后果往往很不相同，这是爆炸事故的复杂性。因此工作人员要掌握丰富的防爆知识，并制定完善的防爆技术措施和管理制度，以及消除一切可能引起爆炸的漏洞与疏忽。

(3) 爆炸事故对受灾单位的破坏往往是摧毁性的。全国每年的爆炸事故损失要以千万元计，这是爆炸事故的严重性，因此，必须加强法制建设，国家要制定各种防爆安全规程、规范和标准，各级安全机构要认真贯彻实施。

由此可见，爆炸事故的预防应从三方面进行，即制定安全法规，设置防爆设施和树立安全思想。这三方面的工作是相辅相成的。

从原则上来讲，企业的火灾及爆炸事故是可以预先防止的。从前面的叙述中可知，企业火灾和爆炸事故的发生原因虽然多种多样，但多半原因在于人。对许多事故的分析越来越使人们认识到，火灾和爆炸事故并非是绝对不可控制的，一旦失去控制，酿成事故，那么肯定有人要对此承担责任。所以，我们对待火灾和爆炸事故应该持可以防止的观点，并以此观点去探索有效的预防措施。

虽然企业，特别是火灾及爆炸危险性较大的企业情况比较复杂，易燃、易爆物质在储存、运输和使用的过程中也会有一定的危险性，但是我们必须有一个正确的认识，既不能麻痹大意，掉以轻心，也不应该过分地夸大其危险性而产生恐惧心理。

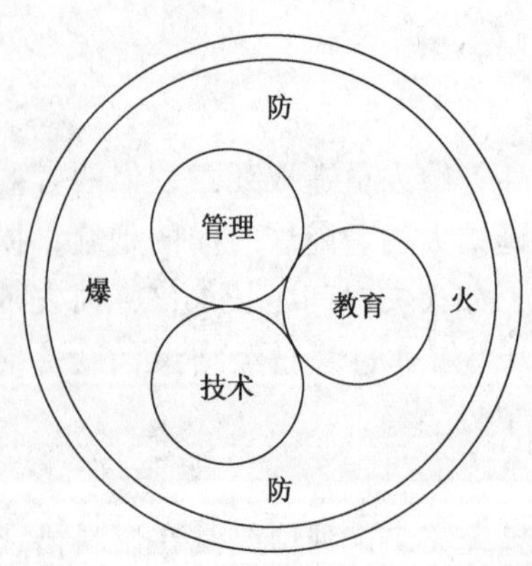

图 3－1 防火防爆的三项主要措施

一般地说，企业防火防爆的重要措施可以从管理、技术和教育三方面着手，这三方面的工作是相互联系的一个整体，如图 3－1 所示。许多企业在防火防爆方面，积累了很多可供大家借鉴的经验，归纳起来，主要的防火防爆途径简述如下：

(1) 企业各级领导要把防火防爆列入重要议事日程。企业各级领导对防火防爆工作一定要从思想上予以重视，切实加强管理。只有企业各级领导，特别是主要领导从思想上真正重视防火防爆工作，保证从组织上、制度上和物质上采取一切合理有效的措施，才能使企业的生产、工作环境安全可靠，才能扎扎实实地加强防火防爆的管理。企业领导要使管理部门充分认识到，制止意外火灾及爆炸事故是他们的职责。而管理部门应该使自己和全体员工对火灾和爆炸事故始终保持警惕，经常宣传群众、教育群众，不断动员企业广大员工克服麻痹思想，努力寻找思想和管理中隐藏着的漏洞并及时采取措施，杜绝隐患。同时还要努力研究新的防火防爆方法，不断改进管理办法，尽力促使广大员工树立强烈的主人翁责任感，使他们都能认识到"防火防爆，人人有责"的道理。

(2) 企业必须正确处理好防火防爆与生产的关系。安全生产是企业管理的一个重要组成部分，是我们社会主义国家的一项重要政策。生产必须安全，安全促进生产。生产和安全是密切相关的，相互统一的，相辅相成的。从大量工业企业的火灾及爆炸事故的分析来看，有些企业之所以发生事故，是因为他们只顾生产，忽视安全，违章指挥；或者是明知隐患存在，仍然熟视无睹，长期凑合生产，以致酿成严重的火灾、爆炸事故。因此，企业各级领导和广大员工一定要树立"安全第一"的思想，坚决贯彻"五同时"的原则，即在计划、布置、检查、总结和评比生产的同时，也要计划、布置、检查、总结和评比消防安全工作，正确处理好安全与生产的关系。

(3)要加强对员工的防火防爆知识和法制教育。企业要有计划地对员工进行防火防爆安全知识和法制教育。近年来，企业中新工人(包括外包工、临时工)大量增加，新工艺和新技术被迅速引进，生产任务繁重，劳动纪律以及基础管理松弛等都是事故增多的原因。人的因素是最重要的原因。特别对新工人、新进的外包工，企业有关管理部门必须坚持进行入厂、入车间及上岗的"三级教育"制度，经培训、考核合格后才能准许其上岗操作。只有通过教育，使每个员工都十分明确本岗位正确的操作规章以及防火防爆的有关知识和制度，才不致于无知蛮干，酿成悲剧。

在"三级教育"中，还必须加强法制教育。通常情况下，火灾和爆炸事故的后果是十分严重的。教育的目的就是要让广大员工了解一旦发生事故自己应该承担的法律责任，从而增强法制观念，遵法守法，避免事故的发生。

(4) 要切实采取行之有效的管理措施。事实证明，一般企业如果能切实地采取下列管理措施，将会大大减少火灾和爆炸事故的发生。

① 健全防火防爆组织机构，建立逐级防火防爆责任制，并确定各级防火防爆负责人。各企业应按照有关规定配备好专职消防人员，同时建立义务消防队。

② 要建立健全有效的防火防爆安全规章制度。企业防火防爆最根本的一条

是依靠全体员工，实行全面防火防爆管理，使每个员工都十分明确地认识到：“人人讲安全，安全为人人”的道理。这不仅要求广大员工要有高度的责任感，而且还必须建立健全有效的规章制度，使大家有章可循。从火灾和爆炸事故的原因分析来看，有相当数量的事故是由于管理不严、纪律松弛、责任心不强、粗心大意、玩忽职守和违章作业所造成的。显然，这是一项长期、反复、细致、艰苦的工作，但也是防火防爆重要的措施之一。

③ 根据各企业具体情况和生产特点，制订明确的、切实可行的防火防爆规程和安全措施，并严格督促全体员工认真执行。

④ 建立企业消防巡逻队和护厂队，挑选思想素质和身体素质好的员工担任该项工作。厂部、各部门，特别是要害部门都要加强夜班值勤巡逻，确保安全。

⑤ 开展安全竞赛活动，表彰消防先进人员和先进部门，不断鼓励并激发有关部门和广大员工防火防爆的积极性。

(5) 采取有力的技术预防措施。对于火灾，有初期灭火的方法，但对于爆炸来说，由于是瞬间之内完成整个爆炸过程，最终留下的只是残骸和废墟，因此，我们应该着重于预防。为此，我们应该从技术方面采取预防措施，大力研究可能引起火灾和爆炸的危险物质和火源之间的相互关系。具体地说，就是对企业生产过程中存在的有一定危险或不安全的工艺，从安全技术上尽快地去解决，使之成为安全可靠的新工艺。例如用不燃不爆的物质去代替易燃易爆的物质；油漆涂装工程必须在明火作业全部结束后进行等，从而杜绝火灾和爆炸事故的发生。此外，我们还可以采取限制措施，即限制火灾及爆炸事故的形成条件，进行这种限制的研究。目前，不少企业的安全科都改为技术安全科，配备必要的工程技术人员，开始重视从技术方面采取预防措施。当然，我们还要合理配备新式的防火、防爆设备；采用科学仪器，从多方面来监视燃爆条件的酝酿和发展，及时发现事故苗子，避免燃爆事故的发生。

3.1.2.2 泄漏事故

危险化学品泄漏后，不仅污染环境，对人体造成伤害，如遇可燃物质，还有引发火灾爆炸的可能。因此，对泄漏物事故应及时、正确处理，防止事故扩大。

(1) 认真贯彻落实并不断完善有关法规、制度

化工企业应该充分认识做好危险化学品泄漏预防和处置工作的重要性，认真贯彻落实《中华人民共和国安全生产法》、《中华人民共和国消防法》和《危险化学品安全管理条例》(国务院令第344号)等法律、法规。同时，还要不断地健全完善危险化学品安全管理的法规体系。严格依法履行相关职责，要建立健全安全生产责任制，把安全生产责任落实到岗位和人头。切实加强安全生产制度建设，严格实施安全生产许可证等制度，逐步形成按制度办事、靠制度管人的机制，使人人都在制度的约束之内，事事都在制度的规范之中。

要逐级健全安全生产监管机构，保障资金的投入。执法监管部门、行业主管部门和有关单位都要定期组织安全检查，及时消除事故隐患，强化对重大危险源的监控。要加强安全生产行政执法工作，依法严肃查处事故，严格追究事故责任，同时着力提高安全生产行政执法人员的素质。要通过示范和引导，推广安全生产新技术、新设备、新工艺和新材料，鼓励支持企业结合技术改造淘汰落后、安全性能差的设备、工艺和技术，推动危险化学品生产、经营、储存、运输、使用领域的科技创新和管理创新，并探索建立危险化学品安全管理的长效机制。

(2) 切实加强危险化学品安全管理宣传、教育和培训工作

危险化学品生产经营、储存、运输和使用单位都应当坚持不懈地对从业人员开展安全宣传、教育和培训，严格实行从业人员资格和持证上岗制度，促使其提高安全防范意识，掌握预防和处置危险化学品初期泄漏事故的技能。同时，各级人民政府还应当加强对社会公众的危险化学品泄漏事故防护的应急知识教育、训练。

(3) 建立专(兼)职处置危险化学品泄漏事故队伍

危险化学品生产、经营、储存、运输和使用单位，都应当根据本企业单位的生产、经营规模，建立相应的专(兼)职处置队伍，购置处置危险化学品泄漏事故的相关设备、器材[如安全防护服、空(氧)气呼吸器或可靠的防毒面具、检测仪器、堵漏器材、工具等]，经常组织应急处置人员熟悉本岗位、本工段、本车间、本企业单位危化品的种类、理化性质和生产工艺流程，定期组织开展训练，使其掌握预防危化品泄漏事故发生的知识和处置初期泄漏事故的技能。

(4) 制定切实可行的处置预案

危险化学品泄漏事故处置预案是事故处置的基本依据。这就要求预案必须具有较强的科学性、针对性、指导性和可操作性。第一，是危险化学品各生产、经营岗位、班组要制定好危险化学品初期泄漏的处置预案。实践一再告诫我们：危险化学品发生泄漏后，第一时间的快速有效处置至关重要，处置得好，就可以把事故消灭在萌芽状态。岗位、班组预案的每一项任务和处置程序、要求都必须落实到人头；第二是车间的预案。在泄漏量加大，岗位、班组难以迅速处置的情况下，就应启动车间的处置预案，力求把泄漏事故控制、消灭在车间范围内；第三是危险化学品生产、经营、储存、运输、使用单位要制定好本企业单位的泄漏处置预案(运输单位的预案还应针对每一辆运输车辆可能发生的泄漏情况制定)。内容应包括：组织指挥人员及其职责、任务，专(兼) 职处置队伍的处置任务、程序及要求，各相关部门、车间(单位) 的职责及协同配合要求，保障措施及怎样确保落实；第四是行业(上级) 主管部门的处置预案，即本行业、系统的协同配合和指导性预案；第五是当地人民政府的处置预案。政府的预案必须强调统一组织指挥和综合协调配合，必须明确在发生重、特大危险化学品泄漏事故，事故单位不

能及时控制和消除事态，并已威胁到周边地区时，各有关部门、单位参与处置泄漏事故的职责、任务，确保通信联络畅通的措施以及密切协同配合的要求等。需要强调的是，不管是哪一个层面的处置预案，都应当从最复杂、最不利的情况来制定，都必须定期组织模拟实战的演练，以增强参与处置人员的心理素质，使其做到临危不乱，处变不惊，处置工作有条不紊。通过实战演练发现的问题及时修订预案，使预案更贴近实际。还要运用现代计算机技术，编制危险化学品泄漏处置辅助决策系统，使事故处置更科学、高效。

(5) 充分发挥公安消防部队的作用

根据我们国家的基本国情，各地、各级政府不可能都建立危险化学品泄漏事故处置的专业队伍。因此，应充分发挥公安消防部队的作用。因为，公安消防部队有“三大优势”：一是体制优势。公安消防部队既是中国人民武装警察部队序列的一支现役部队，又是公安机关的一个重要警种，省、自治区、直辖市有总队，市、地、州、盟有支队，县、市、区、旗有大队，大多数县城都有中队，点多面广，分布全国。这支队伍实行昼夜值勤，时时刻刻都处于战备执勤状态，且机动性强，能做到快速反应。尤其是在日本东京地铁“沙林毒气事件”发生后，在党中央、国务院的亲切关怀下，我国公安消防部队开始组建消防特勤队伍，专门承担各类火灾扑救中的急、难、险、重任务和其他灾害或者事故的突击攻坚任务。美国“9·11”恐怖袭击事件发生后，国家又增加了经费和编制，启动了第二期消防特勤部队的建设工作。目前，我国已初步形成消防特勤力量网络体系；二是装备优势。由于党中央、国务院和地方各级党委、政府对消防安全工作的高度重视，近年来，各地政府都逐步加大了对消防部队装备建设的投入。就以处置危化品泄漏事故的装备而言，各地消防特勤大(中)队基本都购置了化学灾害事故抢险救援车，随车配置了消防员个人防护装备(空气呼吸器、防化服、防化靴等)、侦检仪器设备、堵漏器材、洗消药剂、输转设备，还配有洗消车等；三是技能优势。各地公安消防部队，特别是消防特勤部队都针对危险化学品泄漏事故，开展了相应的处置技术、战术训练，又在每年近千次的危险化学品泄漏事故处置中积累了一定的实战经验。只要适当地给公安消防部队增加编制员额和装备投入，这支队伍完全可以更多地承担诸如危险化学品泄漏之类火灾以外的其他灾害事故的抢险救援任务。这样，就可以避免重复建设，是符合我国国情的利国利民之举。

(6) 危险化学品泄漏事故处置中应注意的几个技术问题

① 一定要切实做好参与处置人员的安全防护，危险化学品泄漏事故处置必须挑选业务技术熟练、思想作风过硬、身体素质良好，并有较丰富实践经验的人员，组成精干的处置小组(既要保证任务的完成，人员又要尽量少)，应针对泄漏物质的理化性质，穿(佩)戴全套防护装备，并认真对防护装备的安全性能进行仔

细检查，还要安排专人对空(氧)气呼吸器的压力等参数以及每位进入、撤出泄漏现场的人员姓名和时间进行详细记载。对执行关阀堵漏任务的人员还应使用喷雾或开花水流进行掩护。现场还应准备特效急救解毒药物，有医护人员待命。对中毒的人员应从上风方向抢救或引导撤出。

② 努力减轻泄漏危险化学品的毒害

参加危险化学品泄漏事故处置的车辆应停于上风方向，消防车、洗消车、洒水车应在保障供水的前提下，从上风方向喷射开花或喷雾水流对泄漏出的有毒有害气体进行稀释、驱散；对泄漏的液体有害物质可用沙袋或泥土筑堤拦截，或开挖沟坑导流、蓄积，还可向沟、坑内投入中和(消毒)剂，使其与有毒物直接起氧化、氯化作用。从而使有毒物改变性质，成为低毒或无毒的物质。对某些毒性很大的物质，还可以在消防车、洗消车、洒水车水罐中加入中和剂(浓度比为5%左右)，则驱散、稀释、中和的效果更好。常见的毒气与可使用的中和剂见表3－1。

表 3－1　常见的毒气与可使用的中和剂

毒气名称	中和剂	毒气名称	中和剂
氨气	水	液化石油气	大量的水
一氧化碳	苏打等碱性溶液、氯化铜溶液	氰化氢	苏打等碱性溶液、硫酸铁的苏打溶液
氯气	硝石灰及其溶液、苏打等碱性溶液	硫化氢	苏打等碱性溶液、水
氯化氢	水、苏打等碱性溶液	光气	苏打、碳酸钙等碱性溶液
氯甲烷	氨水	氟	水

③ 着力搞好现场检测

应不间断地对泄漏区域进行定点与不定点的检测，以及时掌握泄漏物质的种类、浓度和扩散范围，恰当地划定警戒区(如果泄漏物系易燃易爆物质，警戒区内应禁绝烟火，而且不能使用非防爆电器，也不准使用手机、对讲机)，并为现场指挥部的处置决策提供科学的依据。为了保证现场检测的准确性，泄漏事故发生地政府应迅速调集环保、卫生部门和消防特勤部队的检测人员和设备共同搞好现场检测工作。若有必要，还可按程序请调军队防化部队增援。

④ 果断采取工艺措施制止泄漏

所谓的“工艺措施”即关阀断料、开阀导流、排料泄压、火炬放空、紧急停车等措施。这些技术措施是根据化工生产装置、设备、储罐由管道连接，即通常所说的“管道式连续化”的特点提出的。如“关阀断料”，就是中断泄漏设备物料的供应，从而控制灾情的发展；“开阀导流”就是对泄漏或着火的设备或受到火势严重威胁的邻近设备内的物料进行输转的方法。不过，使用开阀导流的方式，会因物料状态(气态、液态)、比重、水溶性的不同而有所不同。特别是对于生产设备的开阀导流，要防止被导流设备内出现负压而吸入空气发生回火爆炸，故应严格控制导流的速度，使被导流设备内的压力不低于0.11MPa，有条件的，也可向被导流设备(储罐)输入氮气、水蒸气等气体，以防止设备(储罐)内形成负压；“火炬放空”，即通过与设备上的安全阀、通气口、排气管等相连的火炬放空总管，将部分或全部物料烧掉的办法，而积极地控制灾情，防止爆炸的发生。应该说，工艺措施是具有不可替代的科学、有效的处置化工火灾和危险化学品泄漏事故的技术手段。但工艺措施必须由专家、技术人员和岗位有经验的工人共同研究提出方案，并由技术人员和熟练的操作工人具体操作实施。在对受火势或爆炸威胁的设备、管道实施关、开阀门时，消防部队应用水枪，以直流或开花或喷雾射流掩护。

⑤ 把握好灭火时机

当危险化学品大量泄漏，并在泄漏处稳定燃烧，在没有制止泄漏绝对把握的情况下，不能盲目灭火，一般应在制止泄漏成功后再灭火。否则，极易引起再次爆炸、起火，将造成更加严重的后果。

⑥ 后续措施及要求

制止泄漏并灭火后，应对泄漏(尤其是破损)装置内的残液实施输转作业。然后，还需对泄漏现场(包括在污染区工作的人和车辆装备器材)进行彻底洗消，处置和洗消的污水也需回收消毒处理。对损坏的装置应彻底清洗、置换，并使用仪器检测，达到安全标准后，方可按程序和安全管理规定进行检修或废弃。总之，危险化学品泄漏的处置危险性大，难度也大，必须周密计划，精心组织，科学指挥，严密实施，确保万无一失。

3.1.3 化工企业事故的后果及原因

3.1.3.1 火灾爆炸事故

众所周知，在工业企业，一点火星可以燃起熊熊烈火，而且迅速地由局部蔓延到全部，很快就会吞没整个车间、仓库甚至整个企业。而火灾发生的同时，往往还会引起剧烈的爆炸，其后果往往是十分严重的。特别是爆炸事故的发生，不像火灾那样，根本没有初期扑救或疏散等机会。一旦发生，不仅会造成较大的物质损失，而且还会导致人员伤亡，势必使国家财产遭受重大的损失，使员工生命和健康受到严重威胁。

近年来，随着工业企业现代化和生产规模的不断发展，由于员工素质不高，管理不到位，火灾、爆炸事故时有发生。一些伤亡惨重、影响巨大的火灾，往往牵动着亿万人民群众的心，在当地会引发一系列的社会问题，造成群众人心惶惶，人们的正常生活、生产、工作秩序被打乱，引起人民不满，甚至发生骚乱。例如，1995 年 9 月 2 日，广东省某打火机厂发生特大火灾，在面积仅 400m^2 的总装车间里加班的 230 余名员工，有 22 人被大火烧得面目全非，当场死亡，另有 45 人被大面积烧伤。再如，1996 年 12 月 4 日，江苏某化纤公司车间不符合国家规范要求，屋顶、通风管道等部位都为可燃材料，加之火灾初起时，当班女工不会使用灭火器，以致造成 864 万元的火灾损失。这一灾难性的火灾使公司的生产经营活动一度处于瘫痪或半瘫痪状态。

多年来的实践证明，化工企业，尤其是石油化工企业的防火防爆工作更为重要。这些单位的火灾、爆炸危险性大，不少重大火灾、爆炸恶性事故都发生在这些单位。例如，1996 年 5 月 16 日，山东某化工厂，一工人使用非防爆手提缝包机进行包装作业时，电火花将可燃气体引燃酿成火灾，重伤 2 人，烧毁 88t 聚苯乙烯，直接财产损失 135 万元。1997 年 5 月 4 日，重庆市某化工厂发生火灾，在施救中发生爆炸，当场 7 名企业专职消防队员牺牲，5 名操作工人殉职。1997 年 6 月 27 日，北京某化工厂发生特大火灾爆炸事故，死 18 人，伤 40 余人，近 20 个储罐同时燃烧，燃烧区域达 6 万多平方米，直接经济损失 1.17 亿元。从全国来看，此类灾害事故呈明显上升的趋势。血的教训一再告诫我们，有效地扑救化工企业火灾爆炸事故，保卫人民生命财产安全，已是一项十分紧迫的任务。

为了有效的扑救化工企业事故，首先要弄清事故发生的基本原因，及时消除火灾及爆炸事故的隐患，确保企业安全生产。化工厂发生的事故多为火灾及爆炸，着重讨论一下这两种重大事故。

火灾实际上是一种燃烧现象，而爆炸有时是伴随着火灾发生的。火灾与爆炸事故的起因多种多样，且较复杂，因使用明火不慎引起火灾与爆炸比较多见。暗火，如炉灶、烟囱的表面过热，烤燃靠近木结构；库房里堆放的油布雨衣因通风不良致使内部积热不散，发生自燃；可燃、易燃液体跑、冒、滴、漏，遇到明火即燃烧、爆炸；机械摩擦发热使接触的可燃物自燃起火，超负荷用电、导线接触不良、电阻过大发热、电线短路、开关闪出的电火花等引起火灾。在雷击地区，如果没有可靠的防雷保护设施，便有可能发生雷电起火。此外静电等引起的火灾与爆炸事例也时有发生。

根据大量事故案例的分析研究，企业发生火灾爆炸事故的主要原因是：缺乏消防知识，消防安全制度不健全，不严格执行安全制度，违反安全操作规程，设备缺陷，工艺设计缺陷。

此外，缺乏检查、指导错误等也是火灾及爆炸发生的基本原因。表 3 – 2 为 1998 年度某化工系统爆炸事故原因统计。

表 3 – 2　爆炸事故原因统计

事故原因	违　章	设备缺陷	缺乏检查	设计缺陷	保险缺陷	其　他	小计
事故次数	33	6	3	1	1	8	52
死亡人数	37	2	3	0	0	14	56
死亡比例/%	66.07	3.57	5.36	0	0	25	100

从表 3 – 2 可见，在爆炸事故中，以违章操作所造成的最多，占爆炸死亡总人数的 66.07%；其他原因所造成的爆炸事故共 8 起，死亡 14 人，占爆炸事故死亡总人数的 25%。

总之，企业的火灾及爆炸事故的发生，其原因是多方面的，有时甚至还比较复杂。然而，企业的广大员工在同火灾及爆炸事故的斗争中，从血和泪的教训中，逐步积累了较丰富的经验。通过上述典型的事故分析，对以上几个方面的问题必须引起企业广大员工特别是企业各级领导的足够重视。

3.1.3.2 泄漏事故

危险化学品泄漏会严重威胁人民群众生命安全，造成巨大的经济损失，使生态环境受到破坏，还会影响社会稳定。

(1) 危险化学品泄漏会危及人民群众生命安全

当危险化学品泄漏，有毒物质进入人的机体后，即能与细胞内的重要物质如酶、蛋白质、核酸等作用，从而改变细胞内组分的含量及结构，破坏细胞的正常代谢，致机体功能紊乱，造成中毒。而且，由于各种有毒物质的危害状态不同，中毒的途径也不同。如受污染的空气可经呼吸道吸入和皮肤吸收中毒；毒物液滴可经皮肤渗透中毒，如沙林液滴落到皮肤上即很容易渗入皮肤之中；误食、误饮染毒食物、饮水，即可经消化道吸收中毒。再则，由于各种有毒物质的理化特性不同，能产生不同的中毒症状，造成不同的伤害效应。如沙林、苯、有机磷农药、氯代烃等神经性毒物，可经呼吸道、皮肤毒害神经系统；氯气、二氧化硫、氨气、光气、硫化氢、硫酸酯类、氮氧化物、异氰酸酯类等毒物，经呼吸道(酯类毒物还可通过皮肤吸收）而导致呼吸系统中毒；一氧化碳、苯胺、硝基苯、氢氰酸吸入人体后会造成血液系统毒害(即全身性中毒)。1984 年 12 月 2 日子夜，位于印度博帕尔市郊的联合碳化物公司农药厂，一个储存 45 吨剧毒液体——异氰酸甲酯的储罐压力骤然升高，使阀门失灵，异氰酸甲酯外泄汽化，致 3150 人死亡，5 万多人失明，2 万多人受到严重毒害，15 万人接受治疗，受此事件影响的多达 150 余万人，约占该市总人口的一半。又如，2003 年 12 月 23 日，我国重庆市开县高桥镇发生特大天然气井喷事故，由于喷泄出的天然气中剧毒的硫化氢气体浓度过高，造成 243 人中毒死亡，2142 人不同程度中毒住院治疗，引起了党中央、国务院的高度关注。还有不少危化品泄漏后，遇引火源发生爆炸、火灾，也会造成大量人员伤亡。如 1998 年 3 月 5 日，我国陕西某液化石油气管理所液化气泄漏后，遇电火花引起爆炸、燃烧，导致现场 7 名消防官兵和 5 名液化气管理所职工死亡、10 余名消防官兵重伤致残。

(2) 危险化学品泄漏会造成严重的经济损失

据有关资料介绍，从 1953 年到 1992 年的 40 年间，全世界发生一次损失超过 1 亿美元的危化品泄漏事故达数千起。前述重庆市开县天然气井喷事故，除造成

2300 余人中毒伤亡外，还造成了 6400 余万元人民币的直接经济损失。

(3) 危险化学品泄漏会对生态环境造成破坏

1986 年 11 月 1 日，瑞士巴塞尔市赞多兹化工厂危化品仓库发生火灾，约 30 吨农药和化工原料流入了西欧著名的莱茵河，使莱茵河受到磷酸和汞化物的严重污染，240 多公里长的河道里漂起大量死鱼，河水不能使用，莱茵河流域的居民在很长时间内都只能靠消防车和其他车辆从水库运水饮用。有关专家曾经指出：该次事故将使莱茵河因污染治理工作而至少倒退 15 年，并对河流生态造成长期的影响。又如，1991 年的海湾战争导致有关国家的油井、储油设施及化工企业遭到破坏，大量外泄的原油严重污染附近海域及岸上设施，致大批海鸟和鱼类死亡，油井、储油及炼油等设施火灾的浓烟笼罩了大片城市及乡村上空，污染的烟云飘移至南欧，甚至喜马拉雅山南麓也下了黑色油水混合雨，给广大地区的生态环境造成极大的破坏。据报道，中东地区还出现了轻度的“核冬天”效应。

造成危险化学品泄漏的原因是多方面的，但主要有以下原因：

(1) 自然灾害

自然界的地震、海啸、火山爆发、台风、龙卷风、洪水、山体滑坡、泥石流、雷击，以及太阳黑子周期性的爆发，引起地球大气环流变化等自然灾害，都会对化工企业造成严重的影响和破坏，如由此导致的停电、停水，使化学反应失控而发生火灾、爆炸，导致危化品泄漏。

(2) 勘测、设计方面存在缺陷

如选址不当、安全间距不足等等。

(3) 设备、技术方面存在问题

如设备质量达不到有关技术标准的要求；防爆炸、防火灾、防雷击、防污染等设施不齐全、不合理，维护管理不落实等；设备老化、带故障运行。化工生产流程中，一般都有一定的压力、温度，甚至高温、高压，不少原料、中间体和产品都具有腐蚀性等特点，极易导致设备老化、故障，使各种管、阀、泵、室、塔、釜、罐跑、冒、滴、漏。

(4) 违反操作规程

不少化工企业，尤其是私营化工企业，许多从业人员素质不高，又未经过严格、系统的培训，加之规章制度不落实，劳动纪律涣散，也会导致危化品泄漏事故发生。例如 2004 年 4 月 20 日北京市某黄金冶炼厂，因 2 名当班工人违反规定，同时离岗用餐，导致 20 余吨含氰化物的液体泄漏，造成 3 人死亡、8 人中毒受伤的严重后果。

(5) 交通运输事故引发危化品泄漏

运输单位不按规定申办准运手续，驾驶员、押运员未经专门培训，运输车辆达不到规定的技术标准，超限超载、混装混运，不按规定路线、时段运行，甚至违章驾驶等，都极易引发交通运输事故而导致危化品泄漏。据统计，近几年在运输过程中发生的危化品泄漏事故约占总次数的30%。

(6) 人为破坏

如1995年3月20日，举世震惊的日本东京地铁“沙林毒气事件”就是由日本邪教组织“奥姆真理教”所为，此次事件共造成10人死亡，75人严重中毒，5500余人被分送到234家医院抢救。需特别注意的是，恐怖分子随时都可能制造危化品泄漏事件，残害人民群众，破坏社会稳定。

(7) 战争导致危化品泄漏

战争中，交战双方往往也会将对方的危化品生产、储存场所作为攻击和敌对破坏的目标，致使危化品泄漏。还有些被联合国裁军委员会称之为“双用途毒剂”的化合物，如氢氰酸、光气、氯气、磷酰囟类等，和平时期是化工原料，战时即可迅速转化为军工生产而作为军用毒剂用于战争，这类化学物质一旦泄漏，其杀伤威力不亚于使用化学武器。抗日战争时期，侵华日军就曾多次使用毒气杀害我同胞。

3.2 危险化学品事故的预防

3.2.1 危险化学品事故预防的指导思想

对企业来说，确保企业员工在生产中的安全和健康，确保企业和产品的完整无损是我国一项重要国策，也是企业管理的原则之一。所以，重视并加强研究工业企业的防火防爆是十分有意义的。

3.2.1.1 消防方针

我国消防工作的方针是”预防为主，防消结合”，企业的消防工作也必须坚定不移地贯彻这个方针，这个客观规律同样适合事故扑救。

1998年4月29日第九届全国人民代表大会常务委员会第二次会议通过国家主席江泽民签署的第四号主席令，公布了《中华人民共和国消防法》，1998年9月1日起正式实施。消防法规定了“预防为主，防消结合”的消防工作方针，并从各个方面规定了预防火灾的措施。只要我们坚决贯彻条例所规定的方针，思想上充分重视并严格按照条例规定去落实各项措施，那么火灾及爆炸事故应该是完全有可能防止的。

”预防为主、防消结合”的方针是人们同火灾长期斗争的经验总结，正确地反映了消防工作的客观规律。

”预防为主”，就是要把预防火灾(爆炸)的工作放在首要地位。实践告诉我们，尽管化工企业的火灾及爆炸事故的原因有时很复杂，但是一般都是可以预防的，因此，做好预防工作是我们防火防爆工作的重点。“凡事预则立，不预则废”，这个道理同样也完全适用于预防火灾及爆炸事故。我们要认真贯彻消防条例，结合工业企业的生产特点，经常广泛、深入地开展群众性的防火防爆宣传教育，普及消防知识，提高广大员工的思想警惕性；要加强工业企业消防工作的领导，健全防火组织，确定各级防火负责人，并由公司经理(或工厂厂长)亲自负责抓；严格防火制度，定期进行防火防爆安全检查，发现隐患，及时消除。与此同时，各企业还要在消防器材配备上做好相应的准备，包括做好应急的准备。只有这样，抓住了“防”字，才能把可能引起的火灾及爆炸事故的因素消灭在事故发生之前，切实做到“有备无患”、“防患于未然”。

”防消结合”，是指同火灾作斗争的两个基本手段——预防和扑救两者必须有机地结合起来。也就是在做好预防工作的同时，加强消防值勤，从组织上、思想上、物质上做好灭火工作的充分准备。以便在发生火灾时能够迅速、有效地把火灾消灭在初始阶段，最大限度地减少火灾损失，减少人员伤亡，有效地保卫国家财产和公民生命、财产的安全。

总而言之，“防”和“消”是相辅相成，缺一不可的。因此，“重防轻消”或“重消轻防”的观念和做法都是片面的，也是不可取的。我们只有坚持贯彻“预防为主，防消结合”的方针，紧密地依靠企业的广大员工，把火灾预防工作放在消防工作的首位，同时也应把消防组织建设和消防设施建设放在重要位置，坚持“先其未然而防之，发而止之而救之，行而责之而戒之”的“防为上、救次之、责为下”的原则。真正把火灾预防和火灾扑救有机地结合起来，消防工作就能沿着正确的方向发展，就能有效地防止和控制火灾、爆炸事故的发生。

3.2.1.2 消防工作的原则及措施

(1)“安全第一”的原则

所谓“安全第一”，就是当生产和安全发生矛盾时，应当把安全放在首位。这个原则是周恩来总理提出来的，它明确了安全与生产的辩证关系，是企业消防安全管理的指导思想，其基本含义就是生产必须服从安全，只有安全才能促进生产。实质上，安全与生产是不可分割的两个方面，没有安全，正常的生产就没有保障；离开了生产讲安全，安全就没有存在的意义。因此，企业单位要把抓生产与抓安全统一起来，端正消防安全的指导思想，摆正消防安全与企业生产、经营、工作的关系，自觉、主动地解决好消防安全与生产经营的矛盾，从而保证消防安全，为企业生产和经营发挥积极的保障和促进作用。

(2)“属地管理为主”的原则

所谓“属地管理为主”，是指无论什么企业或单位，其消防安全工作均由其所在地的政府为主领导，并接受所在地公安消防机关的监督。《中华人民共和国消防法》和国务院批转的《消防改革与发展纲要》规定，除军事设施、核设施、国有森林、地下矿井、远洋船舶和铁路运营建设系统、民航系统的消防工作分别由军事机关和其主管部门负责外，其他方面的消防工作统一由当地政府为主负责。因此，各有关部门、系统、单位要在所在地政府的领导下，积极组织和推动本部门、本系统、本单位做好消防安全工作，并接受当地公安消防机关的监督。

(3)“谁主管，谁负责”的原则

所谓“谁主管，谁负责”，简单释义就是谁抓哪项工作，谁就应对哪项工作负责。对消防工作而言，就是说谁是哪个单位的法定代表人，谁就应对哪个单位的消防安全负责；法定代表人授权某项工作的领导人，要对自己主管内的消防安全负责；各车间、班组负责人以至每个职工，都要对自己管辖工作范围内的消防安全负责。其含义有以下五点：

① 一个地区、一个系统、一个单位的消防安全工作，由本地区、本系统、本单位自己负责，公安消防机关实施监督和检查指导。

② 各级公司、局和单位的行政主要领导，作为法定代表人要对管辖范围内的消防安全全面负责，是当然的消防安全责任人。根据工作需要，单位的法定代表人可以授权一名副职具体负责对消防安全的管理，但作为法定代表人的行政一把手，对消防安全的责任不能变。分管其他工作的领导要对分管范围内的消防安全负责。

③局、公司、单位内的各个业务部门，要按业务分工，对所分管工作中的消防安全负责。保卫、消防管理人员，要在单位消防安全责任人的领导下，负责对本单位消防安全的检查指导。

④ 企业单位中各车间领导、工段领导或分厂领导，要对其所管辖范围的消防安全负责。

⑤ 班、组是企业单位最基层的组织，是同火灾作斗争的第一线。班、组长作为最基层的负责人，应当对本班、组的消防工作负责，要教育和组织本班组的全体职工认真做好本岗位的消防安全工作。

从以上表述可以看出，所谓“谁主管，谁负责”，其实质就是逐级负责制，在消防工作中就是我们常说的“逐级防火责任制”，即：纵向层层负责，一级对一级负责；横向分工把关，分线负责，形成一个纵向到底、横向到边、纵横交错的严密的防火网络。

以上的措施对所有的企业都适用，现在重点看看化工企业。化工是一个十分广阔的领域，化学物品已达到数万种之多。针对目前危险化学品灾害事故频发和处置难的现实状况，一旦发生事故，应：

① 立即成立火场指挥部，视实际情况成立毒物侦检、警戒疏散、强攻抢险、防护稀释、供水、洗消、通讯联络、后勤保障等小组，并及时与政府及公安、卫

生、供电、环保等部门取得联系，以便为抢险救援取得支持。指挥部要指挥车辆停在上风向，并能进能退，出现危险时能立即撤离危险区的地方（最好是车尾对着事故现场）。组织厂方技术人员及消防专勤人员在做好个人防护，作好登记后，深入事故现场用毒气检测器、测爆仪、有毒气体探测仪等对事故对象及其周围进行采样检测，查明泄漏扩散范围及其浓度，进行火情侦察或寻找泄漏点等，并询问厂方人员关于泄漏或燃烧的化学危险品的种类、数量、危害性和人员被困情况等，为指挥部有效决策提供科学依据。

② 根据侦检结果，结合综合电子气象仪测得的风速、风向、温度等数据，划定警戒范围，设立警戒线(可分安全区、防范区、危险区、高危区等)，会同公安、交通等各部门将污染区人员迅速撤至上风处，疏散无关人员，严禁其他人员进入警戒区。同时，对下风向道路进行交通管制，严格控制现场产生一切火花，还要切断危险区域的一切生产用电。指挥防护稀释组，在泄漏区四周喷雾状水或设置水幕水带进行防护，并结合泄漏物的化学性质，在水中掺加一定的中和剂，来增加稀释效果，保证抢险救援顺利开展。

③在了解工艺流程和技术要求的基础上，与技术人员共同商量拟定堵漏方案，在堵漏过程中要注意以下几点：专勤人员要做好个人防护，与熟悉情况的技术人员一起，在喷雾水流的掩护下，进行关阀堵漏，并切断有关电源。操作时手钳应用保护层，以免金属撞击产生火花。采用何种堵漏方法视情况而定，对储罐容器壁、管道壁进行堵漏，可用专用的橡胶封堵物、木楔、冷冻封堵，或堵漏套装、管道断裂包扎套装等对管道进行堵漏；也可用不同型号的法兰夹具对泄漏的阀门法兰进行处理。对少量化学危险物品的泄漏，可用活性炭、水泥粉、沙子等惰性材料吸收处理。若有大量的化学物质泄漏，可构筑围堤或挖坑收容，让泄漏的液体流入设定好的堤内，然后以泡沫覆盖，降低蒸汽灾害，防止爆燃，再用防爆排烟机送风挥发化学物质。

④ 若泄漏的化学物质处于一定的燃烧状态，可不急于灭火，应先对泄露燃烧的容器、管道及周围受到火势威胁的设备进行冷却保护，在确有止漏把握并做好准备的前提下才可灭火。灭火时要从外围开始扑救，逐渐向火点推进，以免火点扑灭后化学物品继续跑漏，遇到明火重新燃烧或爆炸。扑救过程要注意选择合适的水枪阵地，形成合理的梯次保护。在防护上，要尽量考虑多道防线，并可用水幕水带进行隔离稀释，降低空气中的毒害物浓度，防止进一步扩散，同时在发生异常情况时可及时撤离一线，而迅速组织起第二、第三道防线。

⑤ 对已爆炸并形成稳定燃烧的火灾，首先要观察燃烧本身对周围的影响，注意建筑物是否会倒塌伤人，在确保安全下，远距离用水枪冷却或喷射泡沫。水枪手阵地要尽可能选择有掩蔽体的地方，水、管枪一般不多于两人操作，并预先考虑各阵地最有利的疏散线路。另外，水、管枪手不许站立于地下罐、半地下

罐、地上罐顶部，封闭式污水处理池上部，水封井盖、检查井盖、污水管道、阴井盖上部，以及设备的有限空间上部。指战员还要注意灭火过程中有无爆炸迹象，若反应器、聚合釜、蒸馏塔等设备发出异常响声；火焰由红变白，设备变形，发生摇动，并有嗡嗡声响时，应果断将抢险人员撤离。

⑥某些化工产品泄漏、燃烧、爆炸，要视情况成立洗消小组，用适当的洗消剂对抢救出来的人员、事故场地、车辆器材、抢险人员进行彻底的洗消，不经检验洗消合格的人员，绝不许离开警戒区，以防造成二次污染。

⑦ 在处置化工产品泄漏、燃烧、爆炸当中，应注意以下几点：

a. 化工火灾蔓延快、着火点多、爆炸危险性大，所以要加强第一出动，以快制快，集中兵力打歼灭战。另外，优先调集泡沫车或干粉车、防化抢险救援车等，否则到时受场地限制，会使特种车辆进不了火场。

b. 此类事故的处置，体力消耗大，所以要经常换班，而且参战官兵要增强个人防护意识，若发生中毒受伤事件要当场采取急救措施，用生理盐水冲洗和输氧等。

c. 要选择合适的灭火剂。化工产品种类繁多，理化性质各异，处置、扑救的方法也各不相同，因此选择合适的灭火剂会起到事半功倍的效果，否则不但不能有效地控制火势，还有可能助长火势的进一步蔓延、扩大。对灭火后的废液，也要收集处理后，才可流入回收池、下水道、阴沟等，以防二次污染和回火、爆炸。

3.2.2 针对火灾和爆炸事故的预防措施

为了有效的扑救化工企业事故，应当了解事故的有关特点，特别是火灾和爆炸事故发生的特点，从而采取相应的扑救措施。

可燃混合物的爆炸虽然发生于顷刻之间，但大体上还是有个发展过程，一般包括下述三个过程：

(1) 可燃物与氧化剂的相互扩散、均匀混合而形成爆炸性混合物，混合物遇着火源，燃烧开始；

(2) 由于连锁反应过程的发展，使爆炸范围扩大和爆炸威力升级；

(3) 完成化学反炸力造成灾害性破坏。

因此扑救的基本要点：一是根据爆炸过程的特点，阻止第一过程的出现，即控制爆炸性混合物的形成和控制火源，使爆炸性混合物不会被连续点燃；二是限制第二过程的发展，如燃爆一开始就及时泄出压力，或切断爆炸传播途径，或破坏燃烧成爆炸的条件等；三是对第三过程的危害进行防护，即减弱爆炸压力和冲击波对人以及对设备、厂房和邻近建筑物的破坏。

火灾事故的发展也同样有几个过程：

(1)"酝酿"期，可燃物在热的作用下蒸发析出气烟和没有火焰的暗燃；

(2)"发展"期，火苗窜起，火势迅速扩大；

(3)"全盛"期，火焰包围可燃材料，可燃物全部着火，燃烧面积达到最大限度，放出强大的辐射热，温度升高对流加剧；

(4)"衰灭"期，可燃物质燃尽、或可燃物质减少、或灭火措施见效，因而渐渐衰弱至熄灭。

因此，防火技术的要点：监视"酝酿"期的征兆，严格控制火源；正确设计防火墙；对易燃物进行科学管理等，以阻止火焰的蔓延；组织精干的消防队伍，配备实用的消防器材，尽早扑灭，以减少损失。

预防火灾与爆炸事故的发生，首先应了解该生产过程的火灾危险性，存在哪些可能起火或爆炸的因素，发生火灾爆炸后火势蔓延扩大的条件等，从而制定行之有效的扑救措施。

(1) 有火灾危险性的生产分类。有火灾危险性的生产分类如表3-3所示。

表3-3　有火灾危险性的生产分类

生产类别	火灾危险性的特征
甲	使用或产生下列物质 1. 闪点 < 28℃的易燃液体 2. 爆炸下限 < 10%的可燃液体 3. 常温下能自行分解或在空气中氧化即能导致迅速自燃或爆炸的物质 4. 常温下受到水或空气中水蒸气的作用，能产生可燃气体并引起燃烧或爆炸的物质 5. 遇酸、受热、撞击、摩擦以及遇有机物或硫磺等易燃的无机物，极易引起燃烧或爆炸的强氧化剂 6. 受撞击、摩擦或与氧化剂、有机物接触时能引起燃烧或爆炸的物质 7. 在压力容器内物质本身温度超过自燃点的生产
乙	使用或产生下列物质 1. 闪点为28～60℃的易燃、可燃液体 2. 爆炸下限≥10%的可燃气体 3. 助燃气体和不属于甲类的氧化剂 4. 不属于甲类的化学易燃危险固体 5. 生产中排出浮游状态的可燃纤维或粉尘，并能与空气形成爆炸性混合物
丙	使用或产生下列物质 1. 闪点≥60℃的可燃液体 2. 可燃固体
丁	具有下列情况的生产 1. 对非燃物质进行加工，并在高热或熔化状态下经常产生辐射热、火花或火焰的生产 2. 利用气体、液体、固体作为燃料，或将气体、液体进行燃烧作其他用的各种生产 3. 常温下使用或加工难燃烧物质的生产
戊	常温下使用或加工非燃物质的生产

(2)爆炸与火灾危险场所的等级。根据发生事故的可能性和后果(危险程度),在电气设计规范中将爆炸和火灾危险场所划分为三类八级。按危险程度和物质状态的不同采取相应的措施,防止电气线路、电气设备不良引起爆炸或火灾事故。

第一类:有气体或蒸气爆炸性混合物的爆炸危险场所,划分为三级:

Q_1 级场所:在正常情况下能形成爆炸性混合物的场所。

Q_2 级场所:在正常情况下不能形成,而仅在不正常情况下(装置或设备的事故损坏、误操作、维护不当等)能形成爆炸性混合物的场所。

Q_3 级场所:在正常情况下整个空间形成爆炸性混合物可能性较小的场所,该场所内爆炸危险物质的量较小,爆炸性混合物的比重轻,很难于积聚,爆炸下限高并有强烈气味而易于发现等。

第二类:有粉尘或纤维爆炸性混合物的爆炸危险场所,划分为两级:

G_1 级场所:在正常情况下能形成爆炸性混合物的场所。

G_2 级场所:在正常情况下不能形成,而仅在不正常情况下能形成爆炸性混合物的场所。

第三类:火灾危险场所,共分为三级:

H_1 级场所:在生产过程中产生、使用、加工、储存或转运闪点高于场所环境温度的可燃液体,其数量和配置上能引起火灾危险的场所。

H_2 级场所:在生产过程中出现的悬浮状、堆积状可燃粉尘或可燃纤维,它们虽然不会形成爆炸性混合物,但在数量和配置上能引起火灾危险的场所。

H_3 级场所:有固体可燃物质并在数量和配置上引起火灾危险的场所。

防火防爆的另一个主要措施是消除火险、限制火势与爆炸蔓延。除首先控制生产车间、工艺装置内易燃易爆物料的储量外,还要从工艺装置布局、建筑结构、防火分割、安全阻火装置和厂房防爆等方面采取措施。

3.2.2.1 火险保险装置

报警装置只能提醒人们注意火灾事故正在形成或即将发生,但不能自动排除,因此,应当设置在形成火灾危险状态时能自动消除火险状态的保险装置。例如氨氧化反应是在氨和空气混合爆炸极限的边缘进行的,在气体输送管路上应当安装保险装置,以便在紧急情况下中断气体的输入。在反应过程中,若空气的压力过低或氨的过低都可能使混合气体中氨的浓度提高而达到爆炸下限,若发生这种情况,保险装置应能自动切断电源,系统中只允许空气流过,氨气中断,从而防止爆炸事故的发生。

3.2.2.2 阻火装置

阻火装置的作用是防止火焰窜入设备、容器与管道内,或阻止火焰在设备和管道内扩展。安全液封、阻火器和导向阀是通用的阻火设备。

(1) 安全液封

安全液封阻火的基本原理是由于液体封在气体进出之间，在液封两侧的任何一侧着火，火焰都将在液封底熄灭，从而阻止了火焰蔓延。安全液封一般装在压力低于19.61kPa的气体管线与生产设备之间。水封是安全液封的一种，设置在可燃气体、易燃液体蒸汽或油污的污水管网上。其作用是：来自气体发生器或气柜的可燃气体，经安全水封到生产设备中去，若在安全水封两侧的一侧着火，火焰至水封即被熄灭，从而阻止火势的蔓延。

安全液封的可靠性与罐内的液位有直接关系，应根据设备内不同的压力保持一定的高度，否则起不到液封作用。因此，运行中要经常检查液位高度，寒冷地区为防止液封冻结，可通入蒸汽，也可加入适量甘油、矿物油或三甲酚磷酸酯等，或用食盐、氯化钙的水溶液等作为防冷冻液。

(2) 水封井

水封井的阻火原理与安全液封相同，是安全液封的一种，设置在石油化工企业的所有存在可燃气体、易燃可燃液体蒸气或可燃液体的污水管网上。水封井内的水封高度不能低于250mm。

(3) 阻火器

阻火器是利用管子直径或流通孔隙减小到某一程度，火焰就不能蔓延的原理制成的。这一现象的解释是，管子直径减小，气体通过时冷却作用程度增加。根据这一规律，就可以了解到，假如在管路上连接一个内装金属网或砾石的圆筒，则可以阻止火焰从圆筒的一侧蔓延到另一侧，这就是所谓的阻火器。阻火器常用在容易引起火灾爆炸的高热设备和输送可燃液体、易燃液体蒸气的管线之间，以及可燃气体、易燃液体的排气管上。

影响阻火器性能的因素是阻火器的厚度以及孔隙和通道的大小。某些气体和蒸气阻火器孔的临界直径如下：甲烷为0.4～0.5mm；氢气及乙炔为0.1～0.2mm；汽油及天然石油气为0.1～0.2mm。金属网阻火器是用若干具有一定孔径的金属网把空间分隔成许多小孔隙。一般有机溶剂采用四层金属网足可阻止火焰扩展。阻止二硫化碳火焰的扩展最困难，应用砾石阻火器。

砾石阻火器是用砂粒、卵石、玻璃球或铁屑、铜屑等作为充填料。这些填料使阻火器内的空间分隔成许多非直线性小孔隙，阻火效果比金属网阻火器好。砾石直径一般可为3～4mm，也可用玻璃球或小型的陶土球形填料、金属环、小管径玻璃和金属管束等。在直径150mm的管内，100mm厚的砾石层可防止各种溶剂的火焰蔓延，但阻止二硫化碳的火焰需200mm厚的砾石层。

阻火器的内径大小和外壳长度，是根据安装阻火器的管道的直径来确定的，阻火器内径一般为安装阻火器的管道直径的四倍。阻火器的内径大小和外壳长度与管道直径的关系如表3－4所示。

表3-4 阻火器的内径大小和外壳长度与管道的关系

管道直径/mm	阻火器内径/mm	阻火器外壳长度/mm		管道直径/mm	阻火器内径/mm	阻火器外壳长度/mm	
		波纹金属片式	砾石式			波纹金属片式	砾石式
12	50	100	200	50	200	250	350
20	80	130	230	65	250	300	400
25	100	150	250	75	300	350	450
38	150	200	300	100	400	450	500

(4) 单向阀

单向阀的作用是只允许液体向一定的方向流动，遇有回流时即自动关闭，可防止在事故中由高压窜入低压引起管道、容器、设备爆裂，在可燃气体管线上作为防止回火的安全装置，如液化石油气气瓶上的调压阀就是单向阀的一种。

在生产过程中，如果水、水蒸气、空气等辅助管线与可燃气体、可燃和易燃液体的设备、机械、管线相连接，且在生产中连续使用，为防止在不正常的条件下可能倒流造成事故，应在辅助管线上设置单向阀。气体压缩机和油泵，在停电、停汽和不正常条件下可能倒流造成事故，故应在压缩机或油泵的出口管线上设置单向阀。在高、低压系统之间，为防止高压窜入低压造成事故，应在低压系统上设置单向阀。

(5) 火星熄灭器

火星熄灭器是根据容积或行程改变，火星流速下降或行程延长而自行冷却熄灭，以使火星颗粒沉降而消除的原理设计的。一般安装在能产生火星的设备的排放部位，如汽车、拖拉机等机动车辆的排气口处，能产生飞火的烟囱等处。

3.2.2.3 泄压装置

泄压装置是防火防爆的重要安全装置，泄压装置的各组成部分介绍如下。

(1) 安全阀

安全阀可防止设备和容器内压力过高发生爆炸。当高压设备和容器内的压力升高超过一定限度可能造成事故时，安全阀即自动开启，泄出部分气体，降低压力至安全范围内，再自动关闭，从而实现设备和容器压力的自动控制，防止设备和容器破裂爆炸。安全阀按其结构和作用原理可分为静重式、杠杆式和弹簧式等，目前多用弹簧式安全阀。弹簧式安全阀是利用气体压力与弹簧压力之间的压力差的变化，自动开启或关闭。弹簧的压力由调节螺栓来调节。

为使安全阀经常保持灵敏有效，应定期做排气试验。为防止排气管、阀体及弹簧等被气流中的灰渣、黏性杂质及其他脏物堵塞黏结，应经常检查是否漏气或不停地排气等，并及时检修。安全阀漏气的原因一般是密封面被腐蚀或磨损而产生凹坑沟痕，阀芯与阀座的同心度由于安装不正确或其他原因而被破坏，以及装配质量不高等。

设置安全阀时应注意下列几点：

① 液化可燃气体容器上的安全阀应安装于气相部分，防止排出液态物料，发生事故。

② 安全阀用于泄放易燃可燃液体时，宜将排泄管接入事故储槽、污油罐或其他容器；用于泄放高温油气或易燃可燃液体遇空气可能立即着火的，宜接入密闭系统的放空塔或事故储槽。

③ 安全阀出口一般可以就地放空。为保护人身安全，放空口宜高出邻近操作人员 1m 以上，且放空口不宜朝向 15m 以内的明火地点、火花散发地点及热油设备。室内蒸馏塔、可燃气体压缩机的安全阀放空口宜引出房顶，并高出房顶 2m 以上。

④ 当安全阀的入口处安装有隔断阀时，隔断阀应保持常开状态。

(2) 防爆片

防爆片的工作原理是根据爆炸发展过程的特点，在设备或容器的适当部位设置一定大小面积的脆性材料(如铝箔片)。当发生事故时，这些薄弱环节在较小的爆炸压力作用下，遭受到破坏，立即将大量气体释放出去，爆炸压力也就很难再继续升高，从而保住设备或容器的主体，避免设备或容器遭受更大的损坏和在场生产人员的更大伤亡。这种安全装置称为爆破片(亦称泄压膜、卸压孔、防爆膜等)。爆破片的安全可靠性取决于爆破片的质量、厚度和泄压面积，爆破片的材料有石棉板、垫料、铝、铜等。

铝质或铜质爆破片的计算公式如下

$$P = KS/D$$

式中　P——爆破片爆破时压力，Pa；

S——爆破片厚度，cm；

D——爆破孔直径，cm；

K——常数，铜为$(0.12 \sim 0.15) \times 10^{-3}$，铝为$(0.32 \sim 0.4) \times 10^{-3}$。

将 K 值代入公式，则得出下列计算铜、铝爆破片厚度的公式，

铜：　$S = (0.12 \sim 0.13) \times 0.001 p_{D}$

铝：　$S = (0.32 \sim 0.4) \times 0.0011 p_{D}$

计算时对退火充分和厚度较薄的铜、铝可取下限值。

应当指出，爆破片的可靠性必须经过爆炸试验测定。铸铁爆破片破裂时，能够产生火花，因此，采用铝片或铜片较安全。在有腐蚀性物料的设备或容器上安装爆破片时，为了防止腐蚀，可在爆破片上涂一层聚四氟乙烯。凡有重大爆炸危险性的设备、容器及管道，有必要安装的就应安装爆破片。

爆破片一般安装在设备、容器的顶部。对于室内设备，为防止爆破片破裂后，大量可燃易燃物充入室内空间，扩大火灾爆炸事故，可在安装爆破片的孔上接装排气管(放空管)，该管直通至室外安全地点。如果设备装置是连续性生产，

容器上可安装两个爆破片和气管，并分别安上闸门。平时一个闸门开启，另一闸门关闭。当爆破片爆破时，立即关闭一个闸门，开启另一个闸门，可以继续维护生产。气体导管上的爆破片应装在导管尽头及弯头处，在这种爆破片上，应再安装保护罩，以免爆破片破裂时，碎片飞出伤人。

在新建、扩建、改建厂房时，为限制火势蔓延和爆炸损失，厂房的耐火等级、防火墙、防火间距、防爆结构及防爆泄压面积的设置，都必须符合《防火设计规范》的要求。

(3) 防爆帽和易熔塞

防爆帽和易熔塞的安全泄漏释放量都比较小。防爆帽主要安装在各类压缩气体钢瓶上，易熔塞则安装在由于温度升高而发生爆炸危险的小型压力容器上，通常为一次性使用元件。

(4) 防爆门(窗)

防爆门(窗)通常设置在燃油、燃气和燃烧煤粉的燃烧室外壁上，以防燃烧室发生爆燃或爆炸时设备遭到破坏。防爆门(窗)的面积一般不小于0.025m^2/m^3。防爆门(窗)宜设置在不易伤人的位置，高度最好不小于2.0m。

(5) 排气管

排气管可及时将增压设备内的气体排放掉，进而达到安全泄压的目的。一般可燃气体、液体的生产设备、输送管道均应设置排气管，含有可燃气体、液体的下水管道的水封井及最高处的检查井上部也应设置排气管。排气管的管径不宜小于100mm；排气管出口应高出地面2.5m以上，且排气管端3m半径范围内不许存在操作平台、空气冷却器等；距明火、散发火花地点应有15m以上的安全距离；排放后可能立即燃烧的可燃气体，应经冷却后再送入排气管；排放后可能携带液滴的可燃气体，应经分液罐分液后送入放空系统或火炬；安全阀、防爆片等大量泄放可燃气体的排气管，应接至火炬系统或密闭放空系统。

石油化工生产防火必须采取综合性措施，既要从行政角度严格管理，也要从消防安全技术角度给予保障。特别要控制人为违章、违纪以及误操作和设备故障、缺陷所带来的火灾危险性，将火灾爆炸消灭于萌芽状态。

3.2.2.4 分区隔离的布置

为了防止火灾的蔓延扩大，在总体设计时，就应按照我国《建筑设计防火规范》和《石油化工企业设计防火规范》的规定，慎重考虑。在进行区域规划时，应根据工业企业的特点及其相邻工厂或设施的特点和火灾危险性，结合地形、风向等条件，合理布置。对于石油化工企业，应布置在邻近城镇或居民区全年最小频率风向的上风侧，并避免布置在窝风地带。

在进行工厂的总平面布置时，应根据本厂的生产流程及各组成部分的生产特点和火灾危险性，结合地形、风向等条件，按功能分区集中布置。对可能散发可燃气体的工艺装置、储罐组、装卸区或全厂性污水处理场等设施，应布置在人员集中场所及明火或散发火花地点的全年最小频率风向的上风侧，在山区或丘陵地区亦应避免布置在窝风地带。对液化烃罐组或可燃液体罐组，不应毗邻布置在高于工艺装置、全厂性重要设施或人员集中场所的阶梯之上，但受工艺条件限制时可燃液体原料罐除外。具有火灾危险的车间、装置区的位置，建筑物要有相应的耐火等级，建筑结构应考虑防爆泄压，建筑物之间保持一定的防火间距，并严格考虑各种装置布置的消防安全要求。如合成氨生产中合成车间压缩岗位的布置，焦化、炼焦和副产品回收车间的分隔，染料厂的原料仓库和生产车间的分隔，高压加氢装置的分隔，生产区、生活区的划分等都必须合理。

在同一车间的各个工段，应视其火灾危险性质和生产性质予以隔离；各种原料、成品、半成品的储藏，都应按其性质、储量的不同而进行隔离；对个别有危险的生产装置亦可采用隔离操作和防护屏的方法，使操作人员和生产设备隔离。

3.2.2.5 灭火设施的设置

一旦火灾形成，为保证及时有效地扑灭，减少火灾损失和人员伤亡，在大型联合装置及具有火灾危险的车间、工段和厂区，都应设置有效的灭火设施和器材。

由于石油和化工企业内的露天生产装置区内，工艺复杂、设备林立、管道纵横，为防止设备发生火灾后造成火势扩大和蔓延，可采用喷雾水幕设备，将各生产单元的设备或设备与建筑物之间进行分隔；在汽车库和储存可燃物品的房间设置自动喷水灭火系统，对燃油锅炉房、油泵房、重油罐区、露天生产装置区和高温设备等甲、乙等火灾危险的工艺装置，设置固定或半固定蒸汽灭火系统保护，但对二硫化碳设备等使用水蒸气可能造成事故的部位，不得采用蒸汽灭火系统保护；在各个油罐区设置泡沫灭火系统；对可燃液体储槽、可燃气体压缩机房、变压器室、配电室、发电机房以及与水接触能发生反应的催化剂等部位设置固定的干粉灭火系统保护；对于内燃机室、水力发电厂、热电厂、贵重设备室和化学危险品库等着火不宜用水扑救的部位采用二氧化碳灭火系统保护。

解放牌消防车供水冷却的有效高度通常为 15m，一般为 17m 左右，所以在没有消防水炮保护时，对高度大于 15m 的框架、塔群联合平台等采用低压消防给水系统的露天装置，应根据灭火、冷却的需要，且按有关要求设置消防给水竖管。对工艺装置内距地面高度为 20 ~ 40m 的甲类工艺设备，宜在设备的两侧设置消防水炮，但其被保护的设备之间不得有影响水流喷射的障碍物。对工艺装置内距地面高度 40m 以上，受热后可能产生爆炸的炼制塔、容器等工艺设备冷却都比较困难，故当机动消防设备不能对其进行保护时，可设固定式、半固定式的水喷雾或水喷淋冷却系统，其喷淋强度不宜小于 $8L/(min \cdot m^2)$，冷却面积应按设备的体表面积计算确定。

为了能够及时扑灭露天装置较低部位的火灾和初起火灾，在生产区(装置区)应设置消防设备点。消防设备点应配备的各种小型灭火器的种类和数量，应根据场所的火灾危险面积及有无其他消防设施等情况综合考虑后，按国家标准《建筑灭火器配置规范》的有关规定计算确定。

3.2.2.6 火警监听电话的设置

由于工业企业(尤其是石油化工企业)发生火灾时，往往要从生产角度采取某些措施。特别是工艺装置火灾，必须有岗位操作人员与消防人员配合，采取切断物料等措施才能有效地扑灭初起火灾，防止其灾害扩大，故生产调度中心应设监听火警电话。

以上是根据物质着火的成灾机理和条件提出的生产工艺中应采取的防止火灾发生的基本措施。企业具体到某一生产过程、生产工艺和设备条件的不同，应根据具体的火灾成因和条件，必须按本企业的实际情况，对其单元操作加工过程、工艺设备、装置、防火安全附件等采取具体的防火技术措施。

3.2.3 针对泄漏和聚集爆炸的预防措施

在生产过程中，避免可燃物泄露和聚集形成爆炸性混合物，通常采用的技术有设备密闭、加强通风、惰性介质保护、严格清洗或置换、严格控制投料及以不燃或难燃物取代可燃物料等，现分别予以介绍。

3.2.3.1 设备密闭

设备密闭不良而跑、冒、滴、漏出的可燃物质，可使附近环境空气达到爆炸下限。同样的道理，如果空气渗入设备也可能使设备内部达到爆炸上限，形成爆炸性混合物，所以，设备必须密闭。

为了保证设备、管线的密闭性，通常应采取如下措施：

(1) 正确选择连接方法。由于焊接连接在强度和密封性能上效果都比较好，所以，要求可燃气体、液化烃、可燃液体的金属管道的连接，除与设备管嘴法兰和与法兰阀门，高黏度、易黏结的聚合物浆液和悬浮物等易堵塞的管道，凝固点高的液体石蜡、沥青、硫磺等管道，以及停工检修需拆卸的管道可采用法兰连接外，其余均应采用焊接连接。由于直径小于或等于25mm的上述管道焊接强度不佳，且易将焊渣落入管内引起管道堵塞，故应采取承插焊管件连接，或采用锥管螺纹连接。但当采用锥管螺纹连接时，对有强腐蚀性介质，尤其是含氟化氢等易产生缝隙腐蚀性介质的管道，不得在螺纹处施以密封焊，否则一旦泄漏，后果不堪设想。

(2) 正确选择密封垫圈。密封垫圈应根据工艺温度、压力和介质的性质选用，一般工艺可采用石棉橡胶垫圈；在高温、高压和强腐蚀性介质中，宜采用聚四氟乙烯等耐腐蚀塑料或金属垫圈。最近许多机泵改成端面机械密封，防漏效果较好，应优先选用。如果采用填料密封仍达不到要求时，可加水封和油封。

(3) 严格检漏、试漏。设备系统投产使用前或大修后开车前，应对设备进行验收。验收时，必须根据压力计的读数用水压试验检查其密闭性，测定其是否漏气并分析空气。此外，可于接缝处涂抹肥皂液进行充气检验，如发现起泡，即为渗漏。亦可根据设备内物质的特性，采取相应的试漏办法，如设备内有氯气和盐酸气，可用氨水在设备各部试熏，产生白烟处即为漏点；如果设备内系酸性或碱性气体，可利用 pH 试纸试漏。

(4) 正确选择操作条件。由物质的原理可知，物质爆炸极限与温度、压力有关，即爆炸浓度范围随原始温度、压力的增大而变宽，反之亦然。因此，我们可以在爆炸极限之外(大于上限或小于下限)的条件下，选择安全操作的温度和压力：

① 安全操作温度的选择。消除形成爆炸浓度极限的温度有两个，一是低于闪点或爆炸下限的温度，二是高于上限的温度。如何确定其安全操作温度，应当根据物料的性质和设备条件而定。

② 安全操作压力的选择。在温度不变的条件下，安全操作的压力亦有两个：一是高于爆炸上限的压力，二是低于爆炸下限的压力。由于负压生产不仅可以降低可燃物在设备中的浓度，而且还可以避免蒸汽从不严密处逸散和防止蒸汽从微隙中冲出而带静电，故对溶剂一般选择常压或负压操作。但对于某些工艺，压力太低也不好，如煤气导管中的压力应略高于大气压，若压力降低，就有空气渗入，可能会发生爆炸。通常可设置压力报警器，在设备内压力失常时报警。

(5) 加强日常检查维修。设备在平时要注意检查、维修、保养，如发现配件、填料破损要及时维修或更换，及时紧固松弛的法兰螺丝，以切实减少和消除泄漏现象。

3.2.3.2 厂房通风

要使设备达到绝对密闭是很难办到的，而且生产过程中有时会挥发出某些可燃性物质，因此，为保证车间的安全，使可燃气体、蒸气或粉尘达不到爆炸浓度范围，采取通风是行之有效的技术措施。通风可分为自然通风和机械通风(也称强制通风)两类，其中机械通风又可分排风和送风两种，其防火要求是：

(1) 正确设置通风口的位置。比空气轻的可燃气体和蒸气的排风口应设在室内建筑的上部，比空气重的可燃气体的排风口应设在下部。

(2) 合理选择通风方式。通风方式一般宜采取自然通风，但自然通风不能满足要求时应采取机械通风。如木工车间、喷漆工房(或部位)、油漆厂的过滤、调漆工段、汽油洗涤工房都应有强有力的机械通风设施；高压聚乙烯生产的乙烯压缩机房等，都应有一定的通风设施。对机械通风系统的鼓风机的叶片应采用碰击时不会产生火花的材料来制作，通风管内应设有防火遮板，使一处失火时能迅速遮断管路，避免波及他处。

注意：散发可燃气体或蒸汽的场所内的空气不可再循环使用，其排风和送风设施应设独立的通风室；散发有可燃粉尘或可燃纤维的生产厂房内的空气，需要循环使用时应经过净化处理。

3.2.3.3 严格清洗或置换

对于加工、输送、储存可燃气体的设备、容器和管路、机泵等，在使用前必须用惰性气体置换设备内的空气，否则，原来留在设备内的空气便会与可燃气体形成爆炸性混合物。在停车前也应用同样方法置换设备内的可燃气体，以防空气进入形成爆炸性混合物。特别是在检修中可能使用和出现明火或其他着火源时，设备内的可燃气体或易燃蒸气，必须经置换并分析合格才能进行检修。对于盛放过易燃液体的桶、罐或其他容器，动火焊补前，还必须用水蒸气或水将其中残余的液体及沉淀物彻底清洗干净并分析合格。置换、清洗和动火分析均应符合动火管理的有关要求，并严格操作规程。

3.2.3.4 惰性介质保护

当可燃性物质难免与空气中的氧气接触时，用惰性介质保护是防止形成爆炸混合物的重要措施，这对防火防爆有很大实际意义。工业生产中常用的惰性气体有氮气、二氧化碳、水蒸气及烟道气等。防火技术常在以下几种场合使用：

(1) 易燃固体的粉碎、筛选处理及粉末输送时，一般用惰性气体进行覆盖保护。

(2) 在处理(包括开工、停工、动火等)易燃、易爆物料的系统时作为置换使用。

(3) 易燃液体利用惰性气体进行充压输送，如油漆厂的热炼车间，油料由反应釜反应完毕后用二氧化碳气体压送到兑稀罐等。(表 3－5 为可燃混合物用惰性气体稀释后不发生爆炸时氧的最大安全浓度。)

(4) 在有爆炸危险场所，对有可能引起火花的电气设备、仪表等(除有防爆炸性能的外)，采用充氮气正压保护。

(5) 当发生易燃、易爆物料泄漏或跑料时，用惰性气体冲淡、稀释或着火时用其灭火等。

3.2.3.5 对投料的严格控制

在反应器内，若投料控制不好，也极易形成爆炸混合物。如在氨氧化制取硝酸的生产中氨与空气混合进行氧化反应，其配比临近爆炸极限下限，配比若有失误极易达到爆炸极限，因此，反应物料的浓度、流量都应准确分析和计量。对于连续化程度高、危险性大的生产，在开始投料时要特别注意其配比，并尽量减少开、停车次数。

表3-5 可燃混合物用惰性气体稀释后不发生爆炸时氧的最大安全浓度（20℃及101.325kPa下）

可燃物质	氧的最大安全浓度(%)		可燃物质	氧的最大安全浓度(%)	
	CO_2 作稀释剂	N_2 作稀释剂		CO_2 作稀释剂	N_2 作稀释剂
甲　烷	14.6	12.1	丁二烯	13.9	10.4
乙　烷	13.4	11.0	氢	5.9	5.0
丙　烷	14.3	11.4	一氧化碳	5.9	5.6
丁　烷	14.5	12.1	丙　酮	15	13.5
戊　烷	14.4	12.1	苯	13.9	11.2
己　烷	14.5	11.9	煤　粉	16	
汽　油	14.4	11.6	麦　粉	12	
乙　烯	11.7	10.0	硬橡胶粉	13	
丙　烯	14.1	11.5	硫	11	

催化剂对反应速度的影响很大，若有配比失误，多加了催化剂也有可能发生危险。尤其是对可燃物与氧化性物料进行反应的生产工艺，特别要严格控制氧化性物料的投料量。对在一定配比浓度下，可形成爆炸性混合物的生产，其配比浓度应控制在爆炸浓度之外，如因工艺条件限制必须在爆炸浓度范围内生产时，应加以惰性气体保护，且其操作过程中绝对不许接近和达到物料的自燃点。

在化工生产中，对投料的顺序也有严格要求，有时投料顺序的错误也可形成危险状态。在一般情况下，当可燃物料与氧化性物料在同一设备内进行混合反应时，先投可燃性物料，后投氧化性物料，其顺序不可颠倒。例如，氯化氢的合成应先投氢后投氯；三氯化磷的氯化应先投磷后投氯，因为氯的氧化性很强，后投了还原性强的氢和磷，易形成爆炸介质而发生爆炸。

3.2.3.6 生产工艺的改革

改革生产工艺，用不燃或难燃物料取代可燃物料。由于工艺条件的限制，不少企业的一些生产过程仍在使用大量的可燃易燃物料，火灾爆炸危险性很大。所以，使用不燃物或火灾危险性较小的物料，代替易燃物料与火灾危险性较大的物料，为生产创造更为安全的条件，这是防止事故发生的根本性措施。因此，积极开展技术革新活动，研制用不燃或难燃的物料代替可燃物料，非常重要，且很多企业也取得了不少好经验。如天津河北制药厂的平阳霉素生产，工艺过程复杂、周期长，几十克的成品要耗掉甲醇、丙酮4000kg，且要反复三次使用，经过去杂、沉淀、过滤、精制等工序，有大量的易燃蒸汽挥发在车间内，易形成爆炸性混合物，生产工人称之为在炸弹上生产。该厂从改革生产工艺入手，反复调查论证，寻找代替甲醇和丙酮两种起溶媒作用的物质，又借鉴了其他抗生素的工艺条件，经过半年的努力，成功地采用树脂代替甲醇和丙酮作溶媒，这样整个生产在水溶液中操作，使原来的甲类生产变为戊类生产，大大提高了生产工艺的安全度。

又如，在还原过程中，用铁粉和酸碱作用产生初生态氢使某些物质分子起还原反应。生产中有很多氢气产生，火灾危险较大。某厂经过多次试验，用多硫化钠代替了铁粉酸性还原，避免了氢气的产生，提高了还原效率98.5%，既促进了生产，又提高了生产工艺的安全度。

可燃液体在许多情况下，可以用不燃的溶剂来代替，这类物质有甲烷的氯衍生物二氯甲烷、四氯化碳、三氯甲烷及乙烷的氯衍生物(三氯乙烯)等。例如，为了溶脂肪、油、树脂、土沥青、沥青、橡胶以及制备油漆等，可用四氯化碳代替有燃烧危险性液体。又如使用汽油、丙酮、乙醇等易燃溶剂的生产可用丁醇、氯苯、四氯化碳、三氯化碳等火灾危险性较小或不燃的溶剂代替。

在使用氯烃时必须注意，长时间吸入其蒸气有中毒的可能，在发生火灾时它们能放出毒气。为了防止中毒，必须将设备密闭。在放出蒸汽的地方将蒸汽抽出，室内不应超过规定的限度，发生事故时必须戴防毒面具。

在选择危险性较小的液体时，沸点及蒸气压是很重要的参数，例如：沸点在110℃以上的液体，在常温时是不会形成爆炸浓度的(见表3-6)。

表3-6　危险性较小的物质的沸点及蒸气压

物质名称	沸点/℃	20%时的蒸气压/Pa	物质名称	沸点/℃	20℃时的蒸气压/Pa
戊　醇	130	266.64	氯　苯	130	1190.89
丁　醇	114	533.29	二甲苯	135	1333.22
醋酸酯	130	799.93	甲二醇	118	1599.86
乙二醇	126	1066.57			

3.2.4　火源的管理与控制

着火源是物料得以燃烧的必备条件之一，所以，控制和消除着火源，是工业企业中预防着火、爆炸事故的一项最基本的措施。着火源包括明火、火花、电弧、危险温度、化学反应热等。控制和消除这些着火源，应根据其产生的机理和作用的不同，通常采取以下措施。

(1) 严格管理明火

在生产和储存易燃易爆物品的地方，大量的火灾爆炸事故是由明火引起的，为防止明火引起的火灾爆炸事故，生产和使用化学危险物品的企业，应根据规模大小和生产、使用过程中的火灾危险程度划定禁火区域，并设立明显的禁火标志，严格管理火种。

① 加热易燃液体时，应尽可能避免采用明火，而改用蒸汽等加热。如果在高温反应或蒸馏操作过程中，必须使用明火或烟道气时，燃烧室应与设备分开或隔离，封闭外露明火，并定期检查，防止泄漏。

企业中的熬炼是一种明火作业。熬炼的物质大多是可燃物质，例如固体的沥青、蜡等。熬炼过程中由于物料含有水分、杂质或由于加料过满等沸腾溢出锅外，或是由于烟道裂缝窜火，锅底破漏，或是加热时间长，温度过高等，都有可能引发着火事故。因此，在工艺操作过程中，如必须采用明火时，设备应该密闭，炉灶应用封闭的砖墙隔绝在单独的房间内，而且对熬炼设备应经常检查，防止烟道窜火和熬锅破漏。为防止易燃物质漏入燃烧室，设备应定期做水压试验和气压试验。

熬炼物料不能装盛过满，应当留出一定的空间。为防止沸腾时溢出锅外，可在锅沿的外围设置金属防溢槽，使溢出锅外的物料不致与灶火接触，此外，应随时清除锅沿上的可燃积垢。

② 在有火灾和爆炸危险的厂房、储罐、管沟内，不得使用蜡烛、火柴或普通灯具照明，应采用封闭式或防爆型电气照明。在有爆炸危险的车间和仓库内，严禁吸烟和携带火柴、打火机等，为此，应在醒目的地方张贴“严禁烟火”警告标志，以引起人们注意。由于绝对禁止吸烟有时难以做到，故在可能条件下，设置一个较安全的专门吸烟室，要求吸烟人做到：吸烟要防火，火种要管好，余烬要熄灭。

③ 明火加热设备的设置，应远离可能泄漏易燃气体或蒸汽的工艺设备和储罐区，应设置在散发易燃物料设备的侧风向。

④ 电瓶车产生的火花激发能量是比较大的，因此在禁火区域，特别是易燃易爆车间和储罐区等都应当禁止电瓶车进入，在允许车辆进入的区域内，为了防止汽车、拖拉机排气管喷火引起火灾，必须在排气管上安装火星熄灭器等安全装置。为了防止烟囱飞火引起的火灾爆炸，炉膛内的燃烧要充分，烟囱要有足够的高度，必要时应装置火星熄灭器。烟囱周围不能堆放可燃物品，也不能搭建易燃建筑物。

(2) 严格检修动火管理

① 控制焊割动火。焊割是对金属材料进行焊接和切割的明火作业，而焊割作业时产生的高温火花和熔珠可引起可燃物料着火。火灾统计结果表明，飞溅的火花和金属熔珠落在周围的可燃物上着火已成为最常见的着火原因。

氧炔焊的火焰温度可达3150℃，爆炸焊接的高温约有3000℃，用电弧焊时的电弧温度可达4000℃以上，这样高的温度，若遇可燃物会立即引起着火，若作用在金属材料设备上，会由于热传导的作用将热传到焊件的另一端，如果另一端有可燃物存在亦会引起着火。在利用气焊作业时，由于多种原因引起的回火，也是引起着火爆炸的原因之一，因此对焊割动火必须严格控制和管理。

防止焊割动火引起火灾的办法是：焊接人员必须是经过专门培训并取得合格证的人；焊割地点距油罐区、气柜、货垛、易燃易爆车间等易燃易爆的危险场所，应保持规定的防火间距，动火地点距乙炔瓶应有 10m 以上的防火间距，乙炔瓶与氧气瓶亦应保持规定的防火间距；动火场所周围要清除一切可燃物，如不便清除时可用石棉板或其他耐火材遮盖和隔离；电焊的导线应绝缘良好，破损后及时更换，接地线不能连在易燃设备上；要焊接的金属管线的另一端不准堆放可燃物；焊割完毕应仔细检查现场，无任何火种时方才可以离开等。

② 喷灯是一种高温明火的加热器具，由于使用轻便，在维修作业时应用较多，如用于化冻、烤模和焊接等局部加温。喷灯的火焰温度可高于1000℃，如果使用不当，加上物件上有可燃易爆物质时，会造成火灾或爆炸事故。在有爆炸危险的车间使用喷灯，应严格遵守有关规定；在其他地点使用喷灯时，应将加热物件以及操作地点的可燃或易燃易爆物质清理干净。喷灯加热金属物件和管道时，要防止热传导引起着火；对冻结的设备和水管进行加热解冻时，应把可燃的保温材料清除掉。使用过的喷灯，应用冷水冷却，去掉余气移至安全地点，妥善保管。

(3) 防止机械火星

机械火星是两种以上硬质物体相互撞击时所产生的高温粒子，机械火星往往是可燃气体、蒸汽、粉尘、爆炸物品等着火爆炸的根源之一。其产生方式主要有：铁器和机件的撞击产生火星；铁质工具的相互撞击或与混凝土地坪撞击产生火星；铁质导管或铁桶爆裂时飞拼出火星；铁、石等硬性杂质混入粉碎机、研磨机、反应器等设备内，撞击打出火星，甚至铁桶容器裂开时，亦能产生火花，引起溢出的可燃气体或蒸汽着火。避免摩擦撞击产生火星的措施如下：

① 为了防止在有易燃、易爆物料存在的场所或设备内产生机械火星，对使用的扳手、锤子等工具应采用铜或铝等不易产生火花的有色金属或合金制造，亦可用镀铬的钢铁制造。

② 在有火灾爆炸危险事故的生产中，机件的运转部分或易产生撞击火花的部分应该用两种材料制作，其中一种材料应是不会产生火花的。

③ 粉碎可燃物料时，为了防止铁器随物料进入设备内部发生撞击起火，可在粉碎机、提升机等设备前，安装磁铁分离器，以吸取混入物料中的铁器。若未设置磁铁分离器，易燃、易爆危险物质如碳化钙的破碎，应采用惰性气体保护。

④ 搬运盛有可燃气体或易燃液体的铁桶、气瓶时，应当用专门的运输工具，轻拿轻放，禁止在地面上滚动、拖拉或抛掷，防止容器的互相撞击，以免产生火花引起燃烧或容器爆裂造成事故。

⑤ 在易燃、易爆场所，不准穿带铁钉的鞋子，最好是将地面铺筑沥青或菱苦土等较软的材料，以免与地面、设备摩擦撞击产生火花。

(4) 消除电气火花和危险温度

电气火花和危险温度是引起火灾爆炸事故的仅次于明火的第二位原因，因此，要根据爆炸和火灾危险场所的区域等级和爆炸性物质的性质，对车间内的电气动力设备、仪器仪表、照明装置和电气线路等，分别采用防爆、封闭、隔离等措施。

为了防止电气设备过热产生高温引起火灾爆炸事故，电气设备和线路除必须符合《电气装置安装工程施工及验收规范》外，还应在易燃、易爆场所严禁使用开放式电热设备，以及普通灯具和电钻等能产生电火花和危险温度的设备。同时，应禁用电热烘箱烘烤易燃、易爆物品。输送易燃、易爆物料的管道应与电气设备和线路保持一定的距离，以防止物料泄漏时喷到电气设备和电线上起火爆炸。

(5) 控制摩擦热

摩擦热也是一种着火源，在有可燃物(粉尘、花絮)存在的生产车间或工段，机器上的轴承缺油、润滑不良，长期摩擦发热及砂轮的摩擦发热等，常可引起附着的可燃火。因此，对轴承要及时加油，保持良好的润滑，并经常清除附着的可燃污垢和缠绕纤维物质。此外，在安装轴承时，轴瓦间隙不能太小，机件的摩擦部分及搅拌和通风轴承，应采用有色金属或塑料制成的轴瓦，以减少发热，避免产生火花。

(6) 控制化学反应热

化学反应热是化工生产中一种典型的着火源。在化工生产中，如硝化、氧化、聚合等许多化学反应都是放热反应，若出现加料错误、控温不当、冷却不良、搅拌中操作失误或出现故障时，都能导致物料冲出或起火爆炸。如生石灰与水作用，发热温度超过物质的自燃点，可使靠近的可燃物质着火；堆放浸透干性植物油的纤维或木屑，能在空气中氧化发热而自燃起火；黄磷、石油储罐中清除的硫化铁等低温自燃的物质能在空气中氧化而自燃；松节油、甘油等可燃物与高锰酸钾等氧化剂或硝酸等强酸接触可迅速氧化自行着火。这些化学反应热，必须严格控制，并采取如下措施：

① 控制投料速度。对于放热反应，加料速度不能超过设备的传热能力，否则将引起温度猛升，并发生剧烈反应和副反应，引起物料的分解和膨胀。如果加料速度突然减小，反应温度降低，这样反应物不能完全反应而积累，升温后反应加剧，温度和压力都可能升高而造成事故。对于吸热反应，若加料速度过快，反应物不能完全反应而积累升温后反应亦会加剧进行，温度和压力都会突然升高；若加料过慢，会使反应设备里温度过高，物料膨胀，发生分解和副反应，形成爆炸事故。因此，加料速度必须要按规定严格控制，防止反应过热形成分解爆炸。

② 进行有效的冷却。对于放热反应，要选择最有效的冷却方法和最佳的传热型以便及时将热量移去，防止超温；同时要注意冷却剂的选择，不可使用与反应物料相抵触物质作冷却剂。例如，环氧乙烷很容易与水发生剧烈反应，甚至微量的水渗到环氧液体中都会引起自聚发热而发生爆炸，所以，这类物料的冷却不可用水作冷却剂，而用液体石蜡等传热介质。

③ 防止搅拌中断。搅拌可以加速热量的传导，使反应物混合均匀，若反应过程搅拌中断，就会造成散热不良使局部温度过高、反应加剧而发生危险。例如，苯与浓硫酸混合进行磺化反应时，物料加入后若搅拌才开，会造成物料分层，搅拌开动后会使反应加剧，这时冷却系统若不能很快将大量的反应热移去而使温度升高，未反应完的苯就会气化，造成设备和管线超压爆裂。

④ 加强对反应生热物品的管理。生石灰、电石等忌湿物品应存放在防雨、防水干燥处，并远离可燃物；浸油的废棉纱、破抹布、工作服、手套等应放置在带盖的金属容器内，并及时清除；低温自燃的物质，宜用惰性气体保护在低温条件下存放；相互接触自燃的可燃物和氧化性物质应分类隔离存放，不可混存。例如，黄磷应储存于水中，清理出来的活性硫化铁等应湿润后埋入土中等。

(7) 控制烟囱和排气管的火星

烟囱飞火和机动车辆排气管排出的火星常常是引起可燃物着火的原因，防止的办法是：

①防止飞火。措施是在燃油机械设备的排气管上装设火花熄灭器，以冷却烟气流，熄灭烟火星；烟囱上设除尘装置，并定期通刷烟囱，清除烟灰、油垢等。

②保证各种炉灶燃烧充分，燃油炉的进油量和燃煤炉的添煤量要合理控制。

③远离可燃物，在烟囱周围的一定距离内，不准堆放任何易燃、易爆物品和搭建易燃建筑。在有着火、爆炸危险的场所，机动车辆不准随便进入，必须进入时，须采取防火措施，并保持一定的防火间距。

(8) 导除静电

在有易燃易爆物质的场所，静电放电火花是造成火灾与爆炸的原因之一。

(9) 防止雷电火花

雷电是带有足够电荷的云块与云块或云块与大地的静电放电现象。雷电放电的特点是电压高，达几十万伏；时间短，仅几十微秒；电流大，可达几百千安。因而在电流流过的地点可使空气加热到极高温度，产生强大的压力波。在化工企业中往往由此引起严重的火灾爆炸事故，因此，防雷保护也是企业防火防爆的重要内容。

(10) 防止日光照射或聚焦

阳光的照射不仅会成为某些化学物品的起爆能源，还能通过凸透镜、烧瓶(特别是圆瓶)或含有气泡的玻璃窗等聚焦(聚焦后的日光能达到很高的温度)引起可燃物着火。例如：氯气与氢气、氯气与乙烯的混合气能在日光的作用下剧烈反应而爆炸；乙醚在阳光的作用下能生成过氧化物；硝化纤维在日光下曝晒，自燃点能降低，并能自行着火；盛装低沸点易燃液体的铁桶如灌装过满，热天在烈日下曝晒，液体受热膨胀会使铁桶爆裂；压缩或液化气体钢瓶在强烈日光下存放，瓶内压力会增加甚至爆炸等。因此，对见光能反应的化学物品应选用金属桶或暗色玻璃瓶盛装，为了避免日光照射，这类物品的车间、库房应在窗玻璃上涂以白漆，或采用磨砂玻璃。易燃易爆危险品受热容易蒸发析离出气体物质，不得在日光下曝晒等。

在许多化学反应中，由于物料中有害危险杂质的存在(积累、增加)，会导致副反应、过反应的发生而形成爆炸性混合物，因此，在化工生产中，原料、成品的质量是保证防火安全的重要条件。

3.2.5　物料的管理及设备的特点

3.2.5.1　对原料、成品质量的保证

(1)限制原料中有害杂质的量。如用乙炔和氯化氢生产氯乙烯的过程中，原料氯化氢中常常存在一些有害的游离氯，当游离氯过量时，易与乙炔生成四氯乙烷并着火或爆炸，因此氯化氢中的游离氯一般不允许超过 0.005%。又如，在食盐水电解时，如果水中含 NH_4^+ 离子过多时，就有爆炸危险。因此，生产中所用的原料、半成品等都应确保其纯度。

(2) 防止反应系统中有害杂质滞留积累。在反应系统中，一些有害杂质如未清除干净，也许初始无影响，但在物料循环中，可能越积越多，以致形成爆炸危险，最终导致设备的爆炸。如在高压合成甲醇生产中，若氧气存在太多，会导致整个系统的爆炸，醇中氧气的含量应控制在 13%以下，循环系统的惰性气体量应控制在一定范围之内。

(3) 添加稳定剂保护。由于有些物质遇空气即可自燃或爆炸，有的在长时间可发生化学变化甚至形成更危险的物质，所以，对这些特别是易自燃、易爆炸的物品可采用加稳定剂的办法进行保护。如氰化氢在常温下呈液态，氰化氢中有水存在时储存中可生成氨，氨作为催化剂可引起聚合反应，聚合热会使蒸气压上升，从而发生爆炸事故。所以储存时必须使其所含水量低于 1%，然后装入密闭容器中，存放在低温处，防止火的存在。在实践中，为了提高氰化氢的稳定性，常加入 0.001% ~ 0.5%的硫酸、磷酸或甲酸等酸性物质作为稳定剂或吸附在活性碳中保存。

(4) 控制反应过程，防止不完全反应物的生成。对反应过程应当严格控制，务必使反应完全。因为如果产品中含有大量未完全反应的半成品，可能导致事故。如氯化氢生产中，若反应不完全，成品原料中就会含有大量未反应的半成品一氯化物，一氯化物是不稳定物质，在 100℃左右就会发生异构化反应，异构化物进一步分解，可产生大量热量，最终会引起反应设备的爆炸。

(5) 防止过反应物的生成。由于许多过反应的生成物是不稳定的，往往引起着火爆炸事故，所以反应过程一定要防止过反应的发生。如苯、甲苯硝化生产硝基苯和硝基甲苯，若发生过反应，则生成二硝基苯和二硝基甲苯，这两种物质的

化学活性均比硝基苯和硝基甲苯强，很容易在精馏时发生爆炸。因此，这类反应需要保留一部分未反应物，不产生过反应物；对于有较大危险的副反应产物，要采取不让其在设备内长久滞留、聚集等措施。

(6) 控制可燃物料的排放。在化工生产中排放的各种废物料内往往含有可燃物，不采取任何措施，随便排入下水道，很容易造成着火或爆炸事故。如将苯、汽油等有机溶剂排入下水道，由于这类有机溶剂在水中的溶解度小，且都比水轻，与空气接触其蒸气就会在水中气化出来，在所经的水面上就会形成一层易燃蒸气，特别是在阳光下和气压较低时，这种混合蒸气便可能发生着火或爆炸，若随波逐流，火势会很大。因此，含有可燃物的物料不得随便排放，若必须排放时应采取切实有效的措施。边排放边综合利用回收，下水道上设置安全水封井等。

相互抵触或性质不同的废水排入同一下水道时，很容易发生化学反应，导致着火或爆炸事故的发生。如电化厂乙炔发生器的污水中常含有乙炔气，而废氯消除的废水中有氯酸钙存在，二者在污水管道中相遇后，往往发生爆炸事故。因此，对于混合后可发生反应，能引起着火爆炸的污水，以及与排水点管道中的污水混合后，温度超过40℃和可燃气体的凝结液等，都不得直接排入污水管道。

3.2.6.2 可燃性、氧化性物料和产品的严格控制

无论是什么生产工艺，其车间、工段班组的各个岗位上，必须要存放一些生产所需的生产物料和产品以及废品、废物。而这些物料在工业企业中大多数是可燃的或氧化性的，如果对其失去控制和严格的管理，就有可能引起火灾，甚至造成企业的破产。所以，要求各个生产岗位，不得堆放可燃物料或氧化性物料和积存废物料，如必须存放，也不能超过当班的量。同时，应及时清除车间的废料和清扫各种尘絮，防止因此而引起火灾。

3.2.6.3 化工设备的特点

近几年来随着我国经济体制改革的不断深入，化学工业企业得以迅速发展，高科技、新技术不断更新，生产规模不断扩大，为国家市场经济建设创造了巨大的利润。但随之而来也给消防工作者提出了更为严肃的课题，那就是如何有效地扑救化工类火灾。由于化学工业生产工艺过程相当繁杂，技术设备更新步伐加快，并逐渐向高、大、密、精、险等方面发展，使灭火工作难度增大，因此，研究探讨如何扑救化工装置火灾的任务也越来越重要和艰巨。

化工厂的建筑是根据生产工艺流程要求来设计的，由于化工生产工艺及设备的多样性，所以，化工厂的建筑结构模式也具有一定的复杂性。多层建筑多，化工生产有许多工艺是层迭式的竖向布置，多层厂房较为普遍，起火后容易形成立体火灾。建筑跨度大，化工厂生产厂房一般要求空间大。单层厂房的跨度，按国家建筑委员会的“厂房结构”的规定为18m、24m、30m 等不同的跨度，多为三跨结构，两边跨度6～8m，中间跨度3～4m。一般门窗较多，通风

较好，一旦发生火灾很难局部控制，且有建筑跨度长、空间高、通风好、火灾蔓延快等特点。建筑孔洞多，化工生产过程中常常产生有毒气体和烟尘，要用机械通风或自然通风的方法排至室外，由于生产具有连续性，各工段、车间与原料库、成品库之间多是紧密连接起来，有的设备还设在上下楼板之间，因此发生火灾易通过这些孔洞而蔓延。设备多而高大，操作平台多，由于化工厂生产使用的高大设备机械较多，为了使工人操作上的方便，均在室内外、设备周围设有长、宽、高、大小不一的操作台，往往在发生火灾时阻碍灭火行动。地下沟槽多，由于化工生产的原料、产品中废气、废水较多，使化工厂生产的上下水沟、物料运输、废液排出、高压电缆、原料地下槽等必备设施很多，这些沟槽都是火灾蔓延的通道。

化工厂的设备特点，可以概括为“奇形怪状、复杂”。设备种类多，如原料容器，有储存化工原料、中间体及成品的各种罐、槽、池等；有反应塔、反应釜、反应锅等；加热器，按加热方式有直接火加热、热水蒸气、电加热、油加热、红外线加热等，及干燥设备、自控设备、物料输送设备及各种管道。设备的构造材质不同，设备的高低大小根据生产的要求而有所差异，设备材质根据对设备耐压、耐温以及耐腐蚀的不同要求，由钢质、陶瓷、搪瓷、玻璃等不同材质制成，钢质容器温度达到1000℃以上时9~15min即能发生坍塌。玻璃、陶瓷容器温度达到100℃以上时，骤遇直流水会发生爆裂。设备安装形式不同，各种设备视其用途和生产工艺的要求不同，其安装位置也不同，一般分为空间、地面、地下（半地下），有挂式、立式、座式、卧式等形式，空间设备发生火灾时比地面、地下设备火灾难于扑救，呈现立体感。设备之间的间距小、密度大，阀门、仪表多，管道纵横交错。由于设备密集，在火焰或热幅射、热对流、热传导的作用下，易发生链锁式持续延烧，给扑救带来困难。根据化工火灾具有易燃易爆的特点，许多化工设备安装有防爆装置，如设备安全液封、阻火器、单向阀门等，防爆泄压装置的安全阀、自动泄压阀，了解和掌握这些装置，做到会熟练使用，对于判断火势发展、堵截火势蔓延有重要作用。

化工厂有其独特的生产要求，高温高压，反应变化复杂。在由原料生成产品过程中，需要采用必要的设备，在一定的温度、压力等条件下进行化学反应，有的化学反应要在高温、高压下进行，有的则要在低温、低压下进行，有的石油化工原料并不是危险物品，但经过化学反应，制得的成品却变成了危险物品。如金属钠的生产，原料是食盐和少量的氯化锶，经过高温加热反应，生成遇水爆炸的金属钠；反之，有的化工产品并不是危险品，而原料则是危险品。生产原料、产品易燃易爆。化工生产原料、产品以及在生产工艺流程中存于储罐、反应釜、容器内的中间体物料大部分具有易燃易爆性能。这些易燃易爆物质有可燃和助燃气体，易燃、可燃液体，自燃和遇水着火的物品等。

3.3 几类典型化学反应事故的扑救

3.3.1 氧化化学反应事故扑救

氧化还原反应中，反应物的原子或离子失去电子的过程，称作氧化(或氧化反应)。能氧化其他物质，而本身被还原的物质叫氧化剂。

对有机物的反应来说，分子中引入氧或除去氢，或引入氧的同时也失去氢的反应称氧化反应，这个过程称作氧化。

氧化反应一般在高温下进行，所以要严格控制反应温度。某些氧化剂如高锰酸钾等具有很强的助燃性，应尽量避免遇高温摩擦、撞击或与酸类接触及和可燃物混合，发生燃烧爆炸。

氧化反应系统宜设置氮气或水蒸气、阻火器等灭火装置，便于防火灭火，以保证安全。

3.3.2 还原化学反应事故扑救

含氧物质被夺取氧的反应。也就是在氧化还原反应中得到电子的作用。

氧化与还原是同时发生而不可分开的两种反应。对有机物的反应来说，分子中加氢或去氧的反应，也称为还原反应。如不饱和键加氢、脱氧、碳原子上含氧、氮等原子团的还原。

有几种还原反应很不安全，大致有以下几类：(1) 初生态活性氢还原；(2) 用触媒(催化剂)把氢气活化后进行还原；(3) 用还原剂进行还原。

上述几类反应有氢气存在，氢气本身能燃烧，与空气混合达4%～75%遇明火就会爆炸，所以必须严格防火，注意控制氢气温度、压力及流量，并应安装氢气检测器和报警装置。

3.3.3 硝化化学反应事故扑救

硝化一般包括两种情况：

(1) 有机化合物分子中引入硝基—NO_2 而生成硝基化合物的反应。

(2) 亚硝酸细菌和硝酸细菌在空气充足的条件下，使土壤中的氨或铵盐转变为亚硝酸盐或硝酸盐的过程。

硝化是染料、炸药与某些药物等生产过程中的一个重要过程。

常用的硝化剂有浓硝酸、混合酸(浓硝酸和浓硫酸的混合物)、硝酸盐、氧化氮。

硝化反应是一个放热反应，所用原料甲苯、苯酚等都易燃、易爆。硝化剂

(混合酸)具有强烈的氧化性和腐蚀性，所以硝化过程安全技术很重要。

制备混酸宜采用机械混合，不可用压缩空气混合，因为空气中常含有水、油等有害杂质。要不间断地搅拌和冷却，将温度控制在一定范围内。

硝化剂加料采用双重控制阀门，并设置必要的冷却水系统，防止由于超温而引起的冲料着火。

搅拌机轴采用硫酸作润滑剂，温度计套管用浓硫酸作导热剂，切忌使用普通机油或甘油。硝化锅应附设相当容积的事故槽。

硝化用的原料、硝化剂以及硝化产品要妥善保管。硝化产品要单独隔离存放，有的(如硝化棉)要在潮湿状态下储存。

3.3.4 氯化化学反应事故扑救

在有机化学中，氯原子取代有机化合物中氢原子的过程，称为氯化。一般有置换和加成两种方法。

在无机化学中，元素或化合物和氯的反应，有时也称氯化。例如硫与氯化合生成一氯化硫。

在冶金工业中，利用氯气提炼某些金属，也称氯化。

氯化，根据反应条件的不同有热氯化、光氯化、催化氯化、综合氯化等。氯化反应可制得多种化工原料和化工产品。

氯化反应所用的原料有苯、乙烯、乙炔等，都是易燃易爆物，所以氯化车间必须按防火防爆车间来处理。氯化反应设备必须有防腐蚀设施，还要有良好的冷却系统。

氯气是一种具有窒息性的毒气，比空气重2.5倍。逸出的氯气多聚集地面或低洼处，可能引起工人中毒或窒息事故。所以车间应备有防毒面具或氧气呼吸器，以备急救用。

3.3.5 磺化化学反应事故扑救

有机化合物分子中引入磺(酸)基 $-SO_3H$ 的反应。是有机合成中的一个重要过程，磺化在燃料、离子交换树脂、洗涤剂等的合成应用较广。磺化可分为直接磺化和间接磺化。

有些有机化合物经磺化后，可进一步转变成羟基、氨基、氰基等化合物。有些有机化合物经磺化后，可增加产物的溶解度和酸性。

磺化是最典型的放热反应。如在使用液体硫酸酐作磺化剂时，反应热为217kJ/mol。在实际磺化过程中，硫酸释放的热量还要大一倍左右。这是由于在磺化过程中反应水稀释硫酸而产生一部分补充热量所引起的。因此，磺化过程中的主要危险在于未能有效的散热而使反应物质过热，进而使磺化器内部压力迅速升高以及反应物从设备中泄漏，导致设备遭到破坏。

为保证磺化过程的安全必须做到以下几项：(1) 设备冷却部件应采用耐酸材料制造；(2) 保证缓慢均匀加热条件和磺化器的有效冷却；(3) 磺化器应安装向反应物中均匀添加磺化剂的设备；(4) 安装温度自动调节器和自动连锁系统；(5) 设置大容量事故储罐。

3.3.6 重氮化化学反应事故扑救

使芳伯胺变为重氮盐的反应，通常由芳伯胺与亚硝酸在酸性溶液中进行。

重氮化是中间体、偶氮染料，以及某些药物、农药、炸药等生产中的一个重要过程。重氮化反应所产生的重氮盐很不稳定，温度稍高或在光的作用下即易分解。在酸性介质中，有些金属如铜、锌等会使重氮化合物激烈分解，甚至引起爆炸。

作为重氮剂的芳胺类化合物都是可燃的有机物质，在一定条件下也会燃烧爆炸。

重氮化操作应在水溶液或潮湿状态下进行，反应温度控制在0~5℃。应遵守操作规程，严格配比，注意不使用过量的亚硝酸钠。忌用铁、铜、锌等设备进行重氮化反应和储存重氮剂，宜采用木质或陶瓷容器。

重氮化反应器上应有伸向室外高空排放气体的管子，并应经常清洗其中的残积物。

重氮化使用的芳胺类化合物和亚硝酸钠等原料应妥善保管，并与相互能起激烈反应的物质隔离存放，且远离火源、热源和电源。

3.4 几类危险化学品事故的扑救

3.4.1 易燃液体事故扑救

易燃液体通常也是储存在容器内或管道输送的。与气体不同的是，液体容器有的密闭，有的敞开，一般都是常压，只有反应锅(炉、釜)及输送管道内的液体压力较高。液体不管是否着火，如果发生泄漏或溢出，都将顺着地面(或水面)漂散流淌，而且，易燃液体还有相对密度和水溶性等涉及能否用水和普通泡沫扑救的问题，以及危险性很大的沸溢和喷溅问题。因此，扑救易燃液体火灾往往也是一场艰难的战斗。

遇易燃液体火灾，一般应采用以下基本对策。

(1) 首先应切断火势蔓延的途径，冷却和疏散受火势威胁的压力及密闭容器和可燃物，控制燃烧范围，并积极抢救受伤和被困人员。如有液体流淌时，应筑堤(或用围油栏)拦截飘散流淌的易燃液体或挖沟导流。

(2) 及时了解和掌握着火液体的品名、相对密度、水溶性、以及有无毒害、腐蚀、沸溢、喷溅等危险性，以便采取相应的灭火和防护措施。

(3) 对较大的储罐或流淌火灾，应准确判断着火面积。小面积(一般 $50m^2$ 以内)液体火灾，一般可用雾状水扑灭，用泡沫、干粉、二氧化碳、卤代烷(1211，1301)灭火更有效。大面积液体火灾则必须根据其相对密度、水溶性和燃烧面积大小，选择正确的灭火剂扑救。比水轻又不溶于水的液体(如汽油、苯等)，用直流水、雾状水灭火往往无效。可用普通蛋白泡沫或轻水泡沫灭火，用干粉、卤代烷扑救时灭火效果要视燃烧面积大小和燃烧条件而定，最好用水冷却罐壁。比水重又不溶于水的液体起火时可用水扑救，水能覆盖在液面上灭火，用泡沫也有效。干粉、卤代烷扑救，灭火效果要视燃烧面积大小和燃烧条件而定，最好用水冷却罐壁。具有水溶性的液体(如醇类、酮类等)，虽然从理论上讲能用水稀释扑救，但用此法要使液体闪点消失，水必须在溶液中占很大的比例。这不仅需要大量的水，也容易使液体溢出流淌，而普通泡沫又会受到水溶性液体的破坏(如果普通泡沫强度加大，可以减弱火势)，因此，最好用抗溶性泡沫扑救，用干粉或卤代烷扑救时，灭火效果要视燃烧面积大小和燃烧条件而定，也需用水冷却罐壁。

(4) 扑救毒害性、腐蚀性或燃烧产物毒害性较强的易燃液体火灾，扑救人员必须佩戴防护面具，采取防护措施。

(5) 扑救原油和重油等具有沸溢和喷溅危险的液体火灾。如有条件，可采取放水、搅拌等防止发生沸溢和喷溅的措施，在灭火同时必须注意计算可能发生沸溢、喷溅的时间和观察是否有沸溢、喷溅的征兆。指挥员发现危险征兆时应迅速作出准确判断，及时下达撤退命令，避免造成人员伤亡和装备损失。扑救人员看到或听到统一撤退信号后，应立即撤至安全地带。

(6) 遇易燃液体管道或储罐泄漏着火，在切断蔓延把火势限制在一定范围内的同时，对输送管道应设法找到并关闭进、出阀门，如果管道阀门已损坏或是储罐泄漏，应迅速准备好堵漏材料，然后先用泡沫、干粉、二氧化碳或雾状水等扑灭地上的流淌火焰，为堵漏扫清障碍，其次再扑灭泄漏口的火焰，并迅速采取堵漏措施。与气体堵漏不同的是，液体一次堵漏失败，可连续堵几次，只要用泡沫覆盖地面，并堵住液体流淌和控制好周围着火源，不必点燃泄漏口的液体。

3.4.2　压缩和液化气体事故扑救

压缩或液化气体总是被储存在不同的容器内，或通过管道输送。其中储存在较小钢瓶内的气体压力较高，受热或受火焰熏烤容易发生爆裂。气体泄漏后遇火源已形成稳定燃烧时，其发生爆炸或再次爆炸的危险性与可燃气体泄漏未燃时相比要小得多。遇压缩或液化气体火灾一般应采取以下基本对策。

(1) 扑救气体火灾切忌盲目扑灭火势，在没有采取堵漏措施的情况下，必须保持稳定燃烧。否则，大量可燃气体泄漏出来与空气混合，遇着火源就会发生爆炸，后果将不堪设想。

(2) 首先应扑灭外围被火源引燃的可燃物火势，切断火势蔓延途径，控制燃烧范围，并积极抢救受伤和被困人员。

(3) 如果火势中有压力容器或有受到火焰辐射热威胁的压力容器，能疏散的应尽量在水枪的掩护下疏散到安全地带，不能疏散的应部署足够的水枪进行冷却保护。为防止容器爆裂伤人，进行冷却的人员应尽量采用低姿射水或利用现场坚实的掩蔽体防护。对卧式储罐，冷却人员应选择储罐四侧角作为射水阵地。

(4) 如果是输气管道泄漏着火，应设法找到气源阀门。阀门完好时，只要关闭气体的进出阀门，火势就会自动熄灭。

(5) 储罐或管道泄漏关阀无效时，应根据火势判断气体压力和泄漏口的大小及其形状，准备好相应的堵漏材料(如软木塞、橡皮塞、气囊塞、黏合剂、弯管工具等)。

(6) 堵漏工作准备就绪后，即可用水扑救火势，也可用干粉、二氧化碳、卤代烷灭火，但仍需用水冷却烧烫的罐或管壁。火扑灭后，应立即用堵漏材料堵漏，同时用雾状水稀释和驱散泄漏出来的气体。如果确认泄漏口非常大，根本无法堵漏，只需冷却着火容器及其周围容器和可燃物品，控制着火范围，直到可燃气体燃尽，火势自动熄灭。

(7) 现场指挥应密切注意各种危险征兆，遇有火势熄灭后较长时间未能恢复稳定燃烧或受热辐射的容器安全阀火焰变亮耀眼、尖叫、晃动等爆裂征兆时，指挥员必须适时作出准确判断，及时下达撤退命令。现场人员看到或听到事先规定的撤退信号后，应迅速撤退至安全地带。

3.4.3 爆炸性物品事故扑救

爆炸物品一般都有专门或临时的储存仓库。这类物品由于内部结构含有爆炸性基因，摩擦、撞击、震动、高温等外界因素激发，极易发生爆炸，遇明火则更危险。遇爆炸物品火灾时，一般应采取以下基本对策。

(1) 迅速判断和查明再次发生爆炸的可能性和危险性，紧紧抓住爆炸后和再次发生爆炸之前的有利时机，采取一切可能的措施，全力制止再次爆炸的发生。

(2) 切忌用沙土盖压，以免增强爆炸物品爆炸时的威力。

(3) 如果有疏散可能，人身安全上确有可靠保障，应迅即组织力量及时疏散着火区域周围的爆炸物品，使着火区周围形成一个隔离带。

(4) 扑救爆炸物品堆垛时，水流应采用吊射，避免强力水流直接冲击堆垛，以免堆垛倒塌引起再次爆炸。

(5) 灭火人员应尽量利用现场现成的掩蔽体或尽量采用卧姿等低姿射水，尽可能地采取自我保护措施。消防车辆不要停靠离爆炸物品太近的水源。

(6) 灭火人员发现有发生再次爆炸的危险时，应立即向现场指挥报告，现场指挥应迅速作出准确判断，确有发生再次爆炸征兆或危险时，应立即下达撤退命令。灭火人员看到或听到撤退信号后，应迅速撤至安全地带，来不及撤退时，应就地卧倒。

3.4.4 遇湿易燃物品事故扑救

遇湿易燃物品能与潮湿和水发生化学反应，产生可燃气体和热量，有时即使没有明火也能自动着火或爆炸，如金属钾、钠以及三乙基铝(液态)等。因此，这类物品有一定数量时，绝对禁止用水、泡沫、酸碱灭火器等湿性灭火剂扑救。这类物品的这一特殊性给其火灾时的扑救带来了很大的困难。

通常情况下，遇湿易燃物品由于其发生火灾时的灭火措施特殊，在储存时要求分库或隔离分堆单独储存，但在实际操作中有时往往很难完全做到，尤其是在生产和运输过程中更难以做到，如铝制品厂往往遍地积有铝粉。对包装坚固、封口严密、数量又少的遇湿易燃物品，在储存规定上允许同室分堆或同柜分格储存。这就给其火灾扑救工作带来了更大的困难，灭火人员在扑救中应谨慎处置。对遇湿易燃物品火灾一般采取以下基本对策。

(1) 首先应了解清楚遇湿易燃物品的品名、数量、是否与其他物品混存、燃烧范围、火势蔓延途径。

(2) 如果只有极少量（一般 50g 以内）遇湿易燃物品，则不管是否与其他物品混存，仍可用大量的水或泡沫扑救。水或泡沫刚接触着火点时，短时间内可能会使火势增大，但少量遇湿易燃物品燃尽后，火势很快就会熄灭或减少。

(3) 如果遇湿易燃物品数量较多，且未与其他物品混存，则绝对禁止用水或泡沫、酸碱等湿性灭火剂扑救。遇湿易燃物品应用干粉、二氧化碳、卤代烷扑救，只有金属钾、钠、铝、镁等个别物品用二氧化碳、卤代烷无效。固体遇湿易燃物品应用水泥、干砂、干粉、硅藻土和蛭石等覆盖。水泥是扑救固体遇湿易燃物品火灾比较容易得到的灭火剂。对遇湿易燃物品中的粉尘如镁粉、铝粉等，切忌喷射有压力的灭火剂，以防止将粉尘吹扬起来，与空气形成爆炸性混合物而导致爆炸发生。

(4) 如果有较多的遇湿易燃物品与其他物品混存，则应先查明是哪类物品着火，遇湿易燃物品的包装是否损坏。可先用开关水枪向着火点吊射少量的水进行试探，如未见火势明显增大，证明遇湿物品尚未着火，包装也未损坏，应立即用大量水或泡沫扑救，扑灭火势后立即组织力量将淋过水或仍在潮湿区域的遇湿易燃物品疏散到安全地带分散开来。如射水试探后火势明显增大，则证明遇湿易燃物品已经着火或包装已经损坏，应禁止用水、泡沫、酸碱灭火器扑救，若是液体应用干粉等灭火剂扑救，若是固体应用水泥、干砂等覆盖，如遇钾、钠、铝、镁轻金属发生火灾，最好用石墨粉、氯化钠以及专用的轻金属灭火剂扑救。

(5) 如果其他物品火灾威胁到相邻的较多遇湿易燃物品，应先用油布或塑料膜等其他防水布将遇湿易燃物品遮盖好，然后再在上面盖上棉被并淋上水。如果遇湿易燃物品堆放处地势不太高，可在其周围用土筑一道防水堤。在用水或泡沫扑救火灾时，对相邻的遇湿易燃物品应留一定的力量监护。

由于遇湿易燃物品性能特殊，又不能用常用的水和泡沫灭火剂扑救，从事这类物品生产、经营、储存、运输、使用的人员及消防人员平时应经常了解和熟悉其品名和主要危险特性。

3.4.5 毒害品、腐蚀品事故扑救

毒害品和腐蚀品对人体都有一定危害。毒害品主要经口或吸入蒸气或通过皮肤接触引起人体中毒。腐蚀品是通过皮肤接触使人体形成化学灼伤。毒害品、腐蚀品有些本身能着火，有的本身并不着火，但与其他可燃物品接触后能着火。这类物品发生火灾一般应采取以下基本对策。

(1) 灭火人员必须穿防护服，佩戴防护面具。一般情况下采取全身防护即可，对有特殊要求的物品火灾，应使用专用防护服。考虑到过滤式防毒面具防毒范围的局限性，在扑救毒害品火灾时应尽量使用隔绝式氧气或空气面具。为了在火场上能正确使用和适应，平时应进行严格的适应性训练。

(2) 积极抢救受伤和被困人员，限制燃烧范围。毒害品、腐蚀品火灾极易造成人员伤亡，灭火人员在采取防护措施后，应立即投入寻找和抢救受伤、被困人员的工作，并努力限制燃烧范围。

(3) 扑救时应尽量使用低压水流或雾状水，避免腐蚀品、毒害品溅出。遇酸类或碱类腐蚀品最好调制相应的中和剂稀释中和。

(4) 遇毒害品、腐蚀品容器泄漏，在扑灭火势后应采取堵漏措施。腐蚀品需用防腐材料堵漏。

(5) 浓硫酸遇水能放出大量的热，会导致沸腾飞溅，需特别注意防护。扑救浓硫酸与其他可燃物品接触发生的火灾，浓硫酸数量不多时，可用大量低压水快速扑救。如果浓硫酸量很大，应先用二氧化碳、干粉、卤代烷等灭火，然后再把着火物品与浓硫酸分开。

3.4.6 易燃固体、易燃物品火灾事故扑救的基本对策

易燃固体、易燃物品一般都可用水或泡沫扑救，相对其他种类的化学危险物

品而言是比较容易扑救的，只要控制住燃烧范围，逐步扑灭即可。但也有少数易燃固体、自燃物品的扑救方法比较特殊，如 2,4－二硝基苯甲醚、二硝基萘、奈、黄磷等。

(1) 2,4－二硝基苯甲醚、二硝基萘、萘等是能升华的易燃固体，受热发出易燃蒸气。火灾时可用雾状水、泡沫扑救并切断火势蔓延途径，但应注意，不能以为明火焰扑灭即已完成灭火工作，因为受热以后升华的易燃蒸气能在不知不觉中飘逸，在上层与空气能形成爆炸性混合物，尤其是在室内，易发生爆燃。因此，扑救这类物品火灾千万不能被假像所迷惑。在扑救过程中应不时向燃烧区域上空及周围喷射雾状水，并用水浇灭燃烧区域及其周围的一切火源。

(2) 黄磷是自燃点很低在空气中能很快氧化升温并自燃的自燃物品。遇黄磷火灾时，首先应切断火势蔓延途径，控制燃烧范围。对着火的黄磷应用低压水或雾状水扑救。高压直流水冲击能引起黄磷飞溅，导致灾害扩大。黄磷熔融液体流淌时应用泥土、砂袋等筑堤拦截并用雾状水冷却，对磷块和冷却后已固化的黄磷，应用钳子钳入储水容器中。来不及钳时可先用砂土掩盖，但应作好标记，等火势扑灭后，再逐步集中到储水容器中。

(3) 少数易燃固体和自燃物品不能用水和泡沫扑救，如三硫化二磷、铝粉、烷基铝、保险粉等，应根据具体情况区别处理。宜选用干砂和不用压力喷射的干粉扑救。

第 4 章　事故区人员救援及医院救治

化学事故现场急救工作是医学救援的重要内容。由于化学事故具有突发性、复杂性、危害性的特点，特别是重大的或灾害性化学事故中的现场急救工作，不同于一般的医疗救护，具有独特的自身特点，所以化学事故现场急救的伤员分流工作非常重要。现场处理原则要本着先救命后治伤，先治重伤，后治轻伤的原则。在现场医疗救护中，对伤病员进行初步医学检查，根据受害者的病情按轻、中、重分类，便于急救和转送，并对初检后的伤病员按轻、中、重分别标上醒目标志，置于明显的部位，便于医疗救护人员辨识，并采取相应的急救措施。伤病员经现场初检分类及处理后要根据病情向附近医院、中心医院、市级医院或专科医院转送分流。分流原则如下：

(1) 有生命危险或严重并发症危险者，例如已窒息或运送途中可能发生窒息者；有呼吸、心跳停止或危险者；有休克者等重危病员，宜立即抢救，待病情改善后马上送市级医院或专科医院。

(2) 暂无生命危险，但若不及时处理会出现病情转化或严重并发症者，则应尽快在现场处理后转送到市级医院或专科医院。

(3) 推迟几小时救治可无重大危险者或经现场处理后很快能得到恢复者，可送附近医院或中心医院处理。

(4) 暂无明显损伤，但预期有迟发症状的病人，需要就地观察或送附近医院，中心医院观察处理。

(5) 无明显损伤或能自行离开现场者可不作现场处理。

(6) 皮肤被化学物，特别是具刺激性、腐蚀性或易于经皮肤吸收的化学物污染后，应立即脱去污染衣服、手套、鞋袜等衣着用品，并以大量流动清水彻底冲洗皮肤以稀释或除去刺激物，阻止其继续损伤皮肤或经皮吸入。

在运送途中需要监护的伤病员，由事故现场医疗救护指挥部派人员护送。伤病员现场救治的医疗记录要一式二份，及时向现场指挥部报告汇总，并向接纳伤病员的医疗机构提交。

4.1　现场医疗救护及自救

在危险化学品事故中，及时有效的现场医疗自救和救护是减少伤亡的重要一环。下面介绍事故现场人员自救互救以及中毒急救的一些基本方法。

4.1.1 现场人员自救互救基本方法

(1) 止血的基本方法

① 手压法：在出血伤口靠近心脏一侧，用手指、掌、拳压迫跳动的血管，达到止血目的。

② 加压包扎法：在出血伤口处放上厚敷料，用绷带加压包扎。

③ 加垫屈肢止血法：前臂或小腿出血时，可在肘窝或膝盖后侧放纱布卷、毛巾等，屈曲关节，用三角巾把屈曲的肢体捆紧。有骨折时不能用此法。

④ 绑止血带法：用弹性止血带绑住出血伤口近心端大血管。

注意：止血带下应垫纱布或柔软衣物；上肢出血，绑上臂的上三分之一处，下肢出血，绑大腿中、上三分之一交界处；绑止血带的压力，应以摸不到远端血管跳动、伤口出血停止为度；每隔 1h 松开止血带 2 ~ 3min。松开时要在伤口上加压以免出血。填塞止血法和止血粉止血法，须在备有无菌纱布和止血药粉的情况下才能使用。

(2) 固定

注意事项：

① 凡骨折、关节伤、血管神经伤、大面积软组织伤等，在送医疗单位前均须固定。

② 先止血、包扎，然后固定。固定必须牢靠。

③ 刺出伤口的折骨不要送回，按现状固定。

④ 固定范围要包括伤部上下两个关节。

⑤ 肢体骨突部位要加垫保护。

⑥ 运送中减少震动，抬高患肢，保暖，注意观察心跳、呼吸和神智。

(3) 搬运

注意事项：因地制宜，就地取材，根据伤情采取不同搬运方法。千万不要因搬运不当加重损伤。

(4) 心肺复苏

是针对由各种原因引起的心跳、呼吸停止和意识丧失等所采取的急救措施。

方法：对确无心跳、呼吸，对喊话和轻摇均无反应者应实施心肺复苏术。

① 呼唤他人，协助抢救。

② 轻柔、平缓地将病人放置仰卧位。

③ 头后仰，颈垫高，使下颌与耳垂连线与地面垂直，气道即打开。

④ 用手放在病人前额，拇指、食指捏住病人鼻孔。用力向病人嘴中吹气。每分钟 12 次。

⑤ 双臂绷直，垂直向下按压胸骨，深度达 4 ~ 5cm。

单人抢救法：

＊ 心脏按压频率为80～100次/min、按压与吹气之比为15∶2。即：快速吹气二次，然后以每分钟80次的速度，按压心脏15次。反复进行。

双人抢救法：

＊ 一人按每分钟60次的速度，按压心脏。另一人在按压心脏5次后，吹气一次。两人交换位置时，间隔不应超过5s。

4.1.2 危险化学品事故现场急救

(1) 现场急救注意事项：选择有利地形设置急救点；做好自身及伤病员的个体防护；防止发生继发性损害；应至少2～3人为一组集体行动，以便相互照应；进入毒物污染区要注意安全。对于高浓度的硫化氢、一氧化碳等毒物污染区以及严重缺氧环境，必须先予通风，参加救护人员需佩戴供氧式防毒面具。其他毒物也应采取有效防护措施方可入内救护。同时应配戴相应的防护用品、氧气分析报警仪和可燃气体报警仪。所用的救援器材需具备防爆功能。

(2) 现场处理：迅速将患者从现场转移至空气新鲜处，中毒者脱离染毒区后，应在现场立即着手急救。呼吸困难时给氧，呼吸停止者赶快做人工呼吸，最好用口对口吹气法。剧毒品不适宜用口对口法时，可用史氏人工呼吸法。心脏停止跳动的，立即拳击心脏部位的胸壁或作胸外心脏按摩；人工呼吸与胸外心脏按摩可同时交替进行，直至恢复自主心搏和呼吸。还可直接对心脏内注射肾上腺素或异丙肾上腺素，抬高下肢使头部低位后仰。急救操作时动作不可粗暴，造成新的损伤。皮肤污染时，脱去污染的衣服，用流动清水冲洗，冲洗要及时、彻底、反复多次；头面部灼伤时，要注意眼、耳、鼻、口腔的清洗；当人员发生冻伤时，应迅速复温，复温的方法是采用40～42℃恒温热水浸泡，使其温度提高至接近正常，在对冻伤的部位进行轻柔按摩时，应注意不要将伤处的皮肤擦破，以防止感染；当人员发生烧伤时，应迅速将患者衣服脱去，用流动清水冲洗降温，用清洁布覆盖伤面，避免伤面污染，注意不要把水疱弄破，口渴时可适量饮水或含盐饮料。眼部溅入毒物，应立即用清水冲洗，或将脸部浸入满盆清水中，张眼并不断摆动头部，稀释洗去毒物。

(3) 彻底清除毒物污染，防止继续吸收

脱离污染区后，立即脱去受污染的衣物。对于皮肤、毛发甚至指甲缝中的污染，都要注意清除。对能由皮肤吸收的毒物及化学灼伤，应在现场用大量清水或其他备用的解毒、中和液冲洗。毒物经口侵入体内，应及时彻底洗胃或催吐，除去胃内毒物，并及时以中和、解毒药物减少毒物的吸收。

(4) 使用特效药物治疗时，对症治疗，严重者送医院观察治疗(急救之前，救援人员应确信受伤者所处环境是安全的。另外，口对口的人工呼吸及冲洗污染的皮肤或眼睛时，要避免进一步受伤)。

4.2　医疗护送及救治

4.2.1　医疗护送

经过院外急救之后，需要在医院做进一步治疗的患者就要被送往医院，此时伤病者身边的人应该注意以下几点：

4.2.1.1　去医院的准备工作

(1) 物质准备

伤病者一般被首先送往医院的急诊室，所以所带物品要尽量简单，不要盲目携带过多物品。

(2) 人员准备

伤病者去医院需要有人陪伴，一般来说至少需要两个人共同去医院。另外，轻微伤病者可以自己步行上救护车，而危重伤不能行走或不允许自己行走的伤病者，则需要其他人的帮助。人员准备至关重要，对于危重伤病者更是如此。应利用抢救伤病者的时间找人帮忙。同事、门卫、保安人员，甚至过路人都是求助的对象。

抬一个正常人和抬一个伤病者特别是抬一个失去知觉的人是完全不同的。对于正常人，一个人就能把他背走；而失去知觉的人则尤如一团泥，一般情况下一个人是很难背得了的。经验告诉我们，通常抬一个体重 60kg 的患者至少需要 3 个人。而体重 70kg 以上者大都得 4 个人以上才能将其抬动。除此以外，多数情况下还需要有人提着输液瓶和氧气瓶，这还得增加人。

(3) 使用担架

由于医务人员忙于抢救伤病者，一般都是由他人去取救护车上的担架，将救护车上的担架放到伤病者身边。担架一般为统一制式，长约 2m 左右，担架本身有一定的重量和宽度，而且不能折叠，因此如果需要通过狭窄的过道，使用褥子或椅子要方便好用得多，而且也更安全。担架要始终保持水平状态，遇到道路狭窄或入口不能拐弯时只能将担架留在原地，不能将担架竖起抬。

4.2.1.2　怎样抬伤病者

不能行走的伤病者自然需要人抬，此外，对于严重中毒或烧伤者，应禁止患者自己行走或做其他活动，抬患者时要嘱咐患者全身放松，不要跟着用力，因为任何体力活动都会加重病情，有时可能造成病情恶化。

抬伤病者时应注意以下事项：

(1) 由于抬伤病者上担架时拉住褥子抬比直接抬伤病者要方便好抬，所以应首先将伤病者置于单人褥子或类似物品之上。(注意：所选的褥子等物品要坚固，能经受得住伤病者的体重。)

(2) 如果担架已抬至伤病者身边，可拉住褥子边缘，将伤病者抬至担架上。严寒季节要注意保暖，可给伤病者加盖被褥，头部可用厚毛巾或枕巾遮盖，但注意不要盖住伤病者口鼻，以免影响伤病者呼吸。

(3) 如担架运至伤病者身边，则需要用褥子抬伤病者，此时要根据抬伤病者的人数来合理安排。伤病者两头较轻，中间最沉，应选体力较强者抬中间。若要抬下楼的，则要脚朝前，头朝后。

(4) 抬不能平卧的伤病者时要用有靠背的椅子。注意使用椅子抬伤病者下楼时要使伤病者背朝前，脸朝后，稍向后仰，以免由于不慎使伤病者从椅子上摔下。

(5) 抬伤病者时提输液瓶者的主要职责是保护输液通道的通畅。输液通道对危重病患者是性命攸关的，所以，提输液瓶者应全神贯注，保护输液肢体之处的输液针头不被拉出或碰撞，并尽量将输液瓶举高。瓶子过低会出现“回血”现象(注：回血是指输液时因种种原因造成血液倒流回输液管内)，血液在输液管内凝固后会阻塞液路。此外，还要特别注意不要将输液滴管倒置，否则输液滴管内的空气会被输进患者体内。

(6) 将担架抬至救护车尾部，并抬上救护车。方法如下：抬担架者不需上救护车，只要站在两侧，将担架抬起，使担架前端先进入救护车，然后水平徐徐将担架推入，并紧靠救护车左侧厢壁，由急救人员将担架固定，同时提输液瓶者将输液瓶递给车内人员，后者再将瓶子挂在车顶的挂钩上。

4.2.1.3 途中护理

一般情况下，救护车允许同事 2 ~ 3 人同车乘坐。车内人员不能过多，否则会影响医务人员的抢救操作。由于救护车到医院后还需人抬伤病者，故随车人员最好是年轻人或体力好者。同事乘坐的车辆应打开紧急闪光灯，并紧随救护车。

在途中，同事应协助医务人员共同监护伤病者，在医务人员忙于操作时，同事要注意以下几点：

① 固定输液针头插入部位的肢体，防止针头脱出血管外，保护输液通道通畅。

② 使伤病者头部保持稳定，避免晃动。

③ 对出现呕吐的伤病者要及时清理呕吐物，尽量使伤病者吐在塑料袋内，以免发生呼吸道阻塞。

④ 注意观察伤病者的吸氧管有无脱落，如脱落，及时复位。

⑤ 发现异常情况及时告诉随车医务人员。

4.2.1.4 到达医院以后

救护车到达医院以后，伤病者将被送往急诊室。此时同事要做的是首先从急诊室值班护士那里借一辆担架车(也称平车)，用平车将伤病者推人急诊室。使用平车有如下几点好处：

平车高度与救护车上担架高度接近，抬伤病者下救护车时可以直接将伤病者平移至平车上，这样省力好抬。

进入急诊室后，患者可以在平车上接受检查、治疗，需要做CT等检查或需要住院时可以直接在平车上推去即可，减少伤病者被来回搬动的次数，省时省力。

所以，请尽量使用急诊室的平车。如果在伤病者到达前医院已有同事等待，那么等待之人一定要事先借好平车，使救护车到达后伤病者可以尽快进入急诊室得到进一步治疗。不能平卧的伤病者可用轮椅代替平车。下救护车时搬运伤病者的方法：

① 打开救护车后门，将平车推到救护车尾部，使平车与救护车的担架形成一条直线。

② 抬病人下车时抬者要分别以左右手抓紧病人两侧的褥子边缘，两人在车上一人抬头部褥子，一人抬腰部褥子，车下一人抬腿部褥子，将病人向后一步步平移至平车上。

③ 提前将输液瓶从救护车的挂钩上取下，交给车下之人，以免抬伤病者时针头被拔出。伤病者被送入急诊室后，急救医生将伤病者院前受伤及救治情况简要告知急诊室值班医生。至此，院外急救告一段落。

4.2.2　医疗救治

经过现场初步急救，伤病者应迅速送医院继续治疗。

4.2.2.1　胸外心脏按摩法

患者突然深度昏迷，颈动脉或股动脉无搏动，如瞳孔散大，脸色土灰色或发绀，呼吸停止或喘(不通)，出现上述症状，可认为心跳骤停。应立即进行胸外心脏按摩急救。操作方法如下：

(1) 部位。患者取仰卧位。压胸骨上2/3下1/3交界处，背部应有硬的衬垫。

(2) 操作方法。急救医生两腿跪在伤病者一侧，用手掌根部双手叠加，垂直加压在胸骨上，手指不要接触胸壁。身体前倾，力加在胸骨上，将胸骨明显压下，此时检查股动脉，应出现明显搏动，才为有效。注意勿用力过大，以免发生肋骨骨折和气胸血胸。两次间歇期，手不离开胸部。

(3) 速度与心律相近。每分钟成人约70次，儿童100～120次，效果最佳。次数太多，心脏血液回流不够并不增加效果。

(4) 复苏指示。停止按压后，自主心搏恢复。

4.2.2.2　人工呼吸法

无论心跳存在与否，长期呼吸中止，可造成机体缺氧而导致死亡，特别是脑组织缺氧时间稍久，便可产生不可逆转的损害。因此，必须争分夺秒不失时机地进行人工呼吸，保持继续不间断供氧。

(1) 口对口法。

首先使呼吸道通畅，松解衣服，去掉枕头，抬高下颌角，除去假牙，除去(吸出)呕吐物或其他异物。

操作法：急救医生在伤病者一侧，用一手捏合伤病者鼻部，医生深吸一口气，口对伤病者口密切接触(可覆盖一块纱布、手帕)，以中等速度匀称地吹气。开始两次速度可快些，可见伤病者胸部隆起然后离开，让其胸部收缩自行呼出，然后作下一次吹气。直至自主呼吸恢复。

速度：每分钟吹气12～16次。吹气时间约为2s。与胸外心脏按摩同时交替进行时，两者比数约为1:5。即吹气2～3次，心脏按摩15次。

注意在吹气时，不能同时按压心脏，否则会造成肺重伤，而通气效果下降。

如口对口呼吸法执行困难，也可改用口对鼻呼吸法，即用一手闭合患者口部，口对鼻孔进行吹气。

(2) 史氏人工呼吸法。

患者仰卧，头部放低，下颌再抬高，除去假牙、呕吐物及其他异物，使呼吸道通畅。急救医生位于患者头顶一侧，两手握住患者两手，交叠在胸前，然后握住两手向左右分开伸展180°，接触地面，速度与其他人工呼吸相同，为每分钟12～16次。注意：① 使患者仰卧；② 使腕部压胸腔下部；③ 使臂张开向后运动。

4.3 危险化学品的中毒急救

4.3.1 常用的中毒急救方法

4.3.1.1 中毒急救治疗的一般原则

(1) 经呼吸道吸入中毒

呼吸道吸入中毒的急救治疗，应当首先保持呼吸道通畅。

① 防止声门痉挛、喉头水肿的发生，采用2%碳酸氢钠、10%异丙肾上腺素、1%麻黄素雾化吸入，呼吸困难严重者及早作气管切开。

② 防止肺水肿的发生，应绝对卧床休息给予激素，并适当限制输液量。发生肺水肿则应吸氧并用抗泡沫剂10%硅酮或20%～30%乙醇于氧化湿化瓶吸入，及早用氢化可的松100～200mg于10%葡萄糖100～200mL静脉滴注，以减少血管通透性。神志躁动不安，可用异丙嗪25mg肌注。

③ 防止脑水肿的发生，对作用于神经系统的毒物，出现脑水肿，要限制液

体输入量，降低颅压，采用 20% 的甘露醇或 25% 山梨醇 250mL，静脉注射或快滴，并用三磷酸腺酐 20mg 肌注或静脉注射，谷氨酸钠等以保护脑细胞。

④ 对引起血红蛋白变性的毒物，则应根据病因进行治疗，如苯的硝基化合物应及时注射美蓝或硫代硫酸钠；对氰化物应迅速吸亚硝酸异戊酯，或 3% 亚硝酸钠 10mL 注射，再注射硫代硫酸钠；对一氧化碳可用高压氧或吸氧。

⑤ 防止溶血而引起的肾功能衰竭，如对砷化氢采取早期吸氧解毒及利尿，如尿毒症明显可腹膜透析或人工肾透析。除了这五项主要症候外，可按病因特效解毒药及一般临床对症治疗。

4.3.1.2 经皮肤吸收中毒

经皮肤吸收毒物，或腐蚀造成皮肤灼伤的毒物，应立即脱去受污染的衣物。用大量清水冲洗皮肤，也可用微温水，禁用热水。冲洗时间不少于 15min，冲洗越早、越彻底越好。然后用肥皂水洗净，以中和毒物的液体湿敷。皮肤吸收中毒的过程，往往有一段时间，要注意观察清洗是否彻底。苯胺清洗不彻底，一定时间后出现发绀，即口唇和指甲明显青紫，需吸氧并注射美蓝缓解复原。不能认为已经过清洗便不再有中毒发生。黄磷清洗后还要在暗室内检查有无磷光。灼伤皮肤要按化学灼伤处理。

4.3.1.3 误服吞咽中毒

误服吞咽除及时反复漱口，除去口腔毒物外，还应当：

(1)催吐。催吐在服毒后 4h 内有效，简单的办法是用手指、棉棒或金属匙柄刺激咽部舌根。空腹服毒者可先口服一大杯冷开水或豆浆，然后催吐。呕吐时头部低位。对昏迷、痉挛发作及吞入强酸、强碱等腐蚀品以及汽油、煤油等有机溶剂时禁用或慎用。

(2) 洗胃。洗胃是常规治疗，有催吐禁忌症者慎用。用清水、生理盐水或其他能中和毒物的液体洗胃。敌百虫及强酸不要用碳酸氢钠液，内吸磷、1605 不要用高锰酸钾。洗胃液每次不超过 500mL，以免把毒物冲入小肠；应反复洗，并通过鼻腔留置胃管一定时间，以便吸出由胃排泄的毒物。

(3) 清泻。口服或由胃管送入大剂量的泻药，如硫酸镁、硫酸钠等，对脂溶性毒物，忌用油类导泻剂，口服腐蚀性毒物者禁用。

(4) 应用解毒、防毒及其他排毒药物。

4.3.2 急救的具体实施

(1) 皮肤黏膜除毒

皮肤污染毒物时，应立即脱去污染衣服，若皮肤无创面，一般用清水(忌用热水)冲洗。如为不溶解于水的毒物，可用适当的溶剂(如酚可用 10% 酒精或植物油)冲洗。另外有机磷农药污染皮肤时，可先用弱碱水或肥皂水清洗，然后再用清水冲洗。

由酸引起的皮肤灼伤创面，在用清水洗后，可继续用0.5%碳酸氢钠溶液冲洗；由碱引起的皮肤灼伤创面，则可选用1%醋酸或1%枸橼酸冲洗。

如毒物侵入眼内，应立即用大量清水冲洗眼部结膜，冲洗时间不应少于10min。如为碱性毒物，再用3%硼酸液冲洗，予以中和；如为酸性毒物，则用2%碳酸氢钠溶液清洗中和。冲洗中和后可滴入0.5%醋酸可的松以减轻局部炎症反应，并采用0.5%氯霉素或0.5%红霉素溶液滴眼。疼痛较剧烈时可用1%地卡因(Dicain)溶液滴眼。

(2) 催吐

对口服中毒者，应力争将尚未被吸收的毒物迅速从胃中清除出来。若患者神志清醒，胃内含有食物或固体毒物，常不易被洗出，因而更适合催吐。常用催吐方法是先饮水300～500mL，然后用压舌板刺激软腭、咽后壁及舌根部，使之呕吐，反复多次，直至胃内容物吐尽为止。也可皮下注射阿朴吗啡5mg，有较强的催吐作用。

对腐蚀性毒物(酸、碱)中毒，以及昏迷、惊厥、肺水肿、严重高血压、心力衰竭和休克的中毒病人禁用催吐。

(3) 洗胃

服毒6h内洗胃最有效，但即使超过6h，如无禁忌症，仍有洗胃的必要。插入胃管后，先抽出内容物，再灌注洗胃液。每次灌注量不超过500mL。反复灌洗直到洗出液澄清、无味为止。洗胃时，病人应侧卧，头部稍低于躯体，以防吸入性肺炎。病情严重、深度昏迷或腐蚀剂中毒者，不宜洗胃。

常用洗胃液有：

① 温水，适用于毒物性质不明时；

② 2%～4%鞣酸溶液(或浓茶)，适用于生物碱及若干金属化合物中毒；

③ 1:2000～1:5000高锰酸钾溶液，适用于巴比妥类、氰化物、生物碱等中毒；

④ 1%～2%碳酸氢钠溶液，适用于硫酸亚铁、有机磷农药等中毒，但敌百虫中毒时忌用，因能增其毒性。

腐蚀性毒物(如强酸、强碱)误服中毒时，应用牛奶、蛋清、淀粉糊、氢氧化铝凝胶等灌入胃内，以减低腐蚀作用，保护胃黏膜。

(4) 导泻及灌肠

清除进入肠道的毒物，并阻止毒物自肠道吸收。常用的导泻药为50%硫酸镁50mL。由于镁离子有抑制呼吸的作用，为安全起见可改用硫酸钠20～30g，于洗胃后由胃管注入或口服。采用20%甘露醇作为导泻剂是理想的选择。20%甘露醇为高渗透液，口服在胃肠道内不被吸收，可使肠内容物的渗透压升高，阻止肠道内水分的吸收，使肠腔容积增大，肠道被扩张，因而刺激肠壁，增强肠道蠕动，使肠内容物迅速进入大肠，排出水样粪便，属于容积性泻药。洗胃后一次口服 20%甘露醇 250mL，口服后 30min 至 2h 即可排便。甘露醇味甜，易为患者接受，可用于各种口服中毒者的导泻，且无硫酸镁中 Mg^{2+} 大量吸收和在体内蓄积导致中枢神经系统抑制的后顾之忧。老年人、严重便秘者口服甘露醇要慎重，前者易因腹泻严重导致休克，后者应注意腹部情况，以防肠道蠕动增强引起结肠梗阻而导致肠穿孔。腐蚀性毒物中毒时禁用导泻药。

灌肠液常采用温水、生理盐水或肥皂水，以 1000mL 作高位灌肠。

(5) 利尿

对已吸收入体内的毒物，可采用多饮水、大量输液及使用利尿药物的办法，以增加尿量，促进毒物的排出。饮用大量饮料，如水、浓茶或桔子汁等软性饮料，以及绿豆汤。

静脉注射 50%葡萄糖 40～60mg，加维生素 C 500mg；或 10%葡萄糖溶液 1000mL，加维生素 C 2g 静脉滴入。利尿药物可用速尿 20mg 或 20%甘露醇 250mL 快速静脉滴注。有休克、心功能不全和肾脏严重病变者，则应慎用利尿药物。利尿过程中应注意水和电解质平衡。

4.3.3 常见危险化学品中毒急救措施

(1) 氰及其化合物

患者吸入亚硝酸异戊酯、氰气，静卧，保暖。患者神志清醒，可服氰化物解毒剂，或注射硝酸钠液并随即注射硫代硫酸钠液。

(2) 氟及其化合物

溅入眼内，迅速离开污染区，脱去污染衣着，用大量清水冲洗至少 15min 以上。皮肤灼伤，在水洗后，可用稀氨水敷浸，患者静卧保暖。

(3) 氯气

迅速离开污染区，休息、保暖、吸氧，给患者 2%碳酸氢钠雾化吸入及洗眼，高浓度氯气吸入时，可窒息骤死，重度中毒者应预防肺水肿发生。

(4) 一氧化碳

使患者迅速离开污染区，如呼吸停止，则应立即口对鼻人工呼吸，恢复呼吸后，给患者吸氧或高压氧。昏迷复苏病人，应注意脑水肿的出现，有脑膜刺激症候及早用甘露醇或高能葡萄糖等脱水治疗。

(5) 光气

使吸入患者急速离开污染区，安静休息(很重要)，吸氧。眼部受刺激、皮肤接触用水冲洗，脱去染毒衣着，可注射 20%乌洛托平 20mL。

(6) 溴水

使患者急速离开污染区，接触皮肤立即用大量水冲洗，然后用稀氨水或硫代硫酸钠液洗敷，更换干净衣服。如进入口内，立即漱口，饮水及镁乳。

(7) 磷化氢

吸入患者应速离污染区，安静休息并保温。经口进入，及早彻底用高锰酸钾液洗胃或用硫酸铜液催吐，忌用鸡蛋、牛奶及油类泻剂。呼吸困难注射山梗菜碱或安钠咖，注意不可用解磷定(PAM)和其他巯基类药物。

(8) 硫化氢

吸入患者急速离开污染区，安静休息保暖，如呼吸停止，立即人工呼吸、吸氧。眼部受刺激用水或2%碳酸氢钠液冲洗，结膜炎可用醋酸可的松软膏点眼，静脉注射美蓝加入葡萄糖溶液，或注射硫代硫酸钠，促使血红蛋白复原，控制中毒性肺炎与肺水肿发生。

(9) 砷及其化合物

吸入或误服，及时注射解毒剂，如二巯基丙醇、二巯基丙磺酸钠及二巯基丁二钠等，对症治疗。

(10) 砷化氢

吸入患者静卧吸氧，注射解毒药，如BAL、二巯基丁二钠等，纠正酸中毒。

(11) 氮氧化合物及硝酸

吸入患者须密切观察，即使患者未感到严重不适，也须迅速离污染区，安静休息，及时送医院治疗。如呼吸停止应立即人工呼吸，硝酸液体对皮肤有极强腐蚀作用，灼伤须立即冲洗。

(12) 二氧化硫

将吸入患者迅速移到空气新鲜处，吸氧，呼吸停止立即人工呼吸。呼吸刺激等咳嗽症状，可雾化吸入2%碳酸氢钠，喉头痉挛窒息时应切开气管，并注意控制肺水肿发生。

(13) 硫酸二甲酯及硫酸二乙酯

吸入及灼伤皮肤，立即离开污染区，用大量清水冲洗；眼睛及皮肤用0.5%去氧可的松软膏或鲜牛奶滴眼，静卧保暖，避免光线刺激，吸氧及2%碳酸氢钠雾化吸入，喉头痉挛水肿应及早切开气管。

(14) 四氯化碳

误服的须立即漱口，送医院急救。

(15) 五氯酚及五氯酚钠

皮肤接触，清洗皮肤，大量饮水并采用物理降温及氯丙嗪药物降温，服用硫酸镁泻剂，接触者务必观察24h及时降温，防止高热缺氧而死亡。

(16) 石油类

吸入患者立即离开污染缺氧环境，清洗皮肤，休息保暖。如吸入汽油多，也可发生吸入性肺炎。

(17) 汞及其化合物

吸入患者迅速脱离污染区，皮肤、眼接触时，用大量水及肥皂彻底清洗，休息保暖。经口进入，立即漱口，饮牛奶、豆浆或蛋清水，注射二巯基丙磺酸钠或二巯基丁二钠、BAL 等。

(18) 铍及其化合物

接触中毒者必须迅速离开污染区，脱去污染衣物。衣物隔离存放，单独洗刷。眼及皮肤均须用水冲洗，再用肥皂彻底洗净，如有伤口速就医。吸入中毒，给予吸氧并防止肺水肿发生。

(19) 铊及其盐类

中毒者离开污染区，立即脱去污染衣服。用温水、肥皂彻底清洗皮肤。吞服者以 5% 碳酸氢钠或 3% 硫代硫酸钠液洗胃，注射二巯基丁二钠，1g 溶于 20～40mL 生理盐水静注或用二巯基丙醇。

(20) 苯的氨基、硝基化合物

吸入及皮肤吸收者立即离开污染区，脱去污染衣物。用大量清水彻底冲洗皮肤，用温水或冷水冲洗，休息、吸氧，并注射美蓝及维生素 C 葡萄糖液。

(21) 苯酚

中毒者离开污染区。脱去污染衣物，用大量水冲洗皮肤及眼，皮肤洗后用酒精或聚乙二醇擦洗皮肤。

(22) 甲醇及醇类

中毒者离开污染区。经口进入者，立即催吐或彻底洗胃。

(23) 强酸类

皮肤用大量清水或碳酸氢钠液冲洗，酸雾吸入者用 2% 碳酸氢钠雾化吸入。经口误服，立即洗胃，可用牛奶、豆浆及蛋白水、氧化镁悬浮液，忌用碳酸氢钠及其他碱性药洗胃。

(24) 强碱类

大量清水冲洗受污染皮肤，特别对眼要用流动水及时彻底冲洗，并用硼酸或稀醋酸液中和碱类。经口误服，引起消化道灼伤，饮用牛奶、豆浆及蛋白水。

(25) 有机磷农药

去除污染，彻底清洗皮肤。安静休息，注射阿托品及氯磷定、解磷定等解毒药(敌百虫中毒禁用碳酸氢钠及碱性药物，对硫磷等禁用过锰酸钾洗胃)。

(26) 有机汞农药

及早用 2% 碳酸氢钠洗胃(禁用生理食盐水洗胃)，巯基络合剂解毒。

(27) 硒及其化合物

皮肤或眼污染用大量清水洗净，10% 硫代硫酸钠静注，皮肤可擦硫代硫酸钠霜。

(28) 碲及其化合物

脱离污染，服维生素 C，每日 500～1000mg，不宜用二巯基丙醇。

(29) 钡及其化合物

口服中毒，用 5% 硫酸钠洗胃，随后导泻，口服或注射硫酸钠或硫代硫酸钠。

4.3.4 常用的特效解毒药物

(1) 依地酸钙(Ca－EDTA)

本药的全称为乙二胺四乙酸二钠钙($CaNa_2$－EDTA)。EDTA 能与体内多种金属离子络合成稳定而可溶的金属络合物，从尿排出。根据这一原理，临床上用于无机铅中毒的治疗，有明显的排铅效果。此外对锰、若干放射性元素(如钚、钍、铀、钇等)也有一定的促排作用。

本药经胃肠道吸收差，静脉注入后，经过肾脏，1h 内约排出 50%，24h 内达 95%以上。在体内无蓄积性，主要分布于细胞外液，不能透过血脑屏障。

用法为每日 1～2g 加入生理盐水或 5% 葡萄糖溶液 200～300mL 中，静脉滴注。一般以 3 天为一疗程，停药 3～4 天后可重复使用。副作用为：少部分病人注药后可有短暂的头晕、恶心、乏力、关节痛等反应，偶有剂量过大或连续用药超过一周而引起肾脏损害者。用药期间应注意查尿常规，有肾脏病史者慎用。

(2) 二巯基丙醇(BAL)

本药是一种在碳链上带有邻位双巯基的化合物，其巯基(—SH)能与酶和其他组织蛋白质的巯基争夺某些重金属离子而与之结合为更稳定的环状化合物，从而达到解毒作用。

本药对急、慢性砷中毒，急性汞中毒有明显疗效，并可用于治疗锑、金中毒和肝－豆状核变性病(促进铜的排泄)。

本药的制剂一般为 10% 的油剂，作深部肌肉注射，每次 2.5～5mg/kg。急性汞中毒时，最初之日每 4h1 次，第三日起可延长至 6～8h 一次或酌情减量，7～10 日为一疗程。对铬溃疡等皮肤损害，可配成软膏外用。

本药副作用为：注射后 15～30min，可出现头痛、恶心、咽喉烧灼感，口唇及肢体发麻、面部充血发红、心动过速和一次性血压升高。如于注射本药前半小时口服眩晕停 25mg 或乘晕宁 50mg，即可明显减轻或阻止上述副作用的发生。

(3) 二巯基丙磺酸钠(Unithiol)

本药的化学结构和解毒原理与二巯基丙醇相似。用药后可使血和排泄物中毒物浓度显著增加。其毒性明显低于二巯基丙醇，在水中易溶解，故可经静脉给药。

本药对砷、汞中毒有显著排毒作用和疗效，对铋、铬、铅、硫酸铜等中毒也有一定疗效。急性中毒时可肌肉或静脉注，每次剂量为 5mg/kg，第 1 日 3～4 次，第 2 日 2～3 次，第 3～7 日每日 1～2 次，7 日为一疗程。慢性中毒时，250mg/次，肌肉注射，每日 1 次，3 天为一疗程，停药 4 天后可重复用药，一般用药3～5 个疗程。副作用为：可有轻度头晕、心悸。个别病例有过敏反应，表现为皮疹、发热。

(4) 二巯基丁二酸钠(Na－DMS)

为我国首创的广谱金属解毒药，其化学结构和解毒原理与前两种巯基化合物相仿。对锑、汞、铅、砷等金属中毒均有显著的疗效和排毒作用。用法为以生理盐水或 5%葡萄糖溶液现配成 5%～10%溶液，缓慢静脉注射，亦可酌加普鲁卡因(先作皮试)后肌肉注射。急性中毒时，每日可给药 4～6g，分 2～4 次注射，一般可用药 3～5 天，以后酌情减量或停药。慢性中毒时每日 1～2g，3 天为一疗程，停药 3～4 天后可重复给药，一般可用药 3～5 个疗程。

此药毒副作用较小，主要有口臭、头痛、头晕、恶心、乏力和四肢酸痛等。由于本药水溶液不稳定，久置后毒性增加，因此应现用现配。

(5) 美蓝(Methylene Blue)

属噻嗪类染料，是一种氧化还原剂，随着剂量的不同可产生不同的作用。小剂量(1～2mg/kg)时具有还原作用，当美蓝进入体内组织后，即和还原性辅酶(DPN·H)起作用，使美蓝成为白色美蓝，后者作用于高铁蛋白，使之还原为血红蛋白。因此小剂量美蓝用于治疗各种化工毒物(如苯胺、硝基苯)以及药物引起的高铁血红蛋白血症。

大剂量(＞10mg/kg)美蓝具有氧化作用，可使血红蛋白氧化为高铁血红蛋白，用于治疗急性氰化物中毒，高铁血红蛋白与氰离子结合，使被抑制的细胞色素氧化酶活性恢复。

注射速度过快或大剂量美蓝静脉注射，可引起头痛、头晕、恶心、多汗等反应。用药后尿呈蓝色，有时可产生尿道灼痛、心肌损害(心电图示 T 波平坦、倒置等改变)。

美蓝仅能作静脉注射，不能作皮下和肌肉注射，以免引起局部疼痛和组织坏死。

(6) 硫代硫酸钠(Sodium Thiosulfate)

为白色结晶粉末，在潮湿空气中易潮解，易溶于水。在硫氰酸酶的参与下，硫代硫酸钠能与体内游离的或与高铁血红蛋白结合的氰离子相结合，形成无毒的硫氰酸盐(SCN^-)。另外，硫代硫酸钠在体内还能与若干金属离子相结合，形成无毒的硫化物排出体外，故除应用于治疗氰化物中毒外，还可用于铋、碘、汞、砷等中毒。本药毒性小，偶见头晕和乏力等不适反应。

治疗急性氰化物中毒时的每次剂量为50%25~50mL，静脉注射。治疗金属离子中毒或脱敏的剂量为10%10~20mL，静脉注射，每日1~2次。

(7) 解磷注射液(苯克磷)

本药由苯甲托品、开马君、双复磷共同构成，为急性有机磷中毒的特效解毒药。本药易于透过血脑屏障、解毒作用强于阿托品及解磷定，起效迅速，注射1min内即可见效。用法为轻度中毒时1~2mL，肌肉注射，中度及重度中毒时2~4mL，静脉注射，可并用氯磷定250mg肌肉注射，1~2h后可重复注射，直至中毒症状减轻后，酌情减量。注射剂量过大时，可有恶心、头晕、心悸等表现。

(8) 4-二甲基氨基苯酚(4-DMAP)

为一种新型的高铁血红蛋白形成剂。主要用于中度和重度急性氰化物中毒的解救。本药特点为效价高、作用快、副作用小，不引起血压下降，可肌注或口服，使用方便。剂量和用法为中度中毒病人(有恶心、呕吐等症状者)立即肌肉注射10% 4-DMAP 2mL(200mg)；重症中毒病人(包括呼吸及心跳停止者)，立即肌肉注射10% 4-DMAP 2mL，同时并用25%~50%硫代硫酸钠溶液20mL，以加强抗毒效果。如症状缓解较慢或中毒症状再出现，可在1h后重复一半量。一般在肌肉注射后10~15min，患者的皮肤、口唇及指甲出现紫绀，表示高铁血红蛋白已经形成，是产生药效的指征，一般3h后紫绀消退。使用4-DMAP后严禁再用亚硝酸钠类药物，重复用药也应慎重，防止形成过量高铁血红蛋白，加重缺氧症状。对于轻度中毒病人，可口服4-DMAP1片(180mg)及对氨基苯丙酮(PAPP)1片(90mg)，中毒症状一般可在服后20min缓解。

4.4 化学烧伤

烧伤是指热力引起皮肤或其他组织的损害。某些化学物质引起的皮肤和组织损害，称为化学烧伤，其病理和临床过程与热力烧伤有相似之处，故化学烧伤属一般烧伤范畴。化学物质侵入人体后，可产生局部和全身损害，其损害程度与化学物品种、浓度、接触时间长短、面积大小以及现场急救措施是否及时、准确、有效等因素有关。

局部损害：由于化学物质的性能不同，局部损害程度也不同。例如酸可凝固组织蛋白；碱则皂化脂肪组织；有的化学物质可毁坏组织的胶体状态，使细胞脱水与组织蛋白结合；有的则因本身燃烧或热的损害而引起烧伤，如磷烧伤等。值得指出的是，某些化学物质的蒸汽或燃烧爆炸导致眼及呼吸道的化学烧伤较一般热力烧伤更常见。

全身损害：化学烧伤的严重性是造成全身损害。某些化学物质从创面、正常皮肤、黏膜、呼吸道、消化道等部位吸收，引起中毒和内脏继发性破坏，甚至死亡。有的烧伤并不太严重，但由于合并化学中毒后，增加救治的困难，如氢氟酸灼伤。许多化学物质经肝解毒，经肾排出体外，故临床上可见肝、肾损害，如酚、磷烧伤；有的化学物质的蒸气可直接刺激呼吸道黏膜引起呼吸道烧伤。另外，不少挥发性高的化学物质多由呼吸道排出，可刺激肺泡并增加毛细血管通透性而引起肺水肿，如氨烧伤；有的化学物质如苯的氨基、硝基化合物，可直接破坏红细胞，造成大量溶血并使携氧功能发生障碍，增加肝、肾功能的负担和损害；有的可损伤神经系统，引起中毒性脑病、脑水肿。

4.4.1 化学烧伤的早期处理原则

化学烧伤的现场早期处理极为重要，与一般热力灼伤的原则相同，除应迅速撤离致伤环境、镇静、止痛、保护创面、抗休克、保持呼吸道通畅外，应立即用大量流水冲洗创面，再以药物中和。有吸收中毒的化学物质烧伤时，应立即采取解毒措施；对通过肾脏排泄的毒物，发生烧伤时应加强利尿，以使毒物迅速排出。

(1)“灭火”，所谓“灭火”，是把化学物质尽快从烧伤的皮肤上消除。最简单而有效的“灭火”方法是脱去污染衣服，快速地用大量流动清水冲洗被化学物污染而受伤的皮肤和眼睛，其目的一是起稀释作用，二是机械作用，将化学物质从创面、黏膜上冲洗干净，因此水要充足，时间要长，一般应在20min以上。其冲洗时间可参考被烧伤皮肤pH值恢复正常为标准。如同时伴热力烧伤，冲洗尚有冷疗的作用。头面部烧伤要注意眼、鼻、耳、口腔内的清洗，尤其是眼，应首先冲洗，但动作要轻巧。有些化学物质应按其理化特性分别处理，如四氯化钛(发烟剂)、金属钠和石灰等，沾染皮肤可引起烧伤，但由于这些物质遇水后水解产生大量热更会加重皮肤烧伤，因此不能立即用水清洗，应尽快用布(或纸)把化学物吸掉，再用水彻底清洗，随着持续的大量流动水冲洗，热量也可逐渐消散。

关于中和剂的应用问题，有不同的意见。但从现场急救实际出发，一般多不可能获得大量中和剂，而且有人提出中和剂可能产生热，会加深创面的损害；另外，有的中和剂本身就有刺激和毒性。根据临床实践，在使用大量流动清水冲洗后，再用中和剂，可减轻病变的损害程度，但中和剂时间不宜过久，一般为2~4h，并且必须再用清水冲掉中和剂。常见毒物的清洗剂及中和剂见表4-1。

(2) 解毒根据致伤物质的性质，及时采用解毒及对抗药物的治疗，或加速化学毒物从体内排泄。在现场无法选用适当解毒剂或在医院一时无法肯定何种毒物性质时，可先采用大量高渗葡萄糖及维生素C静脉注射、给氧、输新鲜血液等。如无禁忌，可及早使用糖皮质激素和利尿剂，然后根据病情及毒物选用解毒剂。同时根据化学毒物对体内受累的靶器官，早期采用预防性治疗的对症处理，例如磷烧伤应注意保护肝、肾功能；苯酚烧伤应保护肾功能；氨烧伤应防治肺水肿及低氧血症；氯化钡烧伤应防治低血钾及心肌损害等。应注意烧伤的补液量与速度问题，并应细致地加强医学监护，对出现任何一点微小变化的症状、体征及实验室检查，均应及时处理，防止治疗矛盾再造成医源性病变。

表4-1 化学烧伤创面的急救处理

化学物质	清洗剂	中和剂	清创要求
硫酸	水	5%碳酸氢钠溶液	去除外源性脏物及剪除已破之表皮
硝酸	水	5%碳酸氢钠溶液	去除外源性脏物及剪除已破之表皮
盐酸	水	5%碳酸氢钠溶液	去除外源性脏物及剪除已破之表皮
三氯醋酸	水	5%碳酸氢钠溶液	去除外源性脏物及剪除已破之表皮
酚	水,乙醚或酒精	5%碳酸氢钠溶液,饱和硫酸钠溶液湿敷	去除外源性脏物及剪除已破之表皮
氢氟酸	水	5%碳酸氢钠溶液,创面用氧化镁甘油糊膏,局部动脉注射10%葡萄糖酸钙	去除外源性脏物及剪除已破之表皮
氢氧化钠	水	0.5%~5%醋酸或5%氯化铵或10%枸橼酸	去除外源性脏物及剪除已破之表皮
氢氧化钾	水	0.5%~5%醋酸或5%氯化铵或10%枸橼酸	去除外源性脏物及剪除已破之表皮
石灰	擦去石灰粉末,然后以大量流水冲洗	0.5%~5%醋酸或5%氯化铵或10%枸橼酸	去除外源性脏物及剪除已破之表皮
氨水	水	0.5%~5%醋酸或5%氯化铵或10%枸橼酸	去除外源性脏物及剪除已破之表皮
磷	水	使用硫酸铜溶液,使磷颗粒容易清除,再用5%碳酸氢钠溶液湿敷一日,无碳酸氢钠溶液可以用湿布敷之	移除磷颗粒
氰化物		先用1:1000高锰酸钾冲洗,然后用5%硫化铵溶液湿敷	

4.4.2 烧伤面积和深度对判断预后的作用

影响化学烧伤的预后除与化学物性质有关外，更重要的与烧伤面积和深度有关，它是判断烧伤严重程度和制订治疗方案的依据。根据我国实测大量人体后所获得的"新九分法"见表4-2。小面积烧伤时可采用手掌法，即用病员本人的一侧五指并拢的手掌面积是1%，可以较快地估计烧伤面积。

关于烧伤深度的分类，一般采用三度四分法，即一度烧伤(Ⅰ°)、浅二度烧伤(浅Ⅱ°)、深二度烧伤(深Ⅱ°)和三度烧伤(Ⅲ°)。其局部病理变化及临床特征见表4-3。

表 4-2　中国九分法(成人)

部位		面积/%	计算法/%
头颈部	头部 颈部	6 3	9(1 个 9)
双上肢	上臂 前臂 手部	2×3.5 2×3 2×2.5	18(2 个 9)
躯干	躯干前面 躯干后面 会阴	13 13 1	27(3 个 9)
双下肢 (包括臂部)	臂部 大腿 小腿 足部	2×2.5 (女性为 2×3) 2×10.5 2×6.5 2×3.5 (女性 2×3)	46(5 个 9+1)
全身	合计	100	100(11 个 9+1)

表 4-3　烧伤深度的鉴别

深度分类	损伤深度	临床表现	愈合过程
Ⅰ°	表皮层	红斑,轻度红、肿、痛、热,感觉过敏,无水泡,干燥	2~3 天后症状消失,以后脱屑,无疤
浅Ⅱ°	真皮浅层	剧痛,感觉过敏,水泡形成,壁薄,基底潮红,明显水肿	两周左右愈合,无疤,有色素沉着
深Ⅱ°	真皮深层	可有或无水疱,壁厚,白色潮湿,基底上有小红斑点,水肿明显,痛觉迟钝,数日后如无感染可出现网状栓塞血管	3~4 周后愈合,先结薄痂,脱痂后由残留上皮增生和创缘上皮爬行愈合,或痂下)始,有疤。如残留上皮感染破坏则成Ⅲ
Ⅲ°	全层皮肤,累及皮下组织或更深	皮革样,失去弹性和知觉,干、苍白或炭化,无水泡。痂下严重水肿,数日后出现粗大树枝状栓塞血管	3~5 周焦痂自然分离,出现肉芽组织,范围小者可疤痕愈合,范围大者需要植皮

4.4.3　创面初期处理及植皮

单纯热力烧伤创面的初期处理是尽可能简单清创。而化学烧伤清创要求剪除水泡、清除剥离的表皮及残存的化学致伤剂，尽量做到彻底清创。若情况许可应立即切除，以清除化学物，终止其致伤作用。术后用弹力面罩、弹力绷带等加压以减少疤痕增生。

4.4.4 危险化学品烧伤特征及救治

4.4.4.1 酸烧伤

常见引起酸烧伤的化学物有盐酸、硫酸、硝酸、碳酸、三氯醋酸、氯磺酸、氢氟酸等。酸与皮肤、黏膜接触后，可使组织蛋白凝固，形成一层薄膜(氢氟酸除外)，从而保护创面免受继续损害，故酸烧伤一般较浅，常为Ⅱ度。但若高浓度的强酸接触时间较长，亦可引起Ⅲ度烧伤。

(1) 临床特征

不同的酸烧伤，其皮肤可有不同的颜色变化。例如硫酸烧伤创面呈青黑色或棕黑色；硝酸烧伤先呈黄色后转黄褐色；盐酸烧伤呈黄蓝色；苯酚烧伤先呈红色后转红棕色；三氯醋酸烧伤先呈白色，以后转为青铜色。痂皮的柔软度，亦为判断酸烧伤深浅的方法之一，浅度较软，深度较韧。痂皮色深、坚硬，如皮革样，脱水明显而皮陷者，多为Ⅲ度。酸与皮肤、黏膜接触后，不但使蛋白凝固，而且使细胞脱水，因此酸烧伤后一般水疱较少，除非同时伴有热力烧伤。

(2) 急救治疗

① 迅速脱去或剪去污染的衣服，烧伤创面立即用大量流动清水冲洗，冲洗时间约15～30min。硫酸创面需大量水快速冲洗，使之稀释，并使热量消散。

② 清创，清除水泡，以防酸液残留创面。

③ 创面一般采用暴露疗法或半暴露疗法。

④ 头面部化学烧伤要注意对眼、呼吸道的处理，应防治化学性眼炎及肺水肿。

4.4.4.2 氢氟酸烧伤

氢氟酸是氟化氢(HF)的水溶液，是一种强烈的腐蚀剂，除有一般酸类物质的作用外，尚有强渗透性，并有溶解脂肪和脱钙的作用。烧伤病变较深常可使骨骼坏死，形成难以愈合的溃疡。若烧伤面积大，尚可出现低血钙症，导致心律紊乱。吸入其酸雾则可造成呼吸道损伤。

(1) 烧伤表现

① 局部损伤早期出现红斑、局部肿胀及水疱，泡液为暗，红色和果酱色，坏死后呈苍白色或灰白色大理石状，周围绕以红晕，痂为暗褐色。低浓度烧伤其创面疼痛于1～4h才出现。

② 全身中毒经皮肤吸收引起急性氟中毒，出现抽搐、心律紊乱等低血钙症，甚至因室颤而死亡。呼吸道吸入致黏膜损伤，导致肺水肿或窒息。

(2) 急救治疗

立即用大量流动清水冲洗，对皮肤皱折及指甲沟处冲洗时间应延长大于30min。常用中和解毒疗法：

① 损伤部位用碱性肥皂洗涤及石灰水浸泡；

② 用冰的氢氟酸烧伤治疗液浸泡或湿敷，也可制成霜剂外敷包扎(配方：5%氟化钙 20mL + 2%利多卡因 20mL + 地塞米松 5mg + 二甲基亚砜 60mL)；

③ 季铵盐类溶液(氯化苄基二甲基铵)浸泡或湿敷；

④ 25%硫酸镁溶液浸泡、湿敷；

⑤ 钙离子直流电透入；烧伤部位以 5%氯化钙溶液作阳极导入，同侧远端部位以生理盐水作阴极导入，每日 1 ~ 2 次，每次 20 ~ 30min；

⑥ 动脉注射葡萄糖酸钙，在烧伤部位近端的桡动脉、股动脉、足背动脉等都可进行，即用 10% 葡萄糖酸钙 10 ~ 20mL + 25% 葡萄糖溶液 20 ~ 40mL 动脉缓注。

(3) 对症治疗：

① 止痛，抗感染；

② 外科处理，损伤部位必须剪去腐皮和水疱，清除坏死组织后外涂地塞米松软膏包扎；甲床下积液及指甲浮动，可行“V”形切开，引流减压，必要时作拔甲处理；深度烧伤创面，需进行早期切痂植皮。

(4) 注意事项：

① 头面部烧伤时易造成呼吸道损伤，面积虽小，但危害大，若抢救不积极，死亡率高；

② 测定尿氟、血氟、组织氟及血钙；

③ X 线胸片及心电图进行监护；

④ 氟中毒时，应及早大量静脉滴注 10% 葡萄糖酸钙，纠正低血钙症。其他处理参照刺激性气体中毒。

4.4.4.3　氯磺酸烧伤

氯磺酸遇水时生产盐酸和硫酸并产生大量热，对皮肤、黏膜有强烈的刺激性和腐蚀性。

(1) 烧伤表现

烧伤皮肤痂皮坚韧、较硬，呈皮革样，颜色呈棕褐色或黑色，由于多为热和酸的复合伤，故常为深度烧伤。

吸入其酸雾，对黏膜有明显刺激和腐蚀作用，常发生气管黏膜脱落、出血及肺水肿。

(2) 急救治疗

① 皮肤污染后立即用大量流动清水冲洗，切忌用少量水冲洗，以免产生放热反应而加重损伤。

② 消化道进入时可用 2.5% 氧化镁溶液或牛奶、豆浆、蛋清等口服。严禁洗胃，以免加重损伤而导致胃穿孔。

③ 合并中毒时按刺激性气体中毒治疗原则进行处理。

4.4.4.4 磷及磷化物烧伤

磷在工业、农业、军火生产中应用广泛。磷的化合物中，磷化氢毒性剧烈，磷的氯化物与氧化物(如三氯化磷，五氯化磷，三氯氧磷及五氧化二磷等)属刺激性气体，可出现呼吸道损伤。磷的二种同素异形体中，以黄磷毒性最大，它溶于油脂，不溶于水，遇空气可自燃生成五氧化二磷，遇水成磷酸。黄磷经皮肤局部吸收后，约1～10h可发生肝脏损害，大面积严重烧伤时可并发肝、心、肺、肾等脏器损害。

(1) 烧伤表现

① 创面冒白烟是嵌入皮肤之黄磷颗粒继续燃烧的特征，因为磷和磷化物烧伤通常均为热力烧伤和磷酸烧伤所致的复合伤。

② 磷烧伤后，无机磷从创面被吸收可引起全身中毒，出现中毒性肝、心、肾等病变。

③ 浅Ⅱ度或深Ⅱ度烧伤时创面呈褐色焦痂，有大蒜味；Ⅲ度创面呈黑色。

④ 在黑暗环境中，创面能见到蓝绿色的萤光。

(2) 急救治疗

由于磷及其化合物都可从创面或黏膜吸收而引起全身中毒，故不论磷烧伤的面积大小，都要做好现场急救处理。

① 脱去污染的衣服，用大量流动清水清洗创面及其周围皮肤。若用少量清水冲洗，不仅不能使磷和其化合物冲掉，反而使磷向四周溢散，扩大烧伤面积。

② 创面处理清创前，将烧伤部位浸入冷水中，持续在流动水中浸浴更好。用1%～2%硫酸铜溶液清洗创面，硫酸铜的作用是与磷的表层结合成为不继续燃烧的磷化铜，减少对组织的破坏。如创面已不产生白烟，表示硫酸铜应用的量和时间已够，应停止使用。因为硫酸铜可从创面吸收，故大量应用时会产生溶血，造成中毒。用镊子将创面上的黑色磷化铜颗粒剔除，一般可在暗室中进行检查有无磷闪光物质，必须彻底清除。磷颗粒清除后，再用大量等渗盐水或清水冲洗，清除残余的硫酸铜液和磷燃烧的化合物；然后用5%碳酸氢钠溶液湿敷，中和磷酸，以减少继续对深部组织的损害。创面清洗干净后，一般应用包扎疗法，以免暴露时残余的磷与空气接触燃烧。为了减少磷及磷化合物的吸收以及防止其向深层破坏，对深度磷烧伤应采取早期切痂，防止磷中毒。

③ 全身支持，对症疗法有血红蛋白尿时，应及早用利尿、脱水剂，并碱化尿液；有呼吸困难或肺水肿时，要保持呼吸道通畅，给予吸氧，解痉药物雾化吸入，必要时作气管切开。并注意补液量不可过多，静脉注射10%葡萄糖酸钙20～40mL，每日2～3次，直到低钙、高磷血症纠正。保肝治疗，给予高热量、高蛋白、高碳水化合物饮食及大剂量维生素及糖皮质激素。

④ 注意事项：创面忌用油脂性外用药或油纱布包敷，防止磷溶解在油脂内被吸收；磷烧伤面积大于2.5%者，有合并中毒性心、肝等病变之可能，应进行预防性治疗。

4.4.4.5　碱烧伤

常见碱烧伤的化学物有苛性碱(氢氧化钠、氢氧化钾)、石灰、氨水、电石等。碱烧伤的致伤特点为碱离子与组织蛋白结合，形成碱性化合物；碱性物质有吸水作用，吸出细胞水分，皂化脂肪组织。故碱对皮肤有较强的浸透性破坏作用。碱性蛋白是可溶性的，能使碱离子进一步深入到组织内，若不及时急救处理，会形成深度烧伤。如生石灰与水结合产生氢氧化钙并释出大量的热而加重烧伤深度，会成为化学烧伤和热烧伤的复合伤。

(1) 烧伤表现

碱烧伤的创面特征可因碱的性质、浓度、接触时间而异。不同浓度的苛性碱烧伤后，创面呈黏滑或肥皂状焦痂、潮红及小水疱，创面较深，往往都在深Ⅱ度以上。与碱性物质接触时间越长，皮肤越硬，如皮革样。

石灰烧伤的创面较干燥，呈褐色，腐皮与皮肤的基底层附着，疼痛剧烈。氨烧伤时，经暴露干燥后创面成为黑色皮革状焦痂，浅度烧伤有水疱。

碱烧伤常呈溶解性坏死，使创面继续加深，焦痂软，感染后易并发创面脓毒症。碱蒸气对眼和上呼吸道刺激强烈，常引起眼和上呼吸道烧伤。

(2) 急救治疗

① 及早用大量流动清水冲洗，冲洗时间不应少于 20min，若伤后 2h 才冲洗，则烧伤可深及肌肉，甚至骨骼。苛性碱烧伤后要求冲洗至创面无滑腻感。冲洗后亦可用3%硼酸中和液，但用中和液后，应再用清水冲洗。

② 创面冲洗干净后，最好采用暴露疗法。深度烧伤时应及早切痂植皮。

③ 全身处理同一般烧伤，注意口、鼻、咽喉等呼吸道烧伤，密切医学观察，及时进行对症处理，如喉头水肿而出现呼吸困难者，应作气管切开。

4.4.4.6　铬酸烧伤

铬酸及铬盐在工业上用于制革、塑料、橡胶、纺织、印染和电镀等工业。铬盐腐蚀性和毒性大，铬酸烧伤常合并中毒。金属铬本身无毒，其化合物以六价铬毒性最大，在酸性条件下，六价铬可还原为三价铬；在碱性条件下，低价铬氧化成高价铬。

(1) 烧伤表现

铬盐烧伤常同时合并火焰或热烧伤。铬烧伤后皮肤表面呈黄色。铬酸盐和重铬酸盐都可引起皮肤溃疡，俗称“铬疮”呈圆形，直径 2～5mm，色苍白或暗红，边缘隆起，中央凹陷，表面高低不平。铬疮多见于手背，手指背面或其两侧。口鼻黏膜也可形成溃疡、出血，或鼻中隔穿孔。

铬离子可从创面吸收引起全身中毒，肾脏是铬酸在体内排出的主要途径，故早期尿中就可出现蛋白、各种管型和血红蛋白，严重时可导致急性肾功能衰竭尿闭和尿毒症。

(2) 急救治疗

局部创面用大量流动清水冲洗，创面水疱应剪破清创后，用5%硫代硫酸钠液冲洗或湿敷，或用1%硫酸钠湿敷。也可用维生素C及焦亚硫酸各二份、酒石酸一份、葡萄糖一份和氯化铵一份配制成10%合剂，作为表面解毒剂，使6价铬还原，降低毒性，此合剂比清水冲洗更有效；亦可应用10%依地酸钙钠(Na_2Ca-EDTA)溶液冲洗创面，以减轻创面对铬离子的吸收。

Ⅲ度铬烧伤伴有热力烧伤时，可以早期切痂、植皮。

防止全身中毒，应及时氧疗、给予大剂量维生素C、输新鲜血或换血疗法，必要时进行人工肾透析疗法，以防止肾功能衰竭。

4.4.4.7 苯酚烧伤

苯酚，又称酚、石炭酸、氢氧化苯，分子式C_6H_5OH，系白色、半透明针状结晶体。溶于水可达71%～97%(25℃)，在乙醇、氯仿、乙醚、醋酸酯、甲苯、甘油和橄榄油中可溶解50%以上。纯酚与空气及日光接触变为粉红色。本品对皮肤、黏膜有强烈的腐蚀作用。低浓度酚能使蛋白变性，高浓度可使蛋白质沉淀，对各种细胞都有直接损害作用。

(1) 烧伤表现

① 皮肤被苯酚烧伤后，出现棕绿色、棕褐色的酚尿。

② 1%～2%苯酚溶液对皮肤有轻微刺激作用；5%溶液产生烧伤感；较高浓度的苯酚对皮肤有腐蚀作用，引起烧伤，烧伤的创面呈白色或黄色的痂皮或焦痂，严重者可引起皮肤组织坏死甚至坏疽。

③ 大面积的苯酚烧伤可经创面吸收中毒，引起肾小管坏死，并发急性肾功能衰竭，严重时可抑制血管、呼吸及体温调节中枢，引起血压下降甚至呼吸和循环衰竭。

(2) 急救治疗

① 脱去被苯酚污染的衣服，在现场立即用大量流动清水冲洗创面20min以上，再用50%～70%酒精涂擦创面，然后再用水冲洗。也可用浸过甘油、聚乙二醇或聚乙二醇和酒精混合液(7∶3)的棉布将酚料擦去，然后用清水冲洗创面。

② 用5%碳酸氢钠溶液湿敷1h，再用清水冲洗，根据烧伤部位采用暴露、半暴露疗法。

③ 深度烧伤宜早期切痂、植皮。

④ 为防止苯酚对肾脏损害，应大量补液，加用溶质利尿剂(24h用量为甘露醇3g/kg)，使苯酚迅速自尿中排出。

⑤ 苯酚烧伤并发急性肾功能衰竭时，应及早腹膜透析或血液透析，以挽救病人的生命。

⑥ 并发全身中毒时，应进行密切的医学观察，注意神志、血压、呼吸和心率，及时对症处理。

4.4.4.8　化学性眼烧伤

酸、碱等化学物质溅入眼部引起的损伤，称为化学性眼烧伤，其程度和预后取决于化学物质的性质、浓度、渗透力以及化学物质与眼部接触的时间。结合膜，角膜的上皮细胞以及角膜内皮细胞均具亲脂性，而角膜基质和巩膜则具亲水性，故水溶性物质要穿透角膜及结合膜就比较困难，而脂溶性物质则易穿透而进入前房。酸是水溶性的，与组织接触后，在极短时间内可将组织固定形成痂膜，使酸不易再向深层穿透，因而损伤较碱烧伤轻；而碱性溶液可使组织皂化，形成胶样的碱性蛋白化合物，致碱液能继续穿透深层组织，引起虹膜睫状体炎、白内障或青光眼，甚至眼球萎缩。

(1) 眼睑烧伤表现

眼睑烧伤后，水肿严重，伤后 36 ~ 48h 最显著。水肿期间，眼睑常外翻，眼张不开，当水肿开始回吸收后，才逐渐消退。眼睑的浅度烧伤愈合后常不留疤痕，对功能影响也较小；深度烧伤愈合后，由于疤痕形成与挛缩，致眼睑外翻，不能闭合，角膜外露，易引起暴露性角膜炎，眼的分泌物增多，眼周创面潮湿软化，易发生感染。创面感染后，可进一步扩散至结膜囊内，引起结膜炎、角膜炎，甚至全眼球炎。

(2) 急救治疗

① 立即用自来水冲洗眼部，时间要充分，以去除和稀释化学物质。冲洗时，应注意穹窿部结膜，并去除坏死组织。石灰和电石颗粒烧伤时，应先用植物油棉签清除，再用水冲洗。对化学物性质不明的眼烧伤，可用石蕊试纸测定结膜囊液体的 pH 值。

② 浅度眼烧伤，要注意防止感染，局部用生理盐水冲洗后，可用抗生素；宜用暴露疗法，防止分泌物流入眼内，引起结膜炎或角膜炎。

③ 深度烧伤可早期切痂、植皮。切痂范围要宽一些，以使皮肤收缩后，不致影响眼睑闭合。

(3) 眼球烧伤表现

眼球烧伤后有疼痛、流泪、畏光、异物感及视力模糊等症状。

轻症者，部分结合膜充血、水肿，部分角膜上皮脱落，荧光素染色(+)。如无感染，一般在一周内可痊愈。

重症者，结合膜坏死，呈灰白色，看不清血管网；角膜深层混浊，表面被盖薄膜，似毛玻璃状，瞳孔隐约可见。一般烧伤后 2 ~ 3 周在结合膜处出现血管，纤维组织和上皮细胞长入角膜毁损部分。愈合后形成白斑或薄翳。角膜烧伤易并发感染，感染后角膜很快混浊，前房积脓，结膜重度充血水肿，若治疗不及时，可致角膜溃烂，眼内容物脱出，严重时可致眼球感染。角膜损伤不能单以肉眼观察为准，尽可能用裂隙灯检查，借此了解眼部深层组织病变。

(4) 急救治疗

①用大量清洁水持续冲洗，也可用盆将面部浸入水中，不断睁开眼睛，将损伤物清洗干净。一般冲洗时间应在 20min 以上。清水冲洗后，再用生理盐水冲洗，也可用弱碱弱酸中和液冲洗(酸烧伤用 2%碳酸氢钠溶液，碱烧伤用 1%～2%醋酸液或 2%枸橼酸液)，但必须在组织损伤前应用才有效果，但在现场急救时，应争分夺秒地用清洁水冲洗，而不强调用中和剂而延误冲洗时间。

② 清除眼内异物可用 1%潘妥卡因作表面麻醉后，用拉钩轻轻拉开肿胀的眼睑，将异物用浸湿的棉签轻轻剔除。若为石灰烧伤，可用蘸油的棉签拭除石灰碎粒；磷烧伤时先用 0.5%硫酸铜液洗眼，然后再剔除黑色的磷化铜碎粒。特别要注意穹窿部结膜皱折处的化学物。

③ 及早用抗生素眼液滴眼，防止感染，每 30min 至 4h 滴一次。晚上临睡前，眼内涂以抗生素眼膏。若感染重，可在结膜下注射庆大霉素、多黏菌素等。

④ 用 1%阿托品液点眼散瞳，每日 2～4 次，防止并发虹膜睫状体炎，并用 1%～5%狄奥宁溶液滴眼，每日 2～4 次。

⑤ 糖皮质激素可阻止血管新生，有助于化学性炎症及渗出的改善，可静脉滴注。但有角膜溃疡时，因可延缓伤口愈合，故不宜局部应用。在角膜溃疡愈合后，可用 0.5%皮质激素滴眼，减少炎症及疤痕增生。

⑥ 结合膜烧伤时，应防止睑球黏连，每日数次用玻璃棒分离黏连处。

⑦ 为改善局部营养，减轻组织坏死，可用维生素 A、D 丸口服，小牛血清或人体纤维结合蛋白(Fn)溶于抗生素眼药水中滴眼，以及口服血管扩张药物，如地巴唑 20～30mg 或路丁 20mg，每日三次。也可肌注 6－542，每天 5～10mg。

⑧ 角膜损伤严重时，可在结膜下注射自体血 1～2mL，每日一次；或注射结膜囊内自体血清，以加强角膜、结膜组织再生，有营养角膜结膜上皮细胞和抗毒作用。

4.5 其他救治方法

4.5.1 氧疗法

人体内的代谢过程必需有氧的参与。如若机体缺氧，即可导致代谢紊乱、功能障碍和细胞破坏。一般认为 10.9kPa(PaO_2 80mmHg)为老年人正常值低限，

5.5~6.0kPa(45~50mmHg)即可发生紫绀，PaO_2<4kPa(30mmHg)时，脑、心、肝、肾等脏器的细胞将受损害，如不及时纠正，组织的严重损害可危及生命。因此及时和合理地使用氧疗，对于纠正低氧血症，改善脑和心肌的代谢，挽救病人的生命起着重要的作用。

应根据不同的病情和缺氧情况，进行不同方式氧疗的选择，这样才能获得氧气治疗的效果，避免副作用。

有关氧疗的方式和选择参见表4-4。

进行氧疗的病人凡有条件者均应进行血气的动态观察。氧疗后如果 PaO_2 逐步上升、升高的 $PaCO_2$ 逐渐下降即说明有效；反之虽然 PaO_2 上升，但 $PaCO_2$ 不降或反而增高，则表明氧疗方式不当或无效。

表4-4 氧疗的方式和选择

给氧方式和装置	给氧浓度(%)	适应征
低浓度氧疗(1~3L/min)鼻导管或鼻塞给氧	25~35	各种原因引起的轻度缺氧伴 CO_2 潴留
中浓度氧疗(4~6L/min)面罩给氧	35~50	各种原因引起的中度缺氧而无 CO_2 潴留
高浓度氧疗(10~15L/min)面罩加压给氧氧气帐呼吸机给氧	70~100 50~100 50~100	严重缺氧或中浓度缺氧未能纠正的低氧血症,自主呼吸微弱或停止,急性CO中毒
高压氧(2~3个大气压)	100	急性CO中毒及其他缺氧性中毒减压病
内给氧,0.3%双氧水60~100mL静注,或0.3%双氧水200mL缓慢静点	无供氧条件	适用于无吸氧条件的单位或与吸氧交替使用,效果较差

氧疗的副作用主要见于长时间高浓度氧疗时。正常人吸高浓度氧，超过60%，历时1~2天，即可发生氧中毒，表现为呼吸抑制、CO_2 潴留、肺泡不张、肺透明膜形成、抽搐及癫痫样发作。

4.5.2 光量子血液疗法

在充氧条件下，将病人的血液经紫外线辐射后，血液细胞发生光化学作用，再回输给病人，即可提高氧化血红蛋白饱和程度，改善微循环，从而改善组织缺氧状态，增强组织对氧和能量物质的利用，与此同时，尚可增强机体的免疫功能，增强抗感染的能力。本疗法适用于一切缺氧性疾病，特别是急性一氧化碳中毒、各种原因引起的脑血管疾患，效果显著。具体操作方法为取病人静脉血200mL于抗凝血袋，经光量子血疗仪进行紫外线照射，以5L/min充氧，8~10min，血氧饱和后的血液呈鲜红色，然后将该血液再回输体内。视病种和病情不同，一般隔日进行一次，10~15次为一疗程。

4.5.3 血液透析疗法

血液透析疗法包括血液透析和腹膜透析。血液透析是根据半透膜原理，将病人血液及含有一定成分的透析液同时引进透析器内，在透析膜的两侧呈相反方向流动。膜两侧可透过半透膜的分子作跨膜移动，通过扩散与对流、渗透与超滤作用而达平衡，从而清除了体内的代谢产物及毒物，补充人体所需的某些物质，纠正电解质及酸碱平衡紊乱，清除体内存储过多的水分。腹膜透析是利用腹膜作半透膜，向腹腔注入透析液，通过扩散清除溶质，通过渗透过滤脱水，达到清除体内毒物和过多的水分，补充必要的物质以替代肾脏的排泄功能。

血液透析和腹膜透析是对很多毒物的一种有效清除方法，常作为急性药物中毒，特别是伴有急性肾功能衰竭时的抢救措施。可通过透析膜的药物和毒物有巴比妥盐、眠尔通、安眠酮、利眠宁、水合氯醛、水杨酸、非那西丁、扑热息痛、奎宁、地高辛、环磷酰胺、异烟肼、磺胺、氨基糖甙类抗菌素、苯胺、硝基苯、甲醇、铁、砷、汞、铜、四氯化碳、三氯乙烯等。血液透析的效果优于腹膜透析，但前者需要一定的设备，费用较昂贵；后者简便易行，但效果较差，且易并发腹膜感染。

透析疗法对毒物已造成的病理变化，无确切疗效。若毒物已与血浆蛋白结合即不易被透析出体外，故重症中毒病人应争取及早透析，一般在中毒后 12h 内使用效果较好。

透析疗法的禁忌症为严重的休克、低血压，严重的全身感染、心律紊乱及心力衰竭，严重的出血倾向和贫血。

4.5.4 血液灌流疗法

一种方法是应用装有吸附剂活性炭的血液灌流器将患者血液中毒物吸附，使血液达到净化。活性炭是一种非常疏松的多孔物质，具有强大的吸附能力。另一种方法是采用树脂清除的血液灌流。树脂的相容性较活性炭好，且不需包被膜。

应用血液灌流清除的毒物必须是可吸附性的，如农药、杀虫剂、杀鼠剂、肌酐、非那西汀等。

血液灌流疗法吸附和清除毒物的效果优于血液透析，后者适用于分子量小，与血浆蛋白结合力低或不与组织蛋白相结合的毒物。而血液灌流疗法对小、中、大分子量的毒物，以及与血浆蛋白结合率高者均有一定的清除效力，因此凡透析疗法无效或失效者均可考虑使用。本法价格昂贵，不应常规使用。

由于血液灌流对尿素氮及磷的吸附差，故凡肾功能差、有血尿素氮升高者，需配合进行血液透析以清除尿素氮和磷。另外血液灌流无清除水的效果，凡尿少、有水潴留者需作血液透析或过滤以脱水。

4.5.5 输血或换血疗法

输血作为一种代偿疗法，可采用于若干中毒缺氧性疾病，以起到补充血红蛋白、氧气及机体代谢所需营养物质的作用。输血原则上应采用新鲜血，每次输血量为 200～400mL。有心功能不良者慎用。

换血疗法对重症一氧化碳、巴比妥盐、砷化氢、苯胺、硝基苯等中毒有效，可排除血液中毒物，并补充正常血浆，改善全身状态。一般可换血 500～1000mL。但换血疗法需血量大，易发生输血反应，有一定的危险性，故应严格掌握适应范围。

第5章　事故发生后的处理

5.1　事故的调查

5.1.1　事故调查的目的

讨论事故调查目的就是要完成两件事。首先，澄清调查模式的评价基础。其次，提出有关一般事故调查的一些问题，并将着眼点放在制定事故调查方针和过程时所考虑的一些问题上。按下列顺序讨论五个目的，即法律、描述、起因、预防和研究。

(1) 法律。调查所执行的法律目的有两层意思。其一是为调查而调查，这是世俗的目的，对于调查的内容和程序来说无明确意义。不管怎样，法规常常决定事故调查与否，例如，只有那些导致伤害或损失工作时间的事故，才可能需要调查。这些规定的调查范围依据纯理论的原则，未免失之武断，还为研究提供了一个带有偏见的实例。

违反安全法规的鉴定构成第二层法律意义。许多安全法规看来好象是预防伤害型的(例如，防护服的选用)，而非预防事故型。这个目的的一个潜在问题是它可能产生的错觉，违章成了事故的原因。例如，工作在一定高度上，使用安全带能在人坠落时起到救护作用，防止严重伤害，但它不能防止坠落。因此没有安全带并不是坠落的原因，坠落的原因是失去平衡。

(2) 描述。通过识别与事故有关的一系列情况可以达到这个目的。完成这一目标力求客观，并要了解哪些情况与事故有关。一个调查模式应就实际情况间的联系提供一些指导，并能回答下述问题：事故从哪里开始，对一连串事件应追溯到哪一件，是否要包括安全管理情况等。描述好案例情况，对于调查的可靠性至关重要，而数据资料的可靠性对于成功的事故研究又必不可少。

(3) 起因。可以种种方式设想起因。一种方式是短浅的，把最直接的事件设为事故的起因。另一种方式是寻找促成条件，使用“倘没有”判断准则(若是 Y 的存在与否，X 能不会发生)。鉴别起因是一个推断问题，而由人来完成的推断则易产生种种偏差。基于优秀事故理论的因果推断，统计学的推论乃是调查起因的最佳方法。

如果事故调查模式需要鉴别和调查起因，就难免有强加责任和挑毛病之嫌。

起因能够客观地不带偏见地确定，但对人的判定总是涉及责任。对于事故来说，责任的判定得出这类结论："某人应能对事件有所预见"，而起因判定只要求判断某个人的行动，或某种环境是事故的必要条件。因为后果自然明了，所以我们往往会断定大多数事故是可预见的，增大了追责任、挑毛病的倾向。一个事故调查模式由于要求调查者鉴别一个或多个过失者，而不是要求对事故起因的中性陈述，往往会引起差错。

(4) 预防。如果调查能识别出一些条件，假如这些条件处于相反状况，事故就不会发生，那么这个目的即可达到。通过改变这一条件，以后的事故就能预防。所介绍的预防措施常常是增加防护，改变工艺，立新的安全规程等。关于预防的一个问题是，到底以预防事故为目标，还是仅以预防其伤害为目标。鉴于预防事故本身，大概需要改变系统，花相当多的钱，进行详细的研究等，选择伤害预防也许更简单。事故的预防需要了解它的起因，而伤害预防仅需要了解促成条件和排除它们的方法。

(5) 研究。为了这一目的，事故调查所获得的数据资料要完整可靠。另外，措词通俗易懂的报告也有助于这一目的。事故研究需要一套连贯的数据，以比较不同事故的情况，并可将类似事故情况一并总结分析。事故研究应能找出事故某些类的共性起因及相关因素，并能找出适合于许多事故的共同预防措施。为了完成这些，需要知道怎样把类似事故恰当地分组，以致能合情合理地认为存在共同的起因和预防措施。研究方向存在的问题是，有富有意义的事故类别吗？我们怎样才能最好地识别这些类别？没有一个好的分类方案，一个事故调查模式很大程度上不能满足研究目的，而一个好的分类方案非常有助于研究工作。

5.1.2　事故调查的技术

事故调查技术是事故管理工作的基础。如果事故原因不明，资料不全，计量的基础有严重误差，计算方法再好也达不到预防事故的目的。随着现代工业的发展，发生事故的原因更加复杂多样，事故的性质、损失、社会影响趋于增大。因此，查明事故的原因，采取有效的预防措施，就尤为重要。

事故构成有三个基本要素，即危险因素的性质、能量和感度。这是事故发生的必要条件。管理缺陷是促使危险因素转化为事故的前提条件。对于危险因素和管理缺陷的研究，必须依据大量科学的事故原始资料，只有掌握完整的事故原始资料，进行技术分析，才能把事故原因调查清楚。

(1) 事故结构模型

事故的发生、发展过程和事故现场可用事故结构模型表示，见图5－1。图5－1显示了事故的结构和结构之间的关系，从总体上表达了事故的概念。

事故原点是发生事故的最初的起点。在生产过程中，一次激发使事故隐患在事故原点处转化为事故。事故原点一定存在于事故的发生、发展过程之中，其左端是事故发生前的生产情况(即事故隐患形成过程和状态)，右端是事故发展过程。随着事故的复杂程度向两端延伸，事故前情况和事故的发展过程，有时会超出发生事故的生产过程的范围，事故损失区也就随之扩大。生产过程中发生的事故第一次激发条件一般容易找到，但例外的条件就容易被忽略，有时还常常搞错。

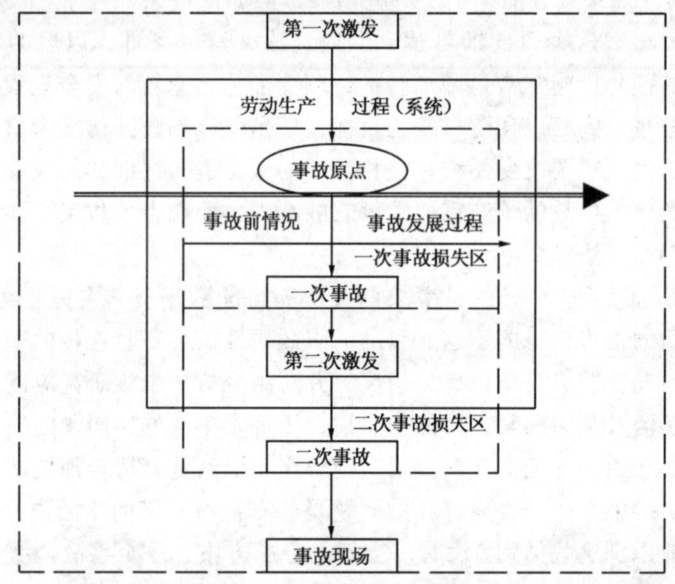

图 5-1 事故结构模型

例如某化工厂在试生产中胶化机投料试车，由于在离厂房外 200m 处进行电焊施工，电焊地线接到通往试车机房的工艺管道上，引起胶化物料起火。这次事故的事故原点在胶化机的电打火处，但激发条件却在机房外的施工用火处。一般说来，一次事故都存在于生产过程之中，因而其损失区和严重程度都不太大。而由一次事故造成的二次激发所引起的二次事故就可能扩展到生产过程的区域之外，造成严重损失。事故的发生、发展过程对空间作用的积累，形成了事故现场，其涉及范围的大小随事故的发生、发展过程和第一次激发条件的变化而变化。

事故结构模型为事故调查指出明确的方向。

(2) 事故调查程序

事故发生是由于人们违背了劳动和生产过程的客观规律，但事故本身的发生、发展过程也有它的必然规律，所以事故调查具有可能性。

事故调查时，事故调查人员必须实事求是，根据事故现场的实际情况进行调查，按物证作出结论。调查人员必须掌握事故调查技术，懂得原料产品性能、工艺条件、设备结构、操作技术等科学知识。事故不论大小，都应该按照事故的调查程序进行。调查工作程序一般不得省略或跨越。例如只有在确定了事故原点之后，才能确定发生事故的原因和事故扩大的原因。只有在查清了事故原因的基础上，才能做事故性质和责任分析。事故调查程序见图 5-2。

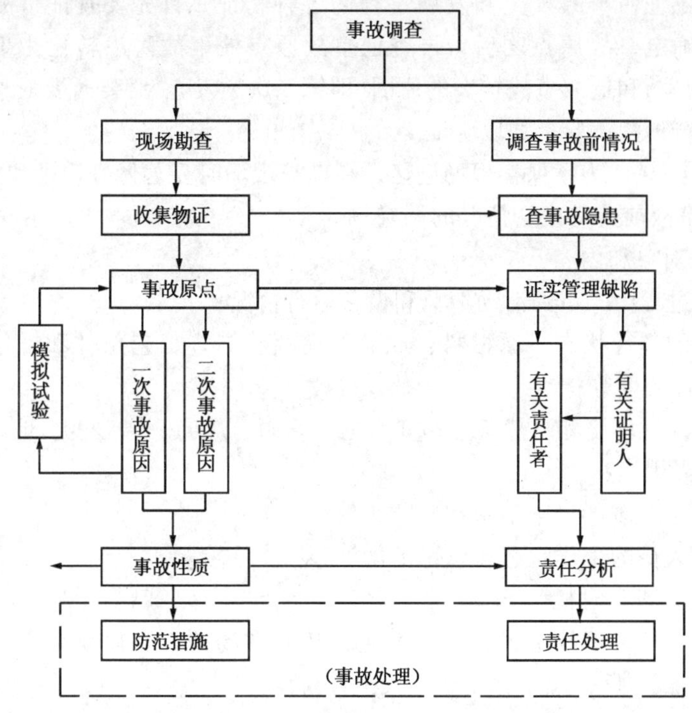

图 5-2　事故调查程序

(3) 事故现场勘查方法和步骤

首先要保护事故现场。事故现场是保持着事故发生后原始状态的地点，包括事故所波及的范围和与事故有关联的场所。只有现场保持了原始状态，现场勘查工作才有实际意义。在事故原点和事故初步原因未完全确定以及拍摄、记录工作未结束以前，事故现场不能废除和破坏，也不准开放。现场勘查步骤如下：

① 勘查事故现场的目的。

a. 查明事故造成的破坏情况(包括物资损失、设备和建筑物的破坏、防范措施的功能作用和破坏、人员伤亡等)；

b. 发现或确定事故原点和事故原因的物证，以确定事故的发生和发展过程；

c. 收集各种技术资料，为研究新的防范措施提供依据。

② 勘查工作的准备。安全部门要经常做好事故现场勘查的准备工作，最好

备有事故勘查箱，箱内存放摄影、录象设备、测绘用的工具仪器，备好有关的图纸、记录和资料。应事先培训好事故调查人员，以便在发生事故时能迅速进行勘查工作。

③ 勘查工作步骤。根据现场的实际情况，划定事故现场范围，制定勘查计划，并对现场的全貌和重点部位进行摄影、录像和测绘。然后按调查程序，从现场中找出可供证明事故发生和发展过程的各种物证。首先要查证事故原点的位置，在初步确定事故原点之后，再查证事故原点处事故隐患转化为事故的原因(即第一次激发)和造成事故扩大的原因(即第二次激发)。必要时要对事故原点和事故原因进行模拟试验，加以验证。

④ 勘查记录。为了保存现场记忆，在勘查现场时妥善做好记录和摄录工作。

(4) 对事故前劳动生产情况的调查

① 调查对象和内容

a. 生产过程中人员的活动情况和设备运行情况；

b. 生产的进行状态，原材料、成品的储存状态，工艺条件和操作情况，技术规定和管理调度等；

c. 生产区域环境和自然条件，如雷电、晴雨、风向、温湿度、地震等以及其他有关的外界因素；

d. 生产中出现的异常现象和判断、处理情况；

e. 有关人员的工作状态和思想变化等。

② 调查方式和时机

a. 凡是与形成事故隐患有关和发生事故时在场的人员以及目击者、报警者都在调查范围之内；

b. 要注意他们对调查分析事故的心理状态和他们向调查人员提供事故线索的态度；

c. 事故前情况的调查工作应比现场勘查工作早一步进行；

d. 对负伤人员要抓紧时机调查并核实他们的负伤部位；

e. 查清死亡人员的伤痕部位、状态及致死原因；

f. 要注意现场勘查和事故前情况调查两者互通情况，互相配合提供线索和依据；

g. 在调查中要注意用物证证实人证，用物证来揭示事故的事实真象，不要被表面现象所迷惑。

③ 人证材料的可靠性

调查结论必须以物证为基础，不能仅凭某些人的推理和判断，但人证材料仍不可缺少，有时一句话就能说明事故发生的关键，特别在事故刚出现时有关人员的证实材料较为真实，应充分注意最初的个别谈话材料。

(5) 事故原因的分析

事故原因就是事故原点处危险因素转化为事故的激发条件和技术条件。

危险因素转化为事故的技术条件，是指物质条件本身(性质、能量、感度)向事故转化的物理或化学变化。

激发条件是指错误操作和外界条件促使危险因素转化为事故的作用。

事故原因(直接原因)可分为一次事故原因和二次事故原因。一个单元事故的事故原因只应有一个，难于准确判断的事故原因最多不应超过三个。事故原因多了，只能说明事故原因还没有真正找到。

查证事故原因的方法，一般有直观查证法、因果图示法、技术分析法三种。

a. 直观查证法。适用于事故情况比较简单的事故，凡能用定义法确定事故原点的事故，一般均可用直观查证法确定事故原因。

b. 因果图示法。即利用事故隐患转化为事故的因果关系来确定事故原因的方法。使用因果图示法，首先要尽可能地把事故原点处危险因素转化为事故的条件，再罗列出来，按因果关系作出因果图进行分析。

c. 技术分析法。对不能直观查证又作不出因果图的，可用技术分析法查证事故原因。技术分析法是根据事故原点的技术状态，并密切结合发生事故时的产品、工艺、操作、设备运行等情况，分析危险因素转化为事故的技术条件、管理缺陷以及外界条件对事故原点所起的激发作用，从中找出事故原因。

(6) 模拟试验

在事故调查中，模拟试验是检验事故原点和事故原因的准确性的定量标准。因此，在判定事故原点和事故原因之后，都要根据事故的实际情况进行模拟试验。在一些物证充分、事故原点和事故原因明显、调查人员认识一致的条件下也可以不做模拟试验。

(7) 事故的性质和责任分析

事故性质解析。在事故原点和事故原因查清以后，就要对事故的性质进行定性分析。事故性质一般分为政治事故、自然事故、责任事故三类。无论是什么性质的事故，都要对事故隐患的形成原因进行全面分析，从中体现出人的责任，以便真正吸取教训。

事故责任分析。就是追查事故原因的责任，在许多事故原因中，不但有操作者的责任，而且有组织者和指挥者的责任。只有分清了责任，才能正确进行事故处理，吸取事故教训，制定防范措施，防止同类事故再次发生。

5.2　事故分析技术

事故分析技术是进行事故分析的方法和手段，掌握和正确使用事故分析技术，是做好事故分析的前提。本小节从事故分析的概念入手，力争形成事故分析技术体系。

5.2.1 事故分析的概念

事故分析是事故管理的重要组成部分，它是建立在事故调查研究或科学实验基础上对事故进行科学的分析。对于事故，如果只有情况和数据，没有科学的分析，就不能揭示事故的演变规律。事故分析的重点是事故所产生的问题或影响的大小，而不是描述事故本身的大小。事故分析包涵两层含意，一是对已发生事故的分析，二是对相似条件下类似事故可能发生的预测。通过事故分析，可以查明事故发生的原因，弄清事故发生的经过和相关的人、物及管理状况，提出防止类似事故发生的方法及途径。事故分析的对象是具有特定条件的事件全体。

通过事故分析可以达到如下作用：

(1) 能发现各行各业在各种工艺条件下发生事故的特点和规律；

(2) 发现新的危险因素和管理缺陷；

(3) 针对事故特点，研究有效的、有针对性的技术防范措施；

(4) 可以从事故中引出新工艺、新技术等。

5.2.2 事故分析技术分类

事故分析有许多不同的方法，如事故的定性分析、事故的定量分析、事故的定时分析、事故的评价分析等。根据事故分析的目的，可选用不同的方法。如根据人们的需要去估算事故究竟有多大，或者这个问题将来会产生多大影响。在进行事故分析时，首先要对事故大小以及类型分类，各个国家、各个行业并不完全一样。一个事故可能被描述成是由一连串事件产生的结果，在这个事件链中某些事做错了，于是产生了一个没有预料到的结果。实践证明，人的干预可以预防损伤和破坏，可以使这个事件链转变方向。然而有时人的干预也可能使危害比实际事故所产生的损伤和破坏更大。因此，在评价一个生产过程的危险程度时应考虑到这个可能性。

目前事故分析技术可以分为三大类：

(1) 综合分析法。综合分析法是针对大量事故案例而采取的一种方法。它总结事故发生、发展的规律，并有针对性地提出普遍适用的预防措施。该种分析技术，大体上分为两类：

① 统计分析法。统计分析法是以某一地区或某个单位历来发生的事故为对象，综合分析。这种分类分析对提高安全工作水平，改进安全管理，可以起到很大的作用。

② 按生产专业进行分析。是对不同事故类型(往往是危险性大的行业)，如

对化工、爆破、煤气、厂内运输、机械、电器等事故进行的分析。它需要熟悉专业生产知识，了解大量的事故情况，才能正确分析，得出正确的结论。这种分析针对性强，所提措施行之有效。通过分析，既可改善不安全状态，又可丰富了本专业技术。

(2) 个别案例技术分析法。该分析技术有四种类型：

① 从基本技术原理进行分析。如辽宁某钢厂对 1979 年 7 月 18 日 3 号电炉炉盖崩塌所造成的重大伤亡事故 (死亡 4 人，重伤 2 人，轻伤 3 人)进行深入分析，抓住碳氧平衡这一中心问题，明确了产生事故的主要原因是低温氧化和用氧量过大而造成的，掌握了事故发生的初步规律，提出了合理供氧、炉料搭配、熔炼中不断移动氧气吹管、大沸腾不倾炉等措施。又如某锌厂以该厂粉煤和浸漆罐爆炸为对象，重点从爆炸的三个基本条件入手进行分析。根据三个基本条件(即：空气或氧气、可燃物与空气以特定比例范围进行混合，具有火源或越限量能量等)，提出了防范爆炸事故的具体措施。

② 以基本计算进行事故分析。通过对事故进行物料、压力、温度、容积、能量及速度和时间等的计算，可以得出事故破坏范围、事故发生条件、事故性质等。如辽宁某氧气厂 1980 年 4 月 24 日氧气管道与阀门发生燃烧事故，造成三人死亡。该厂通过计算管道流量流速，找出管道内积存的可燃性杂质是发生事故的基本因素，并提出了有效防范措施。

③ 从中毒机理进行分析。例如，江西钴冶炼厂某分厂 1972 年 11 月 12 日在电炉检修中因向 50～60℃的炉内洒水降温、除尘，产生有毒气体砷化氢，导致三人死亡。该厂从中毒机理、产生砷化氢的化学反应及根源上分析事故原因，并提出了防范措施。

④ 责任分析方法。仅从作业者或肇事者个人的责任进行分析，重点是分析个人是否违章、违纪。这在某些局部场合可以起到一定的作用。但是，因分析不够深入和全面，对预防事故、消除危险因素来说，不是最好的方法。

(3) 系统安全分析法。既可作综合分析，也可作个别案例分析。采用这种方法分析事故时，应用逻辑图，避免了冗长的文字叙述，比较直观和形象化，考虑问题全面、系统、透彻。美、日等国比较流行，我国也开始应用。例如东北大学通过综合辽宁省部分矿山的 32 个事故实例，用故障树分析法进行研究，找出了造成事故的初始原因 23 个，得出伤亡事故发生的模式 46 种，提出了预防事故的有效措施。

5.2.3　事故分析的理解

假设已查明导致损伤或破坏的事件是由于生产过程的某些因素引起的，则可根据这些因素的存在和出现的频率来确定事故的大小。在处理生产过程事故时，可通过比较其发生频率和严重度，回顾性地测算事故的大小。在进行未来可能发生的问题的大小预测时，则可利用生产过程目前存在的危险因素(包括潜在的危险因素)来进行评价。

通过一个完整的事故分析报告就可以得到一个从本质上说明事故发生的基本关系的映像。在进行事故分析时，要全面和精确的对有关生产过程事故状况进行了解，查阅综合事故报告和保存的系统记录。为了详细预测问题的大小，必须进行必要的危险因素测定。而对有关危险因素的了解，可通过对每个事故记录所提供的详细信息的分析得到。这些事故记录描述了工人和操作者在事故发生的当时所在地点、他们当时在做什么或处理什么、用什么方法、发生了什么样的损伤和破坏以及其周围的其他情况(特别是与事故有关的)等。危险测量必须根据以往发生的有关损伤频率和损伤严重程度的资料，并采用回顾性测定方法。

描述人员损伤的危险可用以下两类方法：

(1) 危险测定。计算损伤频率和损伤严重程度，采用全体工人中损失的工作日(或死亡数)来判定(如有的国家规定，职业事故死亡危险是每10万个雇员中死亡3个，即3×10^{-5})。

(2) 危险类型或危害成分评价。指出接触源和其他可能引起事故的有害因素，同时指出导致损伤和破坏的周围环境。例如，高空作业者有可能摔倒，并可能产生严重损伤的后果。又如，切割操作者使用锐利的器械，有被切割的危险。长时间接触有噪声的机器的工人有可能引起听力损失等。人们对多种危险类型已有丰富的认识，如高空作业者有可能跌落、地面很滑，就有可能滑倒、若附近有锐利的物件，就有可能割伤自己等。但某些没有明显特征的危险类型就可能被忽视。有关这些危险必须告诉工人(如噪声会引起听力损伤，某些溶剂可引起脑损伤，以及吸入某些化学品后可引起急性中毒等)。对危险类型的认识，从最明显的到最潜在的，都是从以往的事件中取得的。无论如何，要了解发生了什么，要估计将来会发生些什么，都应该注意到对接触源的认识，以及在执行不同类型任务时，对有可能引起损伤和破坏的其他潜在有害因素加强认识。还应认识到某些因素会影响危险的测量，或能使其增高或使其降低，这些都是认识危险性的必要的基础。

确定危险因素，确定危险最相关的因素有：

(1) 决定有无(或潜在)发生各类危险的因素；

(2) 使发生事故或损伤危险的概率增加或减少的因素；

(3) 与危险有关的、影响到事故严重性的决定性因素。

为理解第一点，有必要查明事故的原因，即接触源和其他有害因素，后两点是构成影响测量危险范围的因素。

工作环境中主要有害因素是造成损伤的直接原因，它们常以职业病方式或职业事故方式出现。

5.2.4　事故分析中的危险接触源

接触源和由接触源引起的损伤概念常常和疾病(或机体异常)的概念是相连的，因为疾病可认为是由于在短时间内(急性接触)或长时间(慢性接触)接触一种或多种因素所致。慢性接触因素通常不直接立即发生有害作用，其作用是在一个相当稳定的长时间接触之后产生的。而急性接触的危害几乎是立即发生的。因素的强度、危害程度和作用时间的长短对损伤发生是至关重要的，而且这类损伤常可能是多种不同因素的联合作用所引起的，因此很难指出和确定某个接触源。因为从未发现疾病和特定的接触之间存在着单一的因果关系。

几种能导致损伤诱发疾病的接触源的例子有：

(1) 化学性接触(溶剂类、清洁剂、脱脂剂等)；

(2) 物理性接触(噪声、辐射、热、冷、光线不足、缺氧等)；

(3) 生理性接触(超重负荷、不良的劳动体位或重复乏味的工作)；

(4) 生物性接触(病毒、细菌、粉尘、动物血或皮革等)；

(5) 心理性接触(工作在隔离的、极端恐怖的环境、频繁地变动工作时间、特殊职业要求等)。

有害因素和职业事故有害因素的概念是与职业性事故相关的。因为出现损伤之处，也正是工人接触到可导致发生即时性损伤的作业。一旦发生破坏和损伤时，就能很容易地识别这些有害的作业，但意外地接触有害因素往往给识别这类损伤造成困难。

有害因素可引发事故，造成人身损伤。事故常关联不同形式的能量、有害因素的来源或人体活动。例如：

① 为切割和刨削提供的能量，通常需与使用锐利器具，如剪刀、锯子和锋刃工具相结合；

② 为冲压和压缩提供的能量，通常采用不同的成型方式，如加压机和压板机；

③ 将动能转换为势能，如某些物质可打击到工人或倒塌碰撞到工人；

④ 将人的位能转换为动能，如摔倒后，可从一个高度摔到另一个高度；

⑤ 冷和热、电、声、光、辐射和振动；

⑥ 有毒和腐蚀性物质；

⑦ 身体遭受超强度紧张性的活动的能量，如移动超负荷物质或极度扭转身体；

⑧ 精神和心理上的压力，如极端恐惧。

控制接触源和其他有害因素在很大程度上是受工程项目的生产性质、技术工艺、产品和装备等的制约，也可应用组织管理的方法来加以控制。

从危险是可测量的观点出发，控制危险接触源和控制工人损伤的严重性，往往取决于以下三个因素：

(1) 有消除或替代作用的安全措施。在生产过程中以接触形式遇到的危害或其他危害因素，可能通过替代方法来消除或减轻(如在生产过程中用无害的化学物质代替有毒的化学物质)。不过，应注意不是所有的化学物质都有可能用这种方式被替代，因为接触源和其他有害因素在人的周围环境中总是存在的。这类措施通常称工程控制，通过封闭有害成分，使人与有害因素隔离，或者在可能引起损伤的因素和工人之间安装挡护板。这些措施包括实现自动化和远距离操作，以及使用辅助装备和机器的防护装置等。

(2) 组织的安全措施。组织的安全措施也称作管理控制，通过特殊的操作方法或分隔工作时间、地点，使人与有害因素隔离。这些控制包括减少接触时间、预防性维护方案、采用个体防护装备等。

(3) 取决于控制人行为的某些因素，也就是说，作业人员要具备确保现场安全工作的知识和技能、掌握操作时机以及个人愿望等。

① 知识和技能。工人首先要知道工作地点存在的危险类型、潜在危害和危险成分等。对此通常需要教育、训练和职业经验。对各类危险要能以一种快捷、易于理解的方式予以辨明、分析、记录和描述，以便当工人们的工作处于一个特殊危险状况时，他们能随着作业的进展了解将会出现什么不利的情况。

② 操作时机。要使工人能够安全地进行操作。工人们必须学会利用已有的技术和组织安排，以及操作时所要求的体力和心理状态进行工作，必须积极支持管理及监督的制度和根据周围情况制订出的安全方案，包括要注意所接触的危险、遵循所指定的操作规程、使用适当的安全工具、明确所规定的任务、熟悉装备和材料的使用说明。

③安全操作的愿望。工人应该在安全有保证的情况下进行工作。为此，技术和组织因素是很重要的，社会和文化因素也同等重要。比如，如果很难执行安全措施或者很浪费时间，或者管理人员及其同事没有这个要求，或者他们不欣赏，则危险就会增加。管理人员必须明确安全的意义、实施安全措施的必要性，要采取安全优先的方式，而且要表现出积极的态度。

5.2.5 事故分析的过程

进行事故分析要做到：

(1) 明确某些事情错在哪里，以及需要如何改正才能不犯这些错误；

(2) 指出引起事故(或临界事故)的有害因素类型，并描述所造成的危害和损伤情况；

(3) 查明并描述某些基本情况，如确定存在的潜在危害和危险状况，以及一经改变或排除后出现的最安全的情况。

通过分析事故或损伤的原因以及发生时的环境情况，可以获得一般类型的资料，从其他类似事故的资料可得出更常见的重要因素，进而揭示某些不能立即见到的因果关系。然而，若通过特殊事故分析得到更为详细和特殊的资料时，该资料可能有助于揭示所涉及到的特殊情况。通常个别特殊事故分析所提供的资料不可能从一般分析中得到。反之，一般分析指出的因素在特殊分析时也难以阐明。所以这两类资料分析都是重要的，且均有助于明显地和直接地揭示个别事故的因果关系。

个别事故分析。分析个别事故有两个主要目的：

首先，个别事故的分析可用来确定促成事故发生的原因及其影响的特殊工作因素。通过分析，人们可评估已知危险的严重程度，也能确定所掌握的技术、组织安全措施以及积累的工作经验在减轻危害上所能达到的程度。此外，还要有一个更明确的观点，就是工人可能已经采取了避免危险的措施，而且必须督促工人采取这些措施。

其次，人们可以通过许多发生于企业级别的或更为综合性的级别(如在整个组织中或在国家内)的事故的分析而提高认识。在这方面重要的是要搜集以下资料：

① 鉴别工作地点和工作本身(有关工作所处地段和行业资料)以及工作过程和具有工作特性的技术；

② 事故的性质及其严重性；

③ 引起事故的某些因素，如接触源、事故发生的方式以及引起事故的特殊工作状态；

④ 工作地点一般情况和工作状态。

分析类型。对事故的分析主要有 5 种类型：

① 分析并查明事故发生的地点和类型。目的是确定各有关方面的损伤发生率，如工作地段、行业组、企业、工作过程和工艺类型；

② 分析所监视的事故发生率的发展情况。目的在于对变动提出警告(肯定的或否定的)，衡量预防活动的效果就可能通过这类分析的结果获得。在一个特定区域内，发生新的事故类型增多时，将预示要对新的危险成分提出警告；

③ 优先分析和衡量所提出的高度危险区，并依次计算其事故频率和严重性。目的是决定此处优先其他地点执行预防措施；

④ 分析确定事故是如何发生的，特别是要找到直接的和潜在的事故原因。这些资料随后可用于选择、描述以及执行具体的改正活动和预防性建议；

⑤ 分析并阐明其他值得关注的特殊方面(一种新发现或控制的分析)。例如，

某个特殊损伤危险发生率的分析，或在检查一个已知危险的过程中查明一个迄今尚未认识而实际存在的危险。

上述类型的分析可在不同级别的企业中进行，如从个体企业到全国性企业。这类多级别分析对预防性措施很有必要。主要在高的档次执行的分析涉及到一般事故发生率、监视、预告和优先分析，而在低档次执行的分析则是描述直接的和潜在的事故原因的分析，这样分析的结果反映出对较低级别企业中个案的分析更详细、具体，而在较高档次的分析结果则更为一般化。

事故分析的阶段不管分析从哪个档次开始，通常都有以下几个阶段：

① 查明(在所选择的一般档次内)事故发生的地点；

② 详细说明一般档次情况下事故发生地的某些更特殊的情况；

③ 确定目标时，要考虑到事故发生频率和事故的严重程度；

④ 描述接触源或其他有害因素，即破坏和损伤的直接原因；

⑤ 检查事故基本的因果关系和引发事故的原因。

总结调查全国性事故是为了对各个区域、各个行业、工艺技术和工作过程中发生有关损伤和破坏的分布情况有所了解，目的是查明事故发生的地点，测量事故发生的频率以及在不同级别进行事故分析的严重性等，是为了明确某些错误事件的特殊情况，同时也是为了指出那些地点的危险已经有所改变。对企业存在的危险类型可通过个别企业发生事故的类型及事故发生的方式来描述，用这种方式可以了解生产过程中存在的接触源和其他有害因素及预防措施的效果。

如果仅仅注意安全条件、意识到危险性、为工人提供行动和申诉他们愿望的机会，这还不足以避免事故的发生。对事故进行调查、测定和分析等可提供一个基础，即明确应该做些什么，以及由谁来做，以减少危险。例如，若特殊接触源能够与特殊的工艺技术连接，将有助于确定需要采取什么样特殊安全措施以控制危险，这个资料亦可用来影响与工艺技术问题有关的制造商和供应商。如果证明事故发生的频率高而且很严重，并且与这个特殊过程有关，就需要调整与这个过程有关的装备、机器、操作或工作方法等。遗憾的是这类首创的和调整的典型方式，在事故和原因的分析中所得到的几乎都是明显的单一因果相关，而且只是在很少的情况下才能见到。企业内部的事故分析也可能是先从一般档次着手，而后是较为特殊的档次。不过这类分析中常遇到的问题是要集中大范围的、有足够数量的资料库。如果企业集中了多年的事故及损伤的资料，就能建立这个档次的有价值的资料库。整个企业的全面分析将能指出在企业的特殊部位(区域)是否有特殊问题，或与特殊任务有关，或者与使用特殊工艺类型有关，这些详细的分析可以指出有什么差错，并可借此机会对预防措施进行一次全面综合评价。

5.3 事故分析方法

5.3.1 事件树分析(ETA 法)

5.3.1.1 概述

事件树分析法，简称 ETA 法(原文 Event Tree Analysis)。它的理论基础是系统工程的决策论，决策树是决策论中的一种有效决策方法，而事件树分析是从决策树引伸而来的一种分析方法，故有时也将其称为决策树分析法(Decision Tree Analysis)，简称 DTA 法。

事件树分析法是一种时序逻辑的事故分析方法，它根据事故发生的先后顺序，将事件分成若干阶段，每一步的分析都从成功和失败两种可能后果考虑，最后汇制成树状图形。应用该分析法可以定性地了解整个事件的动态变化过程，也可以定量计算出各阶段的发生概率，最终了解事故发生的概率。事件树分析法可用于预测不安全因素及事故发展趋势，寻求预防事故的对策。

5.3.1.2 事件树分析方法

任何事故的发生都是一个多环节事件发展变化的过程结果，事故树分析的实质，利用逻辑思维的规律和形式，分析事故形成的过程。从事故的起因物开始分析，经过原因事件，到结果事件为止，每一事件都按成功和失败两种状态进行分析，用树枝代表事件发展过程， 般将成功做在上枝上，失败做在下枝上，若有可能则标出事件发生的概率，最后形成一个水平放置的树形图，从而可得出各种事故后果的发生概率值。

图 5-3(a)为一泵串联一阀门组成的系统，泵有启动成功和启动失败两种可能，设其概率分别为 0.98 和 0.02，若泵启动失败，开启阀门成功与否系统都将不能成功。如果泵启动成功，则要进一步根据阀门的状态看系统的成功与否，开启阀门成功，系统才成功，否则系统将不能起动，设开启阀门成功概率为 0.95，则失败概率为 0.05，这样系统成功可靠度则为：

$$0.98 \times 0.95 = 0.931$$

不可靠度为：

$$0.98 \times 0.05 + 0.02 = 0.069$$

同样，对于图 5-4(a)所示的泵 A 与两个并联阀 B、C 组成的系统，根据各自的概率分布，系统成功可靠度为：

$$0.999 \times 0.99 + 0.999 \times 0.01 \times 0.09 = 0.9989001$$

不可靠度为：

$$0.999 \times 0.01 \times 0.01 + 0.001 = 0.0010999$$

5.3.1.3 事件树分析实例

现以行人横过马路这一日常生活中较为典型的事件为例，用事件树分析法分析行人能否被车撞伤造成事故。其事件树可用图 5－5 表示。

从图可以看出，行人横过马路会出现六种情况：

(1) 无车辆通行时，行人横过马路自然很安全；

(2) 当有车通行时，若你在车过后再过马路，也是很安全；

(3) 若想在车前先过马路，只要有足够的时间，也不会发生危险。现实生活中过马路往往就是这种情况；

(4) 若行人在车前先过马路，判断失误，未能保证有足够的时间，如果司机反应灵敏，采取紧急制动或避让措施并成功，则不会造成伤害事故，但这种情况很危险；

(5) 在上述情况下，若司机采取措施未奏效，则会造成车撞人伤害事故；

(6) 行人在车前过马路，未留足过马路时间，司机又未来得及采取措施，则必然会发生车祸。

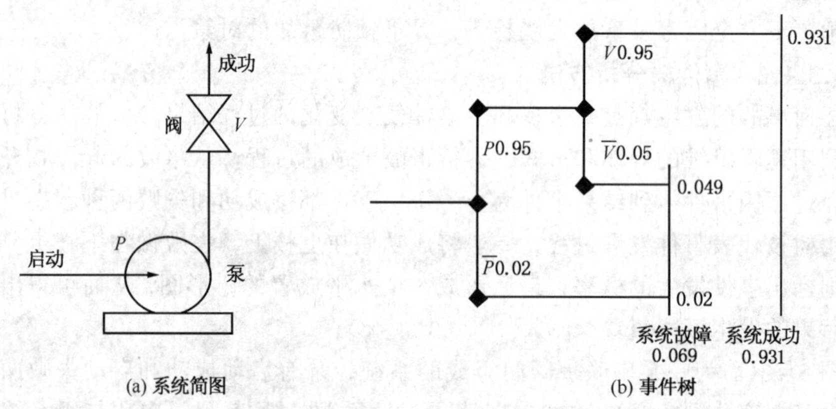

图 5－3 泵阀系统事件树示意图(1)

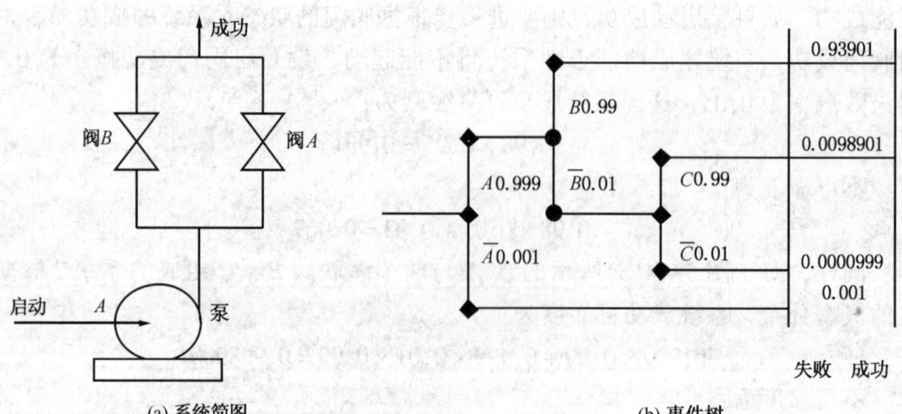

图 5－4 泵阀系统事件树示意图(2)

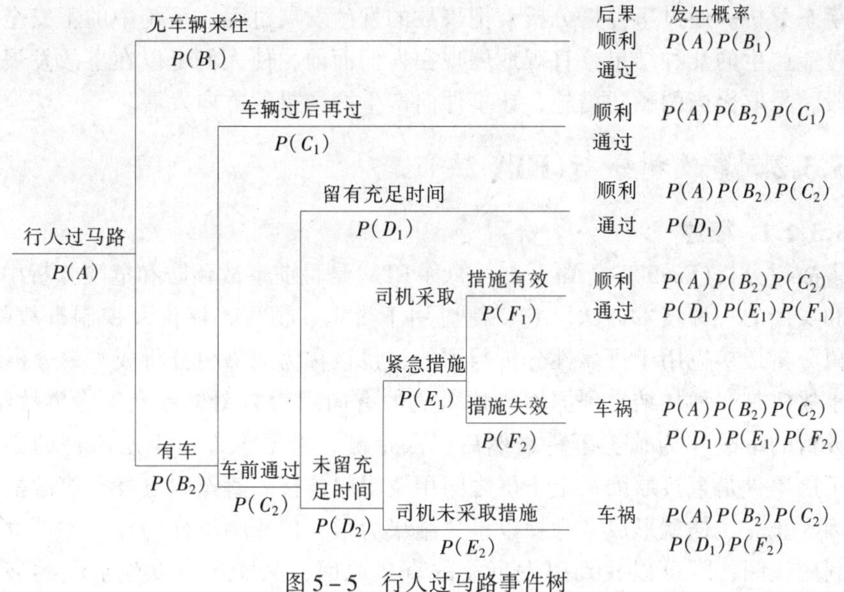

图 5－5　行人过马路事件树

上述以人、司机、车辆、马路为分析对象的典型综合系统，一方面对系统存在的不安全因素进行了全面分析，另一方面给我们采取预防事故措施提供了有效途径。很明显，根据以上事件树分析结果，为了避免交通事故(在此例中指车撞人)，应该采取如下措施：

(1) 教育行人过马路一定要仔细观望，最好无车时安全通过。有车通过时，先让车行。若要在车前横过马路，一定要正确估计行车速度和自己横过马路速度，留有足够时间，确保穿行安全。

(2) 从事件树分析可以看出，当行人和车辆形成时间和空间交叉时就会发生事故。为避免这种时间和空间上的交叉，在繁华路段设置行人交通指挥站，建设人行地下通道和过街天桥是消除事故的根本措施。在社会城市化的大环境下，也必须这样，才能改进城市交通安全状况。

(3) 车辆状况要保持良好，特别是制动系统要灵敏可靠。

(4) 驾车司机必须随时保持警惕，关键时刻反应要灵敏。特别在当今个人车辆日益普及的形势下，驾车司机更应提高技艺，熟练掌握避让技能。严禁酒后驾车，严禁开疲劳车、开英雄车，严禁边开车边聊天。

(5) 从事故的发展形成过程看，车祸是沿着两条路线发展形成的结果。其一是，过马路——有车——车前过——未留足时间——司机紧急措施失效；其二是，过马路——有车——车前过——未留足时间——司机未采取措施。这种事故链相当于事故致因理论中的骨牌串，如果从中抽掉一个骨牌，则可避免事故的发生。这从宏观角度给事故预防提供了一些办法。

事件树分析技术广泛应用于各个系统，尤其适用于多环节事件和多重保护系统的事态分析。通过事件树分析，把事故的发生发展过程、系统中的不安全因素以及可能产生的几种结果，直观地展现在人们面前，使人们可以在事故发展的不同阶段，采取恰当的预防措施，让事件向产生好结果的方向发展。

5.3.2 事故树分析(FTA 法)

5.3.2.1 概述

事故树分析(Fault Tree Analysis，简称 FTA)是目前事故预防和危险分析中较为完善和实用的一种技术方法。它广泛应用于辨识、预测、评价及控制事故隐患。事故树分析最初应用于可靠性分析与评价，也被称为故障树分析或失效分析。

事故树是一种从结果到原因描述事故的有向逻辑树图。首先确定事故结果，将要分析的事故作为顶上事件，然后层层追溯，上层事件是下层事件的必然结果，下层事件是直接原因，上下层之间用逻辑门连接，直至找出发生事故的最基本原因为止。这样就形成了一棵以事故结果为根，以原因事件为枝干的倒立逻辑树。利用该图，既可以找到引发事故的直接原因，又能揭示发生事故的潜在因素，还能概括导致事故的各种情况，从而为预测预防事故提供了有效途径。

5.3.2.2 事故树分析的一般程序及内容

事故树分析应遵循一定的程序步骤，一般可将其分为四个阶段：

(1) 分析准备阶段

充分了解、熟悉所分析系统的系统性能、工艺过程、作业环境。广泛收集所分析系统过去和现在发生过的事故，将来可能会发生的事故，全面调查类似系统曾发生的所有事故。根据事故调查分析及统计结果，依据事故发生的频率和事故损失的严重度两个参数，一般将易于发生且后果严重、频率不大但后果非常严重，以及后果虽不会太严重但发生非常频繁的事故列为事故树分析的对象——顶上事件。调查的与顶上事件有关的所有原因事件，主要包括人为失误、设备仪器缺陷、材料质量、作业环境状况、指挥管理等。

(2) 编制事故树阶段

在上述工作基础上，按照演绎分析原则，从顶上事件开始，一级一级往下分析各自的直接原因事件，根据彼此的逻辑关系，用逻辑门将上下层事件进行连接，直至所要求的分析深度，最后就形成了一棵倒置的逻辑树形图。然后，根据逻辑门表示的逻辑关系，检查事故树图是否合乎逻辑原则，上下层之间的结果原因关系是否正确，逻辑门使用是否合理，分析深度是否符合要求，直接原因是否全部找齐，为进一步定性定量分析打好基础。图 5-6 为高空作业发生坠落死亡事故的事故树图。图中矩形符号表示顶上事件(结果事件)和中间事件；圆形符号表示不能再继续往下分析的基本原因事件；菱形符号表示不能或没必要再往下分析的基本原因事件；屋形符号表示正常状态下发生的事件；逻辑或门说明下层中的任一事件发生上层事件就会发生；逻辑与门则说明下层事件同时发生上层事件才会发生；条件门(限制门、条件或门等)表示必须在满足规定条件下，上层事件才会发生。

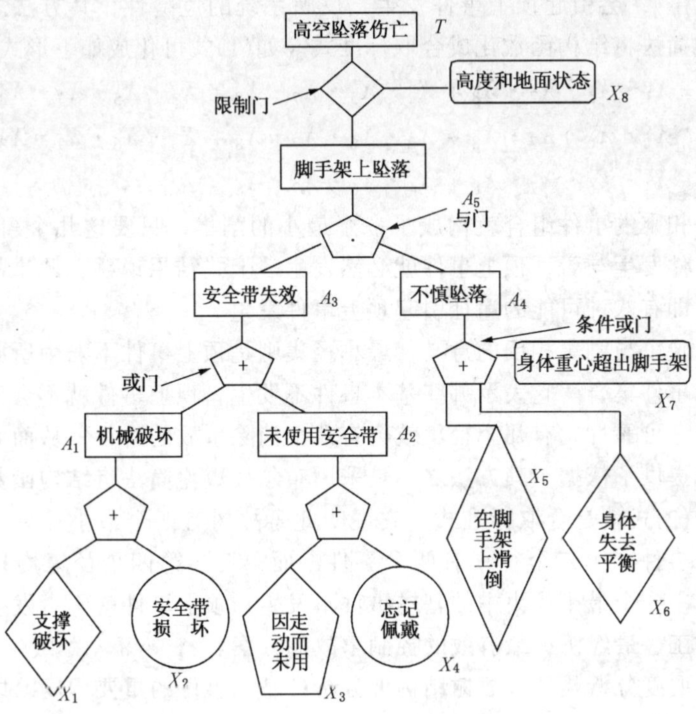

图 5-6　高空作业坠落死亡事故树

(3) 定性定量分析阶段

① 事故树的数学表达式

编制完事故树后，建立基本事件 X_i 与结果事件 T 之间的数学表达式(也称结构函数)，是定性定量分析的基础。其方法是根据事故树上下层间的逻辑关系自上而下形成 X_i 与 T 之间的关系式。图 5-6 故障树的数学表达式为:

$$
\begin{aligned}
T &= A_5 \cdot X_8 = A_3 \cdot A_4 \cdot X_8 \\
&= (A_1 + A_2) \cdot [(X_5 + X_6) \cdot X_7] \cdot X_8 \\
&= [(X_1 + X_2) + (X_3 + X_4)] \cdot [(X_5 + X_6) \cdot X_7] \cdot X_8 \qquad (1)
\end{aligned}
$$

上式可进一步整理为标准式:

$$T = (X_1 + X_2 + X_3 + X_4) \cdot (X_5 + X_6) \cdot X_7 \cdot X_8 \qquad (2)$$

② 事故树的定性分析

事故树的定性分析包括求最小割集、最小径集和基本事件结构重要度。进行定性分析可以了解事故的发生规律和特点，找出控制事故的可行方案，并从事故树结构上分析各基本事件重要程度，以便按轻重缓急分别采取预防对策。

割集是导致顶上事件发生的基本事件的集合，割集中引起顶上事件发生的充分必要的基本事件的集合为最小割集。它表明哪些基本事件发生(不论其他事件发生或不发生)，会引起顶上事件发生，反映系统的危险性，其方法之一是采用布尔代数化简法将结构函数化成合取标准式。如(1)式可化成如下形式：

$$T = X_1 \cdot X_5 \cdot X_7 \cdot X_8 + X_2 \cdot X_5 \cdot X_7 \cdot X_8 + X_3 \cdot X_5 \cdot X_7 \cdot X_8 + X_1 \cdot X_6 \cdot X_7 \cdot X_8 + X_2 \cdot X_6 \cdot X_7 \cdot X_8 + X_3 \cdot X_6 \cdot X_7 \cdot X_8 + X_4 \cdot X_6 \cdot X_7 \cdot X_8 + X_4 \cdot X_6 \cdot X_7 \cdot X_8 \quad (3)$$

其中，每一相乘的事件组合就构成了一个最小的割集，只要这几个事件已发生，不管其他事件发生与否，顶上事件就必然发生。上式结果说明，此事故树有8个最小割集，即有八种可能的途径引起顶上事件发生。

径集反映了与割集相反的意义。最小径集则是顶上事件不发生所必须的最低限度的基本事件集合。它表示哪些基本事件不发生，顶上事件就不会发生，反映了系统的安全可靠性。有几个径集就会有几个消除事故的途径，从而为选择消除事故的措施提供了依据。其方法之一是采用布尔代数化简法将结构函数化成合取标准式。如(2)式就是合取标准式，它说明此事故树有四个最小径集。第一个径集涉及四个事件，第二个径集有两个事件，而第三、第四个径集均只有一个事件。只要其中一个最小径集中的基本事件不发生，顶上事件就不会发生。从而可以选择最省工、最经济、最有效的控制事故的方案。

结构重要度分析是从事故树结构上分析各基本事件的重要程度，即在不考虑各基本事件的发生概率，或者说假定各基本事件的发生概率都相等的情况下，分析各基本事件的发生对顶上事件发生所产生的影响程度。根据结构重要度可排出各基本事件的重要顺序，以指导如何安排对基本事件的控制。结构重要度一般通过概率重要度求得，即取各基本事件的概率值均为 $Q_i = 1/2$，概率重要度(详见定量分析部分)就等于结构重要度。

③ 事故树的定量分析

事故树定量分析包括顶上事件发生概率、基本事件概率重要度和临界重要度等。顶上事件发生概率是考虑事故频率及严重度，进而进行安全评价的基础。它通常由事故树结构函数求得。其基本方法为：当基本事件相互独立时(通常是这种情况，否则可通过布尔代数化简法转化为相互独立事件)，事件的逻辑“积”及逻辑“和”有如下的概率对应关系：

$$G(X_1 \cdot X_2) = Q_1 \cdot Q_2 \quad (4)$$

$$G(X_1 + X_2) = 1 - (1 - Q_1)(1 - Q_2) \quad (5)$$

其中，Q_1、Q_2 分别为基本事件 X_1、X_2 的发生概率。由上两式关系，图5-7结构树的概率函数则为(参照式(2)结构函数写出)：

$$G(X) = [1-(1-Q_1)(1-Q_2)(1-Q_3)(1-Q_4)]\cdot [1-(1-Q_5)(1-Q_6)]\cdot Q_7\cdot Q_8 \tag{6}$$

若设各基本事件发生概率值均为 0.1，则求得顶上事件发生的概率为：

$$Q = (1-0.9\times0.9\times0.9\times0.9)(1-0.9\times0.9)\times0.1\times0.1 = 0.00065341$$

概率重要度是从基本事件发生概率的变化会对顶上事件发生概率的影响来判断其重要程度的。一般利用顶上事件发生概率 G 函数是一个多重线性函数这一性质，只要对自变量 Q_i 求一次偏导，就可得到该基本事件的概率重要系数。即某基本事件的概率重要度为：

$$IG(i) = \delta G/\delta Q_i \tag{7}$$

若设某事故树共有三个最小割集：

$$K_1 = \{X_1, X_3\}, K_2 = \{X_2, X_3\}, K_3 = \{X_3, X_4\}$$

则其结构函数：

$$T = K_1 + K_2 + K_3 = X_1X_3 + X_2X_3 + X_3X_4$$

顶上事件概率函数则为：

$$G(X) = 1-(1-Q_1Q_3)(1-Q_2Q_3)(1-Q_3Q_4) = Q_1Q_3 + Q_2Q_3 + Q_3Q_4 - Q_1Q_2Q_3 - Q_1Q_3Q_4 - Q_2Q_3Q_4 + Q_1Q_2Q_3Q_4 \tag{8}$$

则各基本事件的概率重要系数为：

$$IG(1) = \delta G/\delta Q_1 = Q_3 - Q_2Q_3 - Q_3Q_4 + Q_2Q_3Q_4 \tag{9}$$

$$IG(2) = \delta G/\delta Q_2 = Q_3 - Q_1Q_3 - Q_3Q_4 + Q_1Q_3Q_4 \tag{10}$$

$$IG(3) = \delta G/\delta Q_3 = Q_1 + Q_2 + Q_4 - Q_1Q_2 - Q_1Q_4 - Q_2Q_4 + Q_1Q_2Q_4 \tag{11}$$

$$IG(4) = \delta G/\delta Q_4 = Q_3 - Q_1Q_3 - Q_2Q_3 + Q_1Q_2Q_3 \tag{12}$$

若已知各基本事件概率值 Q_i，即可求出各基本事件概率重要系数 $IG(i)$，进而根据各基本事件对顶上事件影响程度采取相应预防措施。当各基本事件概率值 Q_i 均为 1/2 时，概率重要系数就等于结构重要系数。

临界重要度是用基本事件发生概率的变化率与顶上事件发生概率的变化率的比，来确定基本事件的重要程度。其求解公式为：

$$CIG(i) = \delta \ln G/\delta \ln Q_i = (Q_i/G)IG(i) \tag{13}$$

式中　$CIG(i)$——基本事件临界重要系数；

$IG(i)$——基本事件概率重要系数；

Q_i——基本事件发生概率；

G——顶上事件发生概率。

(4) 制定事故预防措施阶段

根据以上几个阶段的分析，特别是定性定量分析结果，结合最小割集、最小径集、基本事件重要度(结构重要度、概率重要度及临界重要度)，考虑实际技术与经济条件，制定出能够降低顶上事件发生概率的综合最佳方案。

5.3.2.3 事故树分析中应注意的问题

综观事故树分析程序与内容，不难看出，编制事故树是分析的基础，定性定量分析是核心，制定预防事故措施是最终目的。在这几个关键性环节上，应注意以下几个问题：

(1) 同一种事故并非具有相同的事故树模式，在编制时应灵活掌握，理顺上下层间结果原因关系，分清基本事件之间的"与"、"或"逻辑关系，注意人体行为和设备运行状态随作业条件变化的情况。

(2) 最小割集和最小径集在事故树分析中起着重要作用，应深入理解和掌握。掌握了最小割集，就掌握了顶上事件发生的可能原因，一旦事故发生，就可以排除非本次事故割集，而只从本次事故的割集着手，寻求预防控制顶上事件(事故)的措施。最小径集反映了使顶上事件不发生的可能方案，只要其中一个最小径集不发生，顶上事件就绝不会发生，这样在实际控制事故时，可以选择易于实现、投资较小的径集，而不去预防其他径集事件，从而有利于选择最佳控制方案。从最小割集还可直观地比较系统的危险性，一般少事件割集比多事件割集容易发生。为提高系统安全性和可靠性，可采用给少事件割集增加基本事件办法(如采用防护装置，隔离措施等)，使系统安全性大幅度提高，否则，若不从少事件割集入手，即使采取再多措施，花费再大精力，收效还是很微小的。

(3) 定量分析求出的顶上事件结果若不满足目标要求，则要进行重新事故树分析，分析原因事件是否找全，上下层事件间的逻辑关系是否正确，基本原因事件的发生概率估计是否恰当等。

(4) 三种重要度系数分别从不同角度反映了基本原因事件的重要程度。结构重要系数从事故树结构上反映了基本事件的重要性；概率重要系数反映了基本事件概率的增减对顶上事件发生概率影响的敏感度；临界重要系数则从敏感度和自身发生概率大小双重角度反映了基本事件的重要性。其目的在于指导怎样合理地安排对基本原因事件采取预防措施的先后顺序。一般来说，结构重要度和临界重要度更具实际意义，但两者的计算都依赖于概率重要度，在实际事故树定量分析计算中应注意灵活运用。

5.3.3 事故动态循环分析方法

5.3.3.1 概述

事故动态循环分析方法(Dong Tai Xun)，简称 DTX 法。它是以运动的观点，预防为主的指导思想，循环的方式，采用现代技术和鉴别手段，对系统的安全状态进行分析评价，并对其结果进行安全决策。然后通过对安全决策的实施反馈、检查反馈和处理反馈，来调整安全决策，再决策、再调整，在决策调整的动态循环过程中，使安全管理水平逐步提高，并始终与生产发展水平保持着高度相适应的动态平衡关系，从而实现动态循环安全管理、预防事故的发生。

安全寓于生产之中，安全管理随着生产的产生而产生，随着生产的发展而发展。大量的事故统计资料分析已充分证明，安全管理水平必须与生产发展水平相适应，这是安全生产管理工作必须遵守的基本原则。安全管理失误、不完善及其与生产发展不适应是导致事故发生的根本原因。18 世纪蒸汽技术的发明应用，使铁路运输能力大大加强。然而，在把蒸汽机应用于铁路运输的初期，由于安全管理水平跟不上生产发展的水平，从而对蒸汽动力失去了控制能力，结果导致蒸汽机多次发生爆炸事故，造成机毁人亡，使工伤事故和职业病日益增多，一时使新技术无法继续使用，阻碍了生产的发展，迫使人们去解决蒸汽锅炉爆炸问题。采用增加强度，加装安全阀、水位计、压力表等安全防护装置，以及进行水质处理，同时制定了安全操作规程、监督检查制度和锅炉检查条例等一系列安全管理措施，从而使蒸汽动力又广为应用，促进了技术进步和生产发展。同样，电力技术的出现给人类带来了光明和幸福，然而人身触电死亡和电气火灾等严重事故迫使人们采用了远距离操作控制，使用安全电压，增加绝缘、接地、接零、装接触电保护器以及制定各种安全用电管理办法，从而使电能更好地为人类服务。

随着科学技术的进一步深化，高精尖技术的推广应用，技术系统更趋于复杂化和大规模化，人们应用技术的能力决定了其往往难以很快驾驭这种局面，相应的事故会不断发生。为了充分保证科学技术的正面效应，降低其负面效应，必须应用事故分析动态循环方法，使安全技术与科技进步相适应。安全管理与事故分析必须经常化、制度化、标准化和科学化。

5.3.3.2　DTX 分析法的理论根据

DTX 分析法是建立在“状态”和“状态转移”的基础上，基于“动态平衡原理”提出来的。它包含三层函义：

第一是运动。“世界上一切物质都是运动的，运动是绝对的，静止是相对的。”运动是 DTX 分析法的基础。这种管理方法就是运用运动的观点和方法论，来保持管理水平能始终与生产发展水平相适应，以实现相应控制，达到动态平衡，实现动态管理。

第二是平衡。系统是运动的，运动是有规律的。在系统运行过程中，组成系统的元素既要运动又要彼此保持协调、均衡，此时运动的系统才是平稳的。系统只有在平稳运行的状态下才是安全的。这种平稳的运行状态是由控制来实现的，平稳的程度因控制水平的差异而不同。DTX 法与系统的运行保持着相适应的关系，即保持着高度的平衡关系。平衡是有条件的，是相对的。当一种平衡状态被打破后，又会形成一种新的平衡状态。DTX 法在状态转移的过程中，管理措施的内容也随之改变，以适应系统新的需要，从而达到在系统运动的过程中，实现相适应的安全管理。

第三是信息反馈。安全系统的高度平衡关系以及与生产发展相适应的原则，都是通过循环方式来实现的，而循环是建立在信息反馈的基础上，靠信息反馈实现平衡。管理问题的实质就是如何保证系统输出与给定信息保持所规定的关系，信息反馈是系统实现控制目标的根本因素。

5.3.3.3 DTX 分析法的基本内容及实施程序

DTX 分析法的基本论点是，实现安全生产，关键在于领导，领导的决策是实施 DTX 法的核心，没有正确的安全决策，系统就不能正常运行。为了保证安全决策正确地实现，并获得预期效果，必须建立行政管理、劳动安全监察和全员安全生产管理的安全保证体系。与此基本思路相适应，DTX 分析法的基本内容及实施程序如下：

(1) DTX 分析法的基本内容

DTX 分析法是由四个阶段九项任务所组成的。

① 安全决策阶段(A 阶段)。包括分析系统安全状态、提出安全目标、制定安全措施计划三项任务。

② 实施反馈阶段(S 阶段)。包括分工负责落实计划和按计划实施两项任务。

③ 检查反馈阶段(J 阶段)。包括检查问题和效果评价两项任务。

④ 处理反馈阶段(C 阶段)。包括巩固成果和遗留问题转入下一循环讨论两项任务。

(2) DTX 分析法的实施程序

① 基本实施程序

一个完整的循环过程由 A、S、J、C 四个阶段组成，循环程序是由 A 到 S，S 到 J，J 到 C 为一循环，再由 C 到 A 顺延实现第二循环……，四个阶段的循环过程为安全环，这个安全环按顺时针方向转动。如图 5-7 所示。

② 总体循环

在实施 DTX 法时，安全决策分为总体决策和局部决策，从而导致小循环组成大循环，完成总体循环，如图 5-8 所示。

③ 安全水平循环提高

动态循环每完成一个周期，系统的安全性(安全管理水平)将从低级阶段向高级阶段跳跃发展，其飞跃发展的过程可用图 5-9 予以示意。

图中，纵坐标为系统的安全性，可反映出安全管理水平的高低。横坐标为系统运行周期(时间)。环 1、环 2、…、环 n，为安全环，由管理阶段 A、S、J、C

组成。随着时间的推移，安全环在按顺时针方向旋转的同时，将按纵坐标方向上升。每完成一次循环，将飞跃跳入下一循环。$O_1 O_2 \cdots O_n$ 为安全环运动轨迹，是安全管理的综合指标。它反映出系统的安全程度和安全管理水平。

④ 信息传递和反馈

实施 DTX 法的重要问题是信息传递反馈。安全信息要由行政管理系统和劳动安全监察系统随时传递和反馈。劳动安全监察系统，除了把安全信息及时逐级

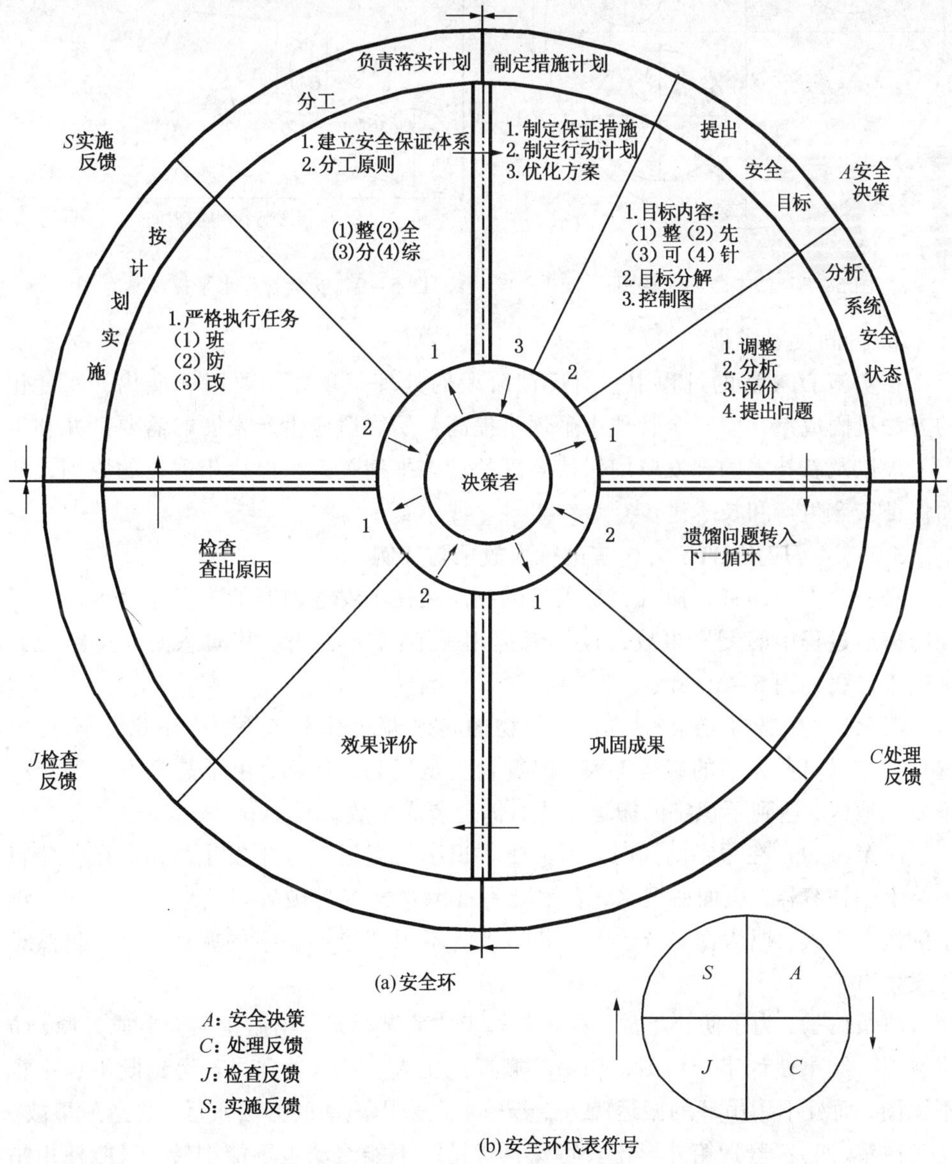

(a) 安全环

(b) 安全环代表符号

图 5－7　DTX 过程示意图

反馈外，还要及时反馈于上一级劳动安全监察部门，实行同级制约、上下监督封闭式的安全管理。

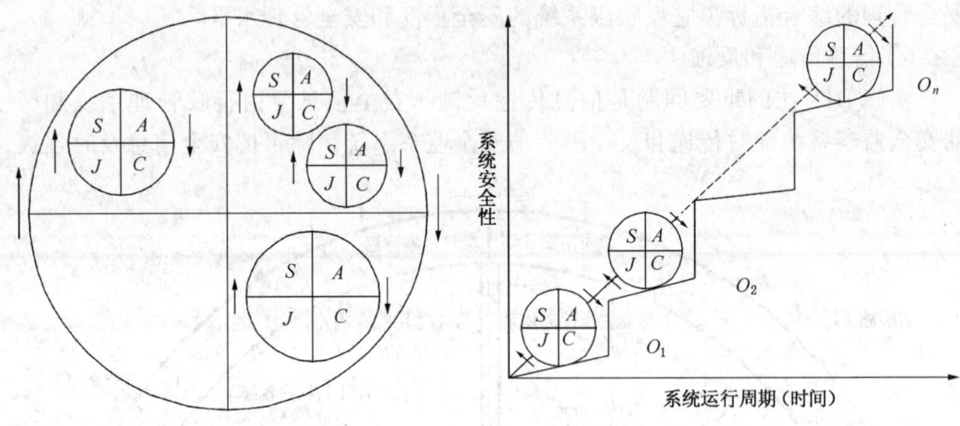

图 5-8　总体循环示意图　　　　图 5-9　安全管理水平提高示意图

⑤ 巩固发展成果

在实施 DTX 法的过程中，对反馈阶段的处理很重要，要用标准化、制度化的方法巩固成果，使安全管理水平逐步提高，始终适应生产发展的需要，并和生产发展以及新技术的开发应用保持高度的动态平衡关系，保持相适应的原则，从而保证安全生产和技术进步。

5.3.3.4　应用 DTX 分析法进行事故预防实例

将一个不能倒置，而且容易破碎的物品运往不发达国家的不发达地区，为了预防搬运过程中的倒置事故，设计者运用了 DTX 分析法。其动态循环思路及处理决策过程如图 5-10 所示。

决策(一)：为了防止倒置，在货物的包装箱上用外文写上“注意！不可倒置!”。结果可使识字的搬运工人，把货物安全运到。然而，由于是不发达国家的不发达地区，遇到不识字的搬运工人，仍会造成事故。

决策(二)：在写字的同时，为了使不识字的搬运工人不发生事故，在包装箱上绘上一种容器，里面盛上水，表示既不准倒置又容易破碎。结果可使识图、识字的搬运工人，把货物安全送到。若遇到既不识图也不识字的搬运工人，仍然难免发生事故。

决策(三)：为了防止事故，在包装箱上方安装吊环，给搬运工人造成方便，防止倒置。结果使认字、识图、用吊环搬运的工人，安全送到。若遇到既不识字也不识图，而且不用吊环的搬运工人，若一个人采用滚动的方法搬运，将造成事故。

决策(四)：若货箱外形比较特殊，货箱既不能滚动也不能倒转，只能使用吊环吊运，结果安全运到。

通过上述四次动态循环及决策，设计了一个安全的防止事故发生的方案，不管是什么样的搬运工人进行搬运，都可以避免倒置事故，使货物安全运达目的地。

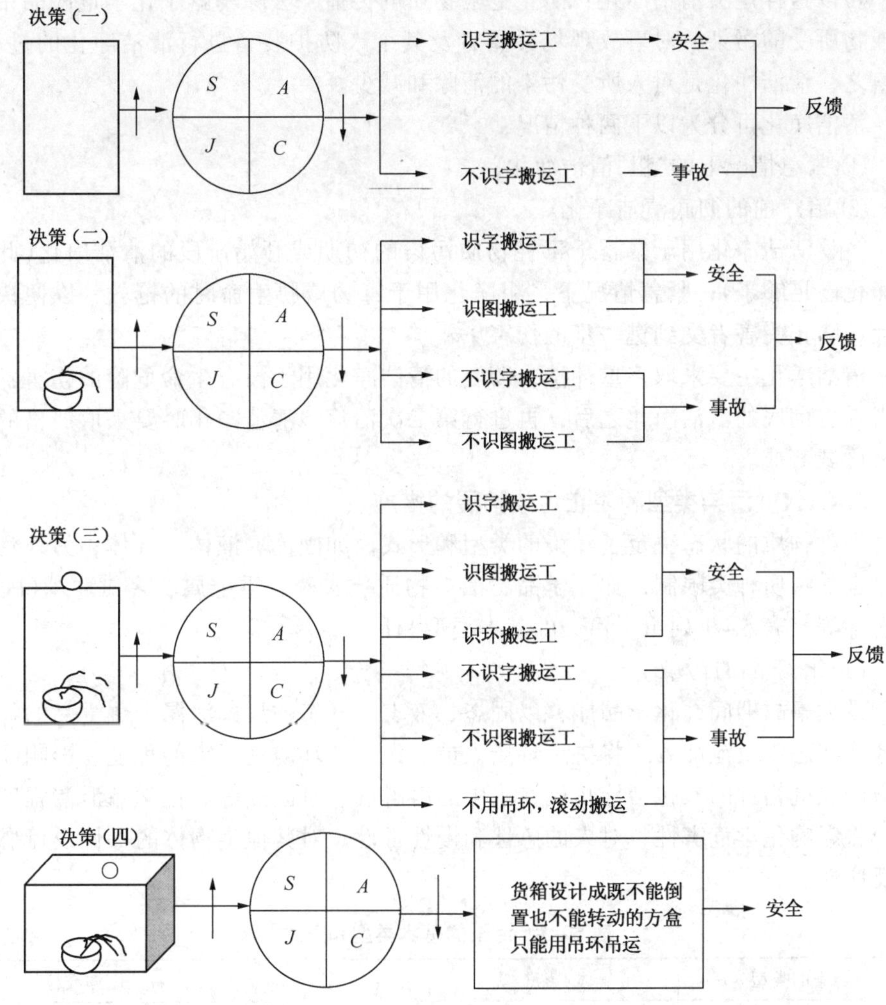

图5－10 DTX法在事故预防中的应用

5.4 事故现场的清理

5.4.1 现场人员的清洁净化

对事故现场人员的清洁净化是指对现场中暴露的工厂工作人员和应急行动队员的清洁净化。事故中危险物质的泄漏使现场人员受到污染和伤害，如何对其进行清洁净化以及净化处理相关的隔离区域，都是清洁净化要讨论的内容。清洁净化是应急行动的一个环节，而不是紧急情况结束后的恢复和善后。

可以这样定义清洁净化：防止危险物质的传播，去除暴露于化学危险品中的人或物所受的污染，对事故现场暴露者及其个人防护装备进行清洁净化的过程。简言之，清洁净化是对人所受污染的清除和减少。

清洁净化可分为以下两种情况：

① 紧急情况下的“粗”清洁净化；

② 治疗前的彻底清洁净化。

“粗”清洁净化用于暴露于毒性物质污染的初期或开始阶段的清洁净化(此时粗净化已足够了)；紧急情况下，粗净化用于毒物威胁生命时的抢救，以便快速治疗，防止受害者受到进一步的伤害。

清洁净化主要采取多重冲洗，彻底的清洁净化用于没有生命危险的伤害：受害者在更彻底的清洁净化之后，再进行第二次治疗。清洁净化时要采取严格的隔离和区域警戒。

5.4.1.1 污染类型和阻止污染扩展的措施

污染物质的状态决定了污染的类型和形式，如固体、液体、气体；另外污染类型也受物质种类限制，如化学品、活性物质、农药、重金属、多氯联苯(PCB)和石棉等。表 5-1 列出了污染的基本类型和形式。

(1)化 学品的污染

重大事故期间，化学品能够以固态、液态、气态的形式泄漏。化学品的物质组成或状态以及泄漏方式将决定现场人员、设备和环境受污染的程度。影响物质扩散的关键物理因素包括该物质在水中的溶解度、凝固点等。化学品泄漏程度的大小将影响化学危害性、对人的急性和慢性毒性、对其他生物体的毒性及可燃性和反应性。

表 5-1 污染的基本类型和形式

污染的类型	气体/蒸汽/雾	液　体	固体或粒状
化学品	√	√	√
活性物质	√	√	√
农药		√	√
重金属		√	√
多氯联苯(PCB)		√	
石棉			√

污染可能扩散到其他区域的环境中。污染的程度和水平取决于接触的时间和其他因素，例如污染物浓度、温度和污染与接触物质的反应等。

当泄漏扩散到一个建筑物时，轻的或中等的漂浮气体或蒸气云可能很快扩散到其他地方，除了在泄露源附近外，并不能沉淀大量的污染物。然而，比空气重的气体或空气悬浮颗粒物很可能与地面接触并且消散较慢，有时可能出现与重大火灾相关的危险物质泄漏。管理人员应使用扩散模型系统，以确定在不同泄漏条件下污染的程度、羽状轨迹，并对可能受到污染影响的区域进行很好的估计。

以液体方式泄漏的化学品能透人水泥地面的裂缝，溅到设备或其他物质的表面，或渗透到土壤或绝缘材料，进入地表水中或进入到排水沟或下水道中。进入到排水沟或下水道的泄漏可能会影响附近区域内的处理设备：使处理设备不能去除污染物或使处理设备受到污染。

危险物质以雾的方式泄漏时，能进入到多孔的材料中，例如绝缘材料、水泥、涂料的表面及土壤。较高浓度和接触时间以液态或雾态方式的泄漏，通常引起比以气态或蒸汽方式泄漏更大的污染。更多的以液体方式的泄漏可能最终进入地表水，引起更为复杂的清洁问题。

危险物质也可以以固态或微粒的方式泄漏。固态污染的程度通常明显小于其他形式的污染。较高水平的污染出现在离泄漏源比较近的地方。与雾、蒸汽或气体引起的沉积不同，许多灰尘或颗粒污染会沉积在水平表面上，这种污染形式能够很容易地被扰动并通过物理接触、雨、风或通风系统传播。在大多数条件下这种污染也是最容易清洁的。

(2) 放射性污染

相对于化学或其他类型的泄漏来说，公众更关心放射性物质的泄漏，因为它存在较高的不可察觉的危险。

放射性物质存在时可能有放射性污染。　般情况下工作人员应该查清附近有无放射性污染源、放射性污染源的位置、怎样才能探测到放射性污染源以及如何消除。另外，当放射性污染源被破坏的事件发生后，应该复查与检查放射源记录日志。

除了在核电站、医院和主要的科研院所，放射性物质通常只是存在于密封盒中。密封盒是一个盛装放射性物质的装置，放射性物质通常被固定在容器内。除非装有放射性物质的容器受到严重破坏，否则放射性物质通常不能扩散出来。

净化清洁时，必须考虑密封源和非密封源。应该有特别的监视装置探测和定位放射性污染源。有关放射源类型的信息对采用合适的清洁方法是必须的，通过该信息可综合考虑工人安全和处理法则。有放射源的现场都应由一个指定的放射安全员管理，放射安全员必须有运送放射性物质所经过的详细位置、数量等的记录。对放射性物质，相关工作人员要遵守涉及暴露、运输和处理的规章准则，并应该考虑清洁现场期间对工人可能的暴露影响。

(3) 阻止污染的扩展

在事故发生后阻止污染的扩展与在初始地方防止污染同样重要。在美国，危险物质的清洁是在职业安全和健康署(OSHA)程序控制下进行的。

一般情况下，现场内被用来阻止污染扩散的一些常用的工程和管理办法有以下几种：

① 在通风管上安装一个高效的微粒过滤器来去除微粒；

② 关闭通风口和排气管；

③ 把流出的污染物转移到一个储罐或池中；

④ 关闭楼层和围堤的排水管以防止污染进入下水道系统；

⑤ 增加充足的二次污染池使其具有储存足够量材料的能力；

⑥ 考虑用不渗透的涂料(例如环氧基树脂)密封污染区与附近清洁区域的水泥表面，以防止污染物转移或通过水泥渗透；

⑦ 对工艺设备、公共厕所和下水道系统进行检查，以确保所有入口和出口都完好；

⑧ 考虑天气对污染物扩展的影响；

⑨ 在新的污染区域安装临时的探测设备。

5.4.1.2 净化的方法

应急管理者应该使用一种有效、安全、易于接受的净化方法。在选择净化方法时，管理者必须考虑当前状况、涉及的化学品、污染的程度、位置、天气和被净化的人数。

净化的方法通常包括以下几种。

(1) 稀释：用水、清洁剂、清洗溶液清洗和稀释污染物料。洗涤溶液可包括清洁剂或其他的液体香皂。清洗液可包括稀释的磷酸盐、小苏打等(注：清洗或洗涤溶液的概要可从物质和毒物注册处获得)。

(2) 处理：应该考虑对应急行动工作人员使用过的衣服、工具、设备进行处理。当应急人员从受污染区域撤出时，他们的衣服或其他物品应储藏在合适的容器中，并作为危险废物进一步处理。多层防护服有较高的防护水平，然而如果处理费用并不昂贵也应该考虑对它处理。

(3) 物理的去除：使用刷子可以除去一些污染物质，吸尘器也可以吸收掉活性物质，大部分污染物应该用大量的水和清洁剂来清除。

(4) 中和：中和通常不直接应用于人体，它的使用一般仅限于衣服和设备。苏打粉、碳酸氢钠、碎的石灰石、醋、柠檬酸、家用漂白剂、次氯酸钙盐、矿物油等都是易得并广泛使用的中和材料。此外，一种特别的中和剂——葡萄糖酸钙可应用于皮肤与氟化氢接触的情况。

(5) 吸附：因为吸附材料能吸收污染物，危险物质可直接黏附在吸附剂的表面。吸附剂使用后要被处理。

(6) 隔离：隔离需要全部隔离或把现场和设备全部围起来以免污染，污染物质要被处理或被永久去除。

5.4.1.3　制定清洁净化行动计划

对化学事故的应急行动来说，制定行动计划对安全、清洁都是很重要的。所有的事故都各不相同并有着不同的变化，在制定净化行动计划时应该考虑以下几项因素。

(1) 净化地点应该确认容易获得的一个稳定水源。水源的理想位置是要能把较高的供水能力与废水的积蓄能力很好地结合在一起。如果不能获得一个固定的蓄水池，那么需要有一个大的简易池或蓄水盆。水源的位置还应该远离污染区域，即计划的清洁净化处理区域不应在容易受到事故影响的区域附近。

(2) 净化设备为了净化，相关人员要预先准备好一系列的设备和供应物。这些物品包括以下几项。

① 用小直径的软管输送净化池中的水，水用来擦洗或作为清洗液。操作时，应防止过大的压力与流量伤害人员或使储水设施的负担过重。

② 手握的可调节喷嘴(如同在草地和花园灌水中所使用的类型)。它可以有效地调节喷洒水流量。

③ 简易的直接使用肥皂或清洗溶液的喷雾器。

④ 短硬毛刷子和用于清洗的海绵。

⑤ 储备的水和适当稀释的洗涤液。

⑥ 池、盆或其他的储水设备。

⑦ 简易的淋浴器。

⑧ 简易的帐篷、适当的屏障或其他遮蔽工具。

⑨ 用完即丢弃的一次性衣服。

此外，应急指挥者还应该根据净化的需要估计出在设备中所使用的化学品的类型和数量。

5.4.1.4　医疗前的净化、分类及处理

在涉及危险物质的事故中，由于外伤、化学品污染、燃烧或其他原因引起的人身伤害，会出现医疗的紧急情况。应急、医疗必须快速、有效，并不应把病人或应急者置于其他危险中。由事故后果的分析可以提供潜在的人员伤害的信息，应急水平应该与潜在的对人的影响一致。

在医疗前进行净化时，应该选择和辨识净化区域和分类区域的位置。应急人员应根据不同的风向，选择净化和分类区域(也称为污染减少区域)。如果可能，这个区域应该位于“温和”区域以便事故现场的活动能受到保护。

选择位置应该基于下面原则：

① 应该在上风向以避免暴露于化学蒸气以及避免烟的影响；

② 应该在上坡以避免来自消防和化学品的喷溅；

③ 应该是车辆易于到达的地方。应急工作人员应该有能力确认治疗化学品暴

露和外伤最近的地方。当地医院和政府的健康部门应该参加对应急人员和应急医疗人员的培训。这个培训要包括对使用物质安全数据表(MSDS)和可能涉及到的危险物质性质的确认，对暴露于化学品中的治疗、净化技术、污染控制技术和适当的防护水平的确认，以及训练与演习程序的确定。

在一个涉及到危险化学品的事故中要估计到以下三种类型的伤员：

① 没有受到污染但受到物理伤害的伤员；

② 没有或有很小的物理伤害，但已经受到化学品污染的人员；

③ 受到严重的伤害以及化学品污染的人员。

应急、医疗服务(EMS)人员需要处理所有受到化学污染的伤员，有经验的EMS人员把所有的伤员进行分类，以便区别出治疗的急缓。分类是对应急治疗优先权进行快速评估的方法，在涉及到化学品暴露的事故中，分类是很困难的。

对伤员快速初始分类评估有利于确认采取延缓伤害的措施，确认伤员的伤势和身体状况以及化学品污染或暴露的水平。除了最初的分类评价外，根据化学品和暴露的方式，EMS人员应该再评价那些等待治疗的伤员。如果不能快速、有效地得到治疗，伤员的情况可能会继续恶化。EMS人员应该对事故中涉及的化学品的化学及物理特性和伤员在不同的暴露水平下的症状进行确认。

化学品泄露现场的分类必须与对伤员的治疗紧紧地结合在一起进行。无论在什么情况下，采取抢救生命的措施应该优先于净化(除非净化对于保护伤员是必需的)。在进一步的治疗和转移之前，现场的EMS人员可以对伤员的衣服和其他明显的污染进行必要的最小程度上的“粗”净化。伤员的彻底“净化”应该在其处于稳定状态时进行。

一旦伤员处于安全的位置，净化应该按以下步骤进行。

第一步：确保可获得合适的个人防护设备。EMS人员在进入事故现场前应穿上个人防护设备并优先从有最大污染的区域转移伤员。

第二步：去掉伤员的衣服，把它们放置到一个贴有伤员姓名的塑料口袋内并重新给伤员披上个人防护设备和毛毯。

第三步：清除任何可见的污染物。用中性的肥皂溶液或使用温水清洁剂或其他清洗溶液对伤员进行污染净化。应急者应该控制清洗水的回流。通常对污染的净化要进行两次。

第四步：遵医生指导使用其他的解毒剂或软膏。

美国消防协会确定了对伤员的污染净化程序，它需要应急人员采取特别的措施来指导净化，这些措施包括：

① 决定污染扩散的可能性和潜在的污染范围；

② 个人防护服的选择以及对涉及的化学品的适当处理步骤的确认；

③ 由于伤员受到了严重的伤害，需要立即治疗和转院及污染清除的程序和

步骤。

管理者要在医疗部门的帮助下负责决定化学品暴露产生的症状和恰当的应急医疗救助，管理者还负责控制污染物质对生物的危害。污染净化程序还包括保护应急队员免于通过与血液和身体接触而引起疾病。

5.4.2 设备的清洁

在发生危险物质已经泄漏到设备或环境的事故后，应急人员应该把注意力放到受污染的应急设备的清洁上。清洁的重要因素是时间，如果过多拖延时间，清洁的花费将会更高。

小范围的设备清洁与净化的方法一样，通常用清洗的方法完成。大范围设备的清洁与净化是一个两阶段的操作过程。第一个阶段要去除或降低在大范围面积上的污染。这个过程一般由人工清除残骸、使用公路清洗机清洗公路表面、使用灭火软水管清洗地面或使用真空吸尘器收集微粒等操作组成。应急人员必须在粗清洁净化后进行通常的采样以决定下一步的操作。第二个过程由前面所描述的定位小范围清洁组成，应急人员必须准备收集废液并处理残骸和危险物质。表5-2列出了一些关于大范围清洁的方法。

表5-2 大范围清洁的方法

方 法	评 论
水 洗	用过的水必须收集处理,使用区域周围要设有完好的电力设备或绝缘物。水洗用于铺砌过的表面、金属表面和工厂的外墙是有效的,不能用于多孔渗透的表面
真 空	从真空管排出来的废气必须要过滤。可应用于开放的表面,对于清洗铺砌过的表面是十分有效的,对于多孔渗透的和非多孔渗透的表面也是非常有效的
吸收/吸附	适用于较大的处理范围;如果物质是不相容的,可能有潜在的反应问题
刮 除	适用于较大量的物质需要处理时;缺点是易清除掉没有受到污染的物质,并可能产生风刮起灰尘的危害
蒸气清洗	对于非多孔渗透的表面和污染物是非常有效的,废液必须收集起来处理
二氧化碳喷吹	对于大多数非多孔渗透的表面和污染物是非常有效的
高压清洗	对于非多孔渗透的表面和污染物是非常有效的,废液必须收集起来处理
喷砂/磨蚀	对于非多孔渗水的表面是有效的,土壤受到了污染也需要处理

在许多情况下，大范围扩散污染事故将需要外界承包商帮助清洁净化。当寻找承包商进行清洁活动时，应急指挥者需要了解掌握承包商的以下几项重要条件：① 关于清洁所需要技术的知识与技能；② 适当的设备；③ 受过良好培训的队员；④ 能执行安全和健康政策保护自己的工作人员；⑤ 安全的历史，违反规定的记录；⑥ 非常熟悉并注意相关环境方面法规的工作人员；⑦ 金融信誉。

5.5 事故后的恢复与善后工作

当应急阶段结束后，从紧急情况恢复到正常状态需要时间、人员、资金和正确的指挥，这时对恢复能力的预先估计将变得很重要。例如已经预先评估的某一易发事故公路段，如果制定了预先的恢复计划，就能在短短的数小时之内恢复到原来的水平。

应急恢复自应急救援工作结束时开始。决定恢复时间长短的因素包括：① 破坏与损失的程度；② 完成恢复所必需的人力、财力和技术支持；③ 相关法律、法规；④ 其他因素(天气、地形、地势)。

通常情况下，重要的恢复活动主要有以下几种：① 恢复期间的管理；② 事故的调查；③ 现场的警戒和安全；④ 安全和应急系统的恢复；⑤ 员工的救助；⑥ 法律问题的解决；⑦ 损失状况的评估；⑧ 保险与索赔；⑨ 工艺数据的收集；⑩ 公共关系。

5.5.1 恢复期间的管理

恢复期间的管理具有独特性和挑战性。由于企业某区域受破坏，生产不可能立即恢复到正常状况。另外，某些重要工作人员的缺乏可能会造成恢复工作进展缓慢。

恢复工作的成功与否，很大程度上取决于恢复阶段的管理水平，在恢复阶段，需要一位能力突出、具有大局观的恢复主管来负责管理工作。管理层还需要专门组建一个小组或行动队来执行恢复功能。

在恢复开始阶段，接受委派的恢复主管需要暂时放下其正常工作，集中精力进行恢复建设。恢复主管的主要职责包括协调恢复小组的工作，分配任务和确定责任，督察设备检修和测试，检查使用的清洁方法，与内部(企业、法律、保险)组织和外部机构(管理部门、媒体、公众)的代表进行交流、联络。

恢复主管不可能完成一个重大事故恢复工作的全部内容，因此保证一个完全、成功的恢复工作过程必须组建恢复工作组。工作组的组成要根据事故的大小确定，一般应包括全部或部分的以下人员：工程人员、维修人员、生产人员、采购人员、环境人员、健康和安全人员、人力资源人员、公共关系人员、法律人员。

恢复工作组也可包括来自工会、承包商、供货商的代表。在预先准备期间企业应确定并培训有关恢复人员，使他们在紧急事故后迅速发挥作用。如果事前没有确定恢复工作人员，恢复主管首先要分派组员。在企业最高管理层支持下，恢复主管应该保证每个组员在恢复期间投入足够的时间，可让其暂时停止正常工作，直到恢复工作结束。

恢复主管在恢复工作进行期间应该定期召开工作会议，了解工作进展，解决新出现的问题。恢复主管的主要职责之一是确定以下重要恢复功能的优先性并协调它们之间的相互关系：

① 现场警戒和安全；
② 员工救助；
③ 损失状况评估；
④ 工艺数据收集；
⑤ 事故调查；
⑥ 法律问题；
⑦ 保险和财务问题；
⑧ 公共关系和联络；
⑨ 商业关系。

恢复工作中主要的恢复功能列在表 5－3 恢复管理检查表中。

表 5－3　恢复管理检查表

(1) 安全区域 ① 维持事故现场的安全 ⑵ 员工救助 (2) 提供充足的医疗救助 ② 安抚死伤员工的家属 ③ 帮助员工从个人损失中恢复
(3) 通报 ① 执行通报程序 ② 通知不当班人员的有关任务 ③ 通知保险公司和有关政府管理部门 ④ 向员工进行简要介绍 ⑤ 保持与供货方与销售方的联系
(4) 事故调查 ① 搜集所有与事故相关的重要工艺数据 ② 保存详细的记录资料(可用录音机录下所有的决定，对损失情况进行拍摄或录像) ③ 考虑所有相关财产的损坏情况，制定专门的采购和修理工作顺序号码和费用记录 ④ 协调与有关部门的行动 ⑤ 评估受损财产的价值 ⑥ 评估停产的影响
(5) 运作 ① 建立恢复生产工作的优先性顺序 ② 保护未受损坏财产 ③ 清除烟雾、水以及废墟 ④ 防止设备受潮 ⑤ 抢救受损财产 ⑥ 恢复电力 ⑦ 进行抢救行动：把受损财产与未受损财产分隔保存；请保险公司验证受损财产；清除外部障碍物 ⑧ 列出受损财产清单(一般要与保险公司人员一起进行)；列出抢救人员搬迁的物品及其数量 ⑨ 保存所有送往垃圾场物品的记录 ⑩ 恢复设备和财产(对于重大修复工作，需要与保险公司人员和有关管理部门核对恢复计划)

5.5.2 恢复过程中的重要事项

5.5.2.1 现场警戒和安全

一旦应急反应结束，由于以下原因可能还需要继续隔离事故现场：

(1) 事故区域还可能造成人员伤害；

(2) 事故调查组需要查明事故原因，因此不能破坏和干扰现场证据；

(3) 如果伤亡情况严重，需要政府部门(安全生产局等)进行官方调查；

(4) 其他管理部门(环保局、卫生部门)也可能要进行调查；

(5) 保险公司要确定损坏程度；

(6) 工程技术人员需要检查该区域，以确定损坏程度和可抢救的设备。

恢复工作人员应该用鲜艳的彩带或其他设施将被隔离的事故现场区域围成警戒区。保安人员应防止无关人员入内。管理层要向保安人员提供授权进入此区域的名单，还要通知保安人员如何应对管理部门的检查。

安全和卫生人员应该确定受破坏区域的污染程度或危险性。如果此区域可能给相关人员带来危险，安全人员要采取一定安全措施，包括发放个人防护设备、通知所有进入人员受破坏区的安全限制等。

5.5.2.2 员工救助

员工是企业最宝贵的财富，在完成恢复过程中是极其重要的。然而，在危害发生时，大部分人员都在一定程度上受到事故影响，而无法全力投入工作，部分员工在紧急情况过后还可能需要企业的救助。

企业对员工的恢复和援助主要包括以下几个方面：

(1) 保证紧急情况发生后向员工提供充分的医疗救助；

(2) 按企业有关规定，对伤亡人员的家属进行安抚；

(3) 如果紧急事故影响到员工的住处，应协助或保证员工有时间进行个人住处的恢复。

根据损坏程度，企业应考虑向员工提供现金预付、薪水照常发放、削减工作时间、咨询服务、日托等方面的帮助。

(1) 监督员的作用

紧急情况发生后，监督员应该提供咨询服务、放假以及其他帮助，以降低员工的压力，确保企业尽快恢复正常。

监督员应该留意员工的行为变化，这些变化能显示灾难事故引起的压力，会导致工作效率低下。需要注意的症状主要包括以下几点：① 慢性肠胃不适；② 饮食习惯变化；③ 发困；④ 饮酒和吸烟量加大；⑤ 头疼、起皮疹、易怒；⑥ 社会交往时灰心、自卑、爱说脏话、好争吵、爱发脾气；⑦ 记忆力下降，注意力不集中；⑧ 过度敏感；⑨ 其他明显、不正常的行为变化。

为预防或缓解这些症状，恢复工作人员需要召开一些非正式的座谈会，为员工提供说明紧急情况期间家庭发生变化状况的机会，使他们相互交流感受和认识。有些时候，还可安排心理医生帮助员工从紧急事故中恢复过来。安全主管或其他主管也应该保证其应急队员的情绪稳定。

(2) 人力资源部门的作用

人力资源部门在恢复工作中也起着非常重要的作用。是否有相关人员协助恢复或保证生产进行，将会直接决定紧急事故对企业中每个人员的影响。对于亲友伤亡或住所受损的员工，人力资源部门应该做好以下工作：① 提供员工安排葬礼、探病或就诊的时间，分发救灾贷款，使其个人生活尽快恢复正常；② 确定工作日程安排，尽可能安排员工工作；③ 协助因灾难影响而丧失工作岗位的员工找到新工作；④ 向员工提供其他援助，例如现金预付、灵活减少工作时间或日托护理等。

(3) 政府的救助

如果员工所居住的社区在灾难影响范围内，也可得到各种政府救助。此时，恢复主管应该考虑与地方应急管理部门领导联系，以便员工能尽快登记政府援助申请。

5.5.3 损失状况评估

损失状况评估是恢复工作的另一个功能，评估工作主要集中在紧急事故后如何修复企业等问题上。这应尽快进行，但也不能干扰事故调查工作。恢复主管一般委派一个专门小组来执行评估任务，组员包括工程、财务、采购和维修人员。只有在完成损坏评估和确定恢复优先性后，才可以进行清洁和初步恢复生产等活动。损失评估和初步恢复生产密切相关，因而需要评估小组对这些活动进行监督。而长期的房屋建设和复杂的重建工程则需转交给企业的正常管理部门进行管理。

损失评估小组可使用损失评估检查表(表5-4)来检查受影响区域。虽然检查表中的每一项不一定都适用于某一特别事故，但该表所列各项可作为事故后需要考虑问题的参考。检查表有几栏用于记录需要修理的设备或区域，这些将作为工程部门对企业修建的参考。评估组据此确定哪些设备或区域需进行修理或更换及其优先顺序。

表 5-4 损失评估检查表

设备或区域	损坏程度	修建建议	实际修理情况	完成日期	工作人员
1. 重要设备					
储罐					
工艺容器					
精馏塔					
换热器					
工艺仪表					
工艺管线					
泵					
阀门					
码头					
叉车					
围栏					
仓库					
办公区					
计算机					
墙体					
屋顶					
管道					
基础设施					
通风与空调					
建筑结构					
2. 紧急设备					
灭火器					
泡沫消防设备					
呼吸器					
急救设备					
洗眼室					
浴室					
传感器					
喷洒头					

续表

设备或区域	损坏程度	修建建议	实际修理情况	完成日期	工作人员
水管及泵					
二氧化碳/哈龙灭火器					
3. 一般性器械					
动力电缆					
紧急开关					
启动开关					
其他开关与控制器					
开关接线					
进出接线					
进出管道					
手动阀					
电动阀					
设备传感器或监测器					
灭火设备					
移动的备件					
机器的基础装置					
地面					
污染控制装置					
其他装置					
4. 电力系统					
电源开关					
照明开关					
电灯插座					
电源插座					
电缆管道					
接线					
变压器					
发电机					
应急灯					
应急电池					
室外照明设备					
其他装置					

续表

设备或区域	损坏程度	修建建议	实际修理情况	完成日期	工作人员
5. 警报系统					
传感器					
电缆					
手动报警器					
自动报警器					
泵、阀气动件					
警报铃、灯					
电台					
计算机					
其他装置					
6. 广播系统					
电线					
扬声器					
无线电					
无线电发送装置					
其他装置					
7. 电话					
电话线					
电话					
备用电池					
其他装置					
8. 其他装置					
时钟					
休息室					
椅子					
桌子					

完成损失评估后，评估组应开会进行查对。需要立即修理或恢复的每个项目都应该分派专人或专门部门负责。而采购部门则应该尽快办理所有重要的申请。

损坏设备要放置到安全存放区域或进行适当处理。在进行设备处理前，要确保事故调查组对设备的查验以及记录存档。此后，相关人员还应在损失评估检查表上记录修理方式和完成日期。

确定恢复、重建的方式和规模时，通常需要做好以下几个方面的工作：①

确定日程表和造价；② 确定计划、图纸和签约标准；③ 雇佣承包人或分派人员实施恢复重建工作。

恢复工作前期相关人员应确定有关档案资料的存放工作，包括档案的抢救和保存状况、设备的修理情况、动土工程的实施状况、废墟的清理工作等。在整个恢复阶段要经常进行录像，便于将来存档。

清除和重建破坏区是恢复行动最主要的内容。一般情况下，一旦修建完成，恢复工作也就结束了，但许多其他恢复行动也很重要，需要同时进行。

第6章 事故的管理

6.1 伤亡事故管理概述

伤亡事故管理是劳动保护管理的一项重要内容，是企业预防工伤事故的重要手段。伤亡事故管理主要包括对企业职工发生伤亡事故进行报告、登记、调查、处理和统计分析。

近百年来，随着工业生产发展，人们对伤亡事故致因日益重视，并进行了多方面的理论探讨，提出了种种事故致因理论和模式，用以预防事故。按时间顺序，大致可归纳为：从早期的单因理论(确认事故原因的一个方面，只提出单一的改进措施)到流行病学方法(认为事故的发生和易感性可以与某些流行病如结核病、小儿麻痹症等的发生和易感性方式类似去理解，承认事故原因因素间的关系特性，认识到事故是三类变量组中某些类相互作用的结果)，到现代的系统论方法。另外，还有大量的从实践中总结出来的又直接应用于调查与预防的模式等。所有这些，尽管都有各自不完善之处，但对研究事故致因，预防伤亡事故都有积极作用。

例如，著名的海因里希(Heinrich)的“多米诺”(Domino)骨牌理论，提出事故链的概念，预示人们预防伤亡事故应集中于对“不安全行为”或“危险条件”采取措施。这对事故调查与预防，以及安全管理都有重要意义。近年来提出的系统理论方法，认为事故发生的原因是由于人、机之间的失配，提出要集中研究人、机之间相互作用的细节，生产运行系统的正常与反正常情况，尤其要重视研究这种相互作用的心理逻辑过程，即与人的感觉、记忆、理解、决策有关的过程。要辨析人(操作者)对运行系统的情况，特别是危险信号的感觉、认识和行为响应的能力，人的行为响应时间与系统的响应时间是否相容以及研究各种科学的信息反馈与监测等。这又是在前述理论与方法基础上的发展。

从目前种种事故致因理论看，比较一致的看法是：伤害事故是一系列事件的结果，是物(机械、设备、装置、工具、物质等)的运动轨迹与人的行动轨迹在时空中发生不希望的交叉接触而引起的，是由于能量“递流”于人体，使人与物之间发生了不希望的接触所致。而人、物之所以会发生接触，是由于多种事件(或因素)一步步组合而造成的。如果这些因素按照某种性质和形态组合时，伤害事故就发生，反之，则不一定发生。这些因素之所以能按某种性质和形态组合，有其一定概率。这就是目前普遍认为构成伤害事故的基本概念。

根据这个概念，人们在预防工伤事故实践中得到如下启示。

(1) 在某种条件下，伤亡事故的发生是偶然的、随机的现象，但同时服从某些统计规律性，应当研究这些统计规律。

(2) 有必要深入研究人、物两个运动系列的特点及两系列交叉接触的特点。考虑到人、物的不同特点，有的认为基于人的行为的不稳定性，有必要从“本质安全”思想出发，着重研究物的系列运动特点，以排除导致事故发生的物质因素，有的认为，两者不能偏废，特别是目前企业管理水平低，由于管理不善，人的错误行为而造成的伤亡事故占绝大多数，何况要真正做到物的安全化仍有很大局限性，应该根据企业实际情况正确对待这两方面的问题。

(3) 伤亡事故发生有直接原因——物的不安全状态和人的不安全行为，也有多层次的间接原因。为了有效地预防伤亡事故，应当着重抓住构成主要原因的事件或因素以排除事故隐患。在间接原因中最根本的是安全管理上的缺陷。

(4) 伤亡事故是在完成与工作、生产有关的活动中发生的，两个系列是在一定的自然环境和社会环境中运动的。因此，除人、物之外，还应着重研究自然环境和社会环境(管理因素)以及人机系统作为人、机结合特点的作业方法或作业程序。这样，就构成了与生产活动相适应的安全方面的五大重要因素。

上述理论和观点正被越来越多的人重视，并在各国安全管理中收到了良好的效果。正是在这种情况下，加强对伤亡事故的管理，在各国安全、劳动保护管理中占有重要地位。

我国早在建国初期就建立了伤亡事故管理制度。1951 年政务院中央财政经济委员会就颁布了《工业、交通及建筑企业职工伤亡事故报告办法》。为了适应国家有计划建设需要，1956 年国务院又进一步颁布了《工人职员伤亡事故报告规程》。随着国家经济形势发展和劳动保护工作需要，1991 年 3 月 1 日国务院第 75 号令重新颁布《企业职工伤亡事故报告和处理规定》。“规定”不仅继承了“规程”的合理内容，还增加了新的规定。

(1) 扩大了适应范围，适用于中华人民共和国境内的一切企业；

(2) 增加了保护事故现场，迅速抢救伤员和财产，防止事故扩大的内容；

(3) 关于事故调查的规定中，明确了事故调查组的组成、人员条件、负责人及其职责；

(4) 增加了事故处理的内容。

为了更好地配合“规定”实施，1986 年劳动人事部先后制定并经国家标准局批准颁布了《企业职工伤亡事故分类标准》(GB 6441—86)、《企业职工伤亡事故调查分析规则》(GB 6442—86)，《企业职工伤亡事故经济损失统计标准》(GB 6721—86)，使我国工伤事故管理初步建立了比较完整的制度。

建国以来，我国伤亡事故报告制度对开展与伤亡事故作斗争，推动劳动保护工作发展起了积极作用。

(1) 有利于实行安全目标管理，正确指导劳动保护工作开展。通过职工伤亡事故报告、统计和分析，可以基本上掌握企业伤亡事故情况，反映出各个时期劳动保护工作的基本成就和问题，找出事故发生的原因及其规律，从而使劳动保护工作能够更好地明确方向，抓住重点，有的放矢。

(2) 为国家制定劳动保护法规、标准，实行劳动保护科学管理提供科学依据。建国以来，我国制定的一些重大劳动保护法规、技术规范和标准，如国务院颁布的《工厂安全卫生规程》、《建筑安装工程安全技术规程》以及国家标准局颁布的 GB 3608—83《高空作业等级》、GB 2811—81《安全帽》等都参阅有关事故分析进行规定。同时，开展劳动保护科学管理与评价，必须依靠对大量事故的综合分析，提供科学数据和资料才能进行。这是安全科学管理的基础。

(3) 教育干部和群众。通过对工伤事故的调查处理，使广大职工受到深刻的安全生产教育，吸取教训，提高防御能力。

6.1.1 伤亡事故登记和调查处理

为了及时掌握情况，严肃处理伤亡事故，职工发生伤亡事故后，必须进行登记报告和调查处理。企业的厂(矿)长、车间主任必须对职工伤亡事故的登记、统计、调查和报告的准确性和及时性负责。伤亡事故的报告、登记和调查处理工作必须坚持实事求是，尊重科学的原则。

6.1.1.1 伤亡事故的含义

伤亡事故，是指企业职工在生产劳动过程中，发生的人身伤害、急性中毒事故，这个定义实际上是根据我国情况，规定了企业职工伤亡事故统计范围。

1956 年，国务院颁布的《工人职员伤亡事故报告规程》规定：企业对于工人职员在生产区域中发生的和生产有关的伤亡事故(包括急性中毒事故)，必须按照本规程进行调查、登记、统计和报告。

这里所说的生产区域，一般是指企业生产活动的场所。有些无固定生产区域的工人(如架线工)，其工作地点也就是他们的生产区域，还有一些在生活区域工作的职工(如炊事员)，他们的工作地点也应算作生产区域。职工在生产区域中进行生产或工作，由于生产过程中的危险因素的影响而造成的伤亡事故，都应执行《工人职员伤亡事故报告规程》的规定。

1960 年劳动部对伤亡事故的含义作了补充规定，指出：“企业职工发生伤亡，大体分成两类，一类是因工伤亡，即因生产与工作而发生的；二是非因工伤亡。伤亡事故规程所统计的是因工伤亡的数字，非因工伤亡不包括在内。一般讲来，只要职工为了生产和工作而发生的事故，或虽不在生产和工作岗位上，但由于企业设备或企业劳动条件不良而引起的职工伤亡，都应该算作因工伤亡而加以统计。"例如，由于工棚搭设不好，火源管理不严而引起的工棚倒塌、工棚失火造成的职工伤亡事故，虽然不是在工作岗位或生产区域中发生的，但是与企业设备不良、管理制度不完善有关。因此，也应进行报告、统计和调查处理，以便吸取教训，改进工作。但另有一些事故，虽与生产或工作有关，却不是由于企业管理制度不完善或设备不良造成的，则不需执行"规程"的规定。

6.1.1.2　调查组

(1) 调查组成员

① 轻伤、重伤事故，由企业负责人或其指定人员组织生产、技术、安全等有关人员以及工会成员参加的事故调查组进行调查。

② 死亡事故，由企业主管部门会同企业所在地社区的市(或者相当于社区的市一级)劳动部门、公安部门、工会组成事故调查组，进行调查。

③ 重大死亡事故，按照企业的隶属关系由省、自治区、直辖市企业主管部门或者国务院有关主管部门会同同级劳动部门、公安部门、监察部门、工会组成事故调查组进行调查。

第①、②两类事故调查组，应当邀请人民检察院派员参加，还可以邀请其他部门的人员和有关专家参加。

(2) 调查组成员的条件

事故调查组成员应当符合下列条件：① 具有事故调查所需要的某一方面的专长；② 与所发生事故没有直接利害关系。

(3) 调查组的职责

① 查明事故发生原因、过程和人员伤亡、经济损失情况；② 确定事故责任者；③ 提出事故处理意见和防范措施的建议；④ 写出事故调查报告。

事故调查组在进行事故调查过程中，有权向发生事故的企业和有关单位、有关人员了解有关情况和索取有关资料，任何单位和个人不得拒绝。

事故调查组在查明事故原因以后，如果对事故的分析和事故责任者的处理不能取得一致意见，劳动部门有权提出结论性意见；如果仍有不同意见，应当报上级劳动部门或有关部门处理；仍不能达成一致意见的，报同级人民政府裁决，但不得超过事故处理期限。

任何单位和个人不得阻碍、干涉事故调查组的正常工作。

事故调查组应尽快查明事故原因，拟定改进措施，提出对事故责任者的处理意见。企业应当根据调查组的调查报告，按照有关规定向企业主管部门，当地劳动部门、工会和其他有关单位报送《职工伤亡事故调查报告书》。

6.1.1.3　调查程序

(1) 抢救伤员，保护现场

事故发生后，首先应积极抢救伤员，采取措施制止事故蔓延扩大。要认真保护事故现场，凡与事故有关的物体、痕迹、状态，都不得破坏。因抢救伤员和防止事故扩大，需要移动现场物件时，必须做出标志，拍照、详细记录和绘制事故现场图。死亡事故现场必须经过当地劳动、公安部门同意，才能清理。

(2) 搜集资料

在调查中应注意充分搜集有关资料，包括现场物证资料(如破损部件、碎片、残留物、致害物的位置等)、事故事实材料(如与事故鉴别、记录有关的材料，受害人和肇事者的情况等)、事故发生前的有关事实(如事故发生前设备、设施等的性能和质量状况；使用的材料、有关设计和工艺方面的技术文件、规章制度及执行情况、工作环境状况；个人防护措施状况、受害人和肇事者的健康状况以及可能与事故致因有关的因素等)、证人材料(要尽快找被调查者搜集材料，对证人的口供材料要认真考证其真实程度)、现场摄影(包括显示残骸和受害者原始存息地的所有照片，可能被清除或被践踏的痕迹，如刹车痕迹、地面和建筑物的伤痕，火灾引起损害的照片，冒顶下落物的空间以及事故现场全貌等的照片)、事故函(包括了解事故情况所必需的信息，如事故现场示意图、流程图、受害者位置图等)。

6.1.1.4 事故分析

首先，要认真整理和研究调查材料。要如实反映客观情况，切忌主观臆断。在经过反复鉴别的基础上按照“分类标准”规定的以下内容进行分析：① 受伤部位；② 受伤性质；③ 起因物；④ 致害物；⑤ 伤害方式；⑥ 不安全状态；⑦ 不安全行为。

在分析事故原因时，应从直接原因(指直接导致事故发生的原因)入手，即从机械，物质或环境的不安全状态和人的不安全行为入手。确定导致事故的直接原因后，逐步深入到间接原因方面(指直接原因得以产生和存在的原因，一般可以理解为管理上的原因)进行分析，找出事故主要原因，从而掌握事故的全部原因，分清主次，进行事故责任分析。

事故间接原因主要按以下方面分析：

(1) 技术上和设计上有缺陷，如工业构件、建筑物、机械设备、仪器仪表、工艺过程、操作方法，维修检验等的设计、施工和材料使用存在问题；

(2) 教育培训不够或未经培训，缺乏或不懂安全操作知识；

(3) 劳动组织不合理；

(4) 对现场工作缺乏检查或指导错误；

(5) 没有安全操作规程或不健全；

(6) 没有或不认真实施防范措施，对事故隐患整改不力；

(7) 其他。

对事故责任分析，必须以严肃认真态度对待，要根据事故调查所确认的事实，通过对直接原因和间接原因的分析，确定事故的直接责任者和领导责任者，然后在此基础上，在直接责任和领导责任者中，根据其在事故发生过程中的作用，确定事故的主要责任者。最后，根据事故后果和责任者应负的责任提出处理意见。

在对事故原因分析时，可以根据情况采用因果图、事故树等方法进行分析。

6.1.2 伤亡事故处理、审批与结案

6.1.2.1 事故处理

在处理事故时，应结合各级安全生产责任制的规定，分清事故的直接责任者、主要责任者和领导责任者。

凡因错误指挥，缺乏安全生产规章制度使职工无章可循，不按规定对职工进行安全技术教育和考核，安全管理混乱，实行经济承包、租赁，承包合同没有劳动保护内容，机械设备和设施不按时检修或明知设施有隐患而不及时消除，劳动条件和作业环境不安全又不采取措施，不按规定提取和使用安全措施经费，新建、改建、扩建工程和技术改造项目，安全卫生设施不与主体工程的进程同步，以致造成伤亡事故的，应当追究有关领导人的责任。

凡因违章指挥、违章作业、玩忽职守、违反劳动纪律或发现危急情况既不报告又不采取应有措施，不按规定配备、穿戴防护用品和用具以致造成伤亡事故的，应当追究直接责任者或主要责任者的责任。

对事故责任者的处理，一般应以教育为主，或者给予适当的行政处分(包括经济制裁)。其中情节恶劣、后果严重、触犯刑法的，应提请司法部门依法追究刑事责任。

对于违反《企业职工伤亡事故报告和处理规定》，在伤亡事故发生后隐瞒不报、谎报、故意迟迟不报、故意破坏事故现场，或者无正当理由，拒绝接受调查以及拒绝提供有关情况和资料的，由有关部门按照国家有关规定，对有关单位负责人和直接责任人员给予行政处分，构成犯罪的，由司法机关依法追究刑事责任。

在调查、处理伤亡事故中玩忽职守、徇私舞弊或者打击报复的，由其所在单位按照国家有关规定给予行政处分，构成犯罪的，由司法机关依法追究刑事责任。

伤亡事故处理工作应当在 90 日内结案，特殊情况不得超过 180 日。

6.1.2.2 审批程序

根据国家有关规定，职工伤亡事故的处理应按以下审批结案：

(1) 轻伤事故由企业处理结案；

(2) 重伤事故由企业调查组提出处理意见，征得企业所在地劳动部门同意，由企业主管部门批复结案；

(3) 死亡事故由事故调查组提出处理意见，处理前经市一级劳动部门审查同意，由市同级企业主管部门批复结案；

(4) 重大死亡事故由事故调查组提出处理意见，处理前经省、自治区、直辖市劳动部门审查同意，由同级企业主管部门批复结案；

(5) 特大死亡事故由事故调查组提出处理意见，处理前经国务院劳动部门审查同意，由同级企业主管部门批复结案。

伤亡事故处理，如企业或企业主管部门对劳动部门的审查答复持有不同意见时，报上一级劳动部门或有关部门处理，如仍有不同意见，报同级人民政府裁决，按最后裁决意见执行，企业和企业主管部门不得自行处理结案。

职工伤亡事故处理结案后，要在全体职工大会上以通知、通告或公开的形式宣布处理结果。对有关人员的处分决定，应装入本人档案。劳动部门和有关部门对处理结果执行情况，要进行检查。

6.1.2.3 事故结案归档

事故结案后，应归档的资料如下：(1) 职工伤亡事故登记表；(2) 职工死亡、重伤事故调查报告书及批复；(3) 现场调查记录、图纸、照片；(4) 技术鉴定和试验报告；(5) 物证、人证材料；(6) 直接和间接经济损失材料；(7) 事故责任者自述材料；(8) 医疗部门对伤亡人员的诊断书；(9) 发生事故的工艺条件、操作情况和设计资料；(10) 处分决定和受处分人员的检查材料；(11) 有关事故通报、简报及文件；(12) 注明参加调查组的人员姓名、职务、单位。

6.1.3 伤亡事故报告

为了及时掌握情况，职工发生伤亡事故后必须进行登记和报告。

伤亡事故发生后，负伤者或事故现场有关的人员必须立即报告有关领导人员，有关领导人员应根据情况逐级上报，或直接向企业负责人报告。

企业负责人接到发生重伤、死亡、重大死亡事故报告后，必须立即将事故概况(包括事故发生时间、地点、原因和伤亡人数)，用快速办法报告企业主管部门和企业所在地劳动部门、公安部门、人民检察院和工会。

企业主管部门和劳动部门接到死亡、重大死亡事故后，应当按系统逐级快速上报。伤亡事故报至省、自治区、直辖市企业主管部门和劳动部门，重大死亡事故报至国务院劳动部门和有关主管部门。同时，当地劳动部门应迅速填报《企业职工死亡事故速报表》，直接报至劳动部和省、自治区、直辖市劳动部门。

企业主管部门和当地劳动部门，工会收到《职工伤亡事故调查报告书》后，必须及时按系统逐级上报，其中重大和特大死亡事故的调查报告书需报至劳动部、国家有关主管部门和全国总工会。

企业和企业主管部门对于《职工伤亡事故调查报告书》提出的改进措施所需的经费、物资和完成的时间必须给予保证。在改进措施完成后，厂长应会同基层工会主席检查验收，并在验收书上签字盖章，报当地劳动部门和工会备查。

企业必须按照规定在每月终填写《企业职工伤亡事故月报表》及其文字说明报送当地企业主管部门和劳动部门。

当地企业主管部门应根据上述月报表填写企业系统的《职工伤亡事故综合月报表》，连同文字说明，逐级上报，直至企业主管部门。

各级企业主管部门的《职工伤亡事故综合月报表》应同时分送同级劳动部门和工会组织，各级劳动部门的《职工伤亡事故综合月报表》应同时分送同级统计部门，并抄送同级工会。

当地劳动部门应根据企业主管部门的《职工伤亡事故综合月报表》和企业直接报来的《企业职工伤亡事故月报表》，填写地区性的《职工事故综合月报表》，逐级上报，直到省劳动部门。

省级劳动部门和国务院有关主管部门应当按照规定于每月终填写《职工伤亡事故综合月报表》报劳动部。

在伤亡事故发生后一个月内，如果有负伤人死亡，企业应立即向主管部门、当地劳动部门和工会组织补报。

企业主管部门、当地劳动部门如果在报出《职工伤亡事故综合月报表》以后才收到上述补报资料，可以在报送综合年报表时予以补正。

各省、自治区、直辖市劳动部门和国务院有关主管部门须在每年 1 月底以前将上年度的年报表报送劳动部。

企业发生职工伤亡事故，如有隐瞒、虚报或者故意延迟不报的，除责成补报外，对责任者应给予纪律处分，情节严重的要追究其法律责任。《企业职工死亡事故速报表》如有漏报、迟报的，要追究有关劳动局负责人的责任。

6.1.4　伤亡事故的统计分析

伤亡事故统计分析，是指在一定时期内对职工伤亡事故资料进行统计和综合分析，以便找出事故原因，采取预防措施，揭示事故规律，指导安全工作。它是在伤亡事故调查分析基础上进行的。常用的统计分析方法有各种图表和文字。如各种单项表、综合表、交叉制表和主次图、趋势图、控制图、分布图等。

要搞好伤亡事故统计分析，应根据事故资料情况和需要，选用不同的统计分析方法进行，本节主要介绍几个评价事故指标及其计算方法和几种常用的统计分析图。

6.1.4.1　评价伤亡事故的主要指标及计算方法

评价安全管理工作的方法和指标很多，需要考虑的因素也是多方面的。伤害频率、伤害严重率、伤害平均严重率和经济损失率是常用的重要指标。它是用数值来表示某时期内企业地区安全工作的成效，或者表示企业、地区安全工作状况，安全措施实施的效果。虽然它不是反映企业安全管理成效的最理想的参数，但它毕竟在一定程度上反映了企业安全状况，是目前国际上通用的测定方法。当然，要全面评价企业、地区的安全工作，还应当兼顾其他因素。

(1) 千人死亡率

表示某时期(通常指一年)，平均每千名职工中，因工伤事故造成死亡的人数。计算公式为：

$$千人死亡率 = 伤亡人数/平均职工数 \times 10^3$$

(2) 千人重伤率

表示某时期内、平均每千名职工中，因工伤事故造成的重伤人数。计算公式为：

$$千人重伤率 = 重伤人数/平均职工数 \times 10^3$$

(3) 伤害频率

表示某时期内，每百万工时事故造成伤害的人数。伤害人数指轻伤、重伤、死亡人数之和。计算公式为：

百万工时伤害率：$A = 伤害人数/实际总工时数 \times 10^6$

(4) 伤害严重率

表示某时期内，每百万工时事故造成的损失工作日数。计算公式为：

伤害严重率：$B = 总损失工作日数/实际总工时 \times 10^6$

(5) 伤害平均严重率

表示每人次受伤害的平均损失工作日。计算公式为：

伤害平均严重率：$N = B/A = 总损失工作日数/伤害人数$

(6) 百万吨死亡率、万立方米木材死亡率

适用于以吨，立方米为单位计算产量的行业、企业使用。计算公式为：

$$百万吨死亡率 = 死亡人数/实际产量(吨) \times 10^6$$

$$万立方米木材死亡率 = 死亡人数/木材产量(立方米) \times 10^4$$

6.1.4.2 事故统计分析方法

伤亡事故统计分析方法有各种图表和文字。关于事故表格分析和应用，前面已经讲到，可根据需要选用。下面着重介绍几种常用的分析图供参考。

(1) 主次图。

主次图也称排列图，最早是意大利经济学家巴特(Pareto)博士用于统计分析资本主义社会财富分布情况，进而推广应用到质量管理、价值工程、人事管理、事故管理等各方面管理工作中，用以分析不均匀分布的事物，发现主要矛盾，有重点地解决问题。

主次图在事故管理中，主要是用来分析与事故发生有关的各种因素的主次情

况，如事故类别、事故原因、伤害部位、年龄、工龄分类、事故发生时间以及事故单位、场所等，以便找出事故重点、确定工作中心。

主次图的作图和分析方法如下：① 收集一定时期内的数据；② 按分析目的，把数据归类，统计各项目的次数；③ 画坐标图，左边的纵坐标表示人、次数(频数)，右边的纵坐标表示累积频率，横坐标表示各项目因素；④ 将各项目因素按频数的大小从左至右依次排列，用矩形的形式画在坐标图内，最后形成几个长矩形相连，自左至右下降的图形；⑤ 将各项目的频率(百分率)依次累加，用点标在各矩形的右侧边或中心线上，并用折线连结，成为一条自左至右上升的折线，称为累积频率曲线。

例：某厂自 1980 年至 1985 年共发生 83 起事故，按事故类别分析统计如下。

项目	事故人次	比率/%	累计百分比/%
物体打击	30	36.1	36.1
灼　烫	23	27.7	63.8
机械伤害	13	15.7	79.5
高空坠落	7	8.4	87.9
车辆伤害	4	4.8	92.7
刺　割	3	3.6	96.3
爆　炸	2	2.4	98.7
触　电	1	1.3	100

按上述作图步骤画出该厂事故分类主次图见图 6－1。

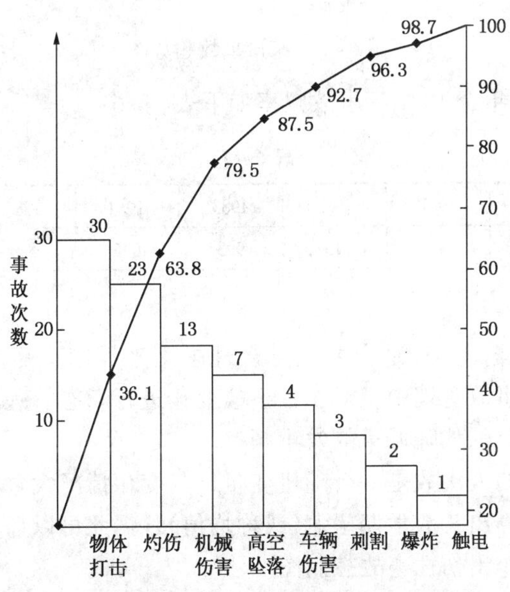

图 6－1　某厂事故主次图

从上图可以直观地看出，该厂几年来物体打击事故最多，其次是灼烫事故，两项共占总事故的63.8%。要大幅度减少事故，安全管理工作重点应设法采取措施控制这两类事故的发生。

同样，还可以按不同分析目的把数据进行各种分类，如按事故发生单位、肇事者的年龄、工龄、工种以及事故原因等，画出各种主次图以指导工作。

(2) 趋势图

趋势图也称动态图。它可以直观地显示出一个地区、部门或单位安全生产情况的动态变化，以便从中发现问题，分析原因，找出薄弱环节，改进安全管理工作，见图6-2。

其作图方法：用横坐标表示时间，一般以年或月为单位。纵坐标表示事故统计数字，如事故次数、伤亡人数、事故频率、严重率等。把对应于每一时期的事故数字在图中用点标出，把所有的点连成折线。

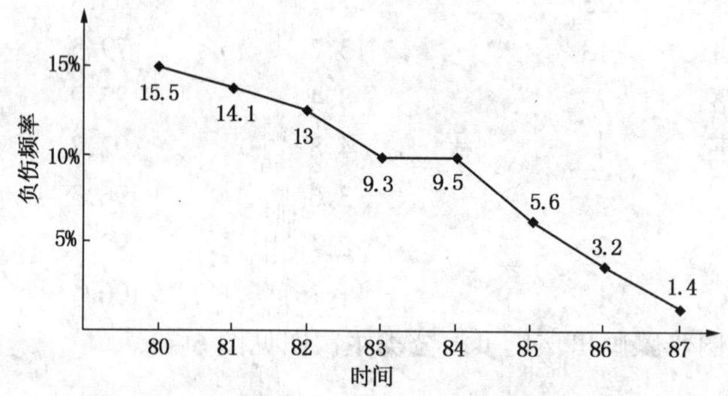

图6-2 某厂事故趋势图

例：某厂1980年至1987年事故频率如下表(表6-1)。

表6-1

年 度	1980	1981	1982	1983	1984	1985	1986	1987
事故频率/%	15.5	14.1	13	9.3	9.5	5.6	3.2	1.4

(3) 控制图

控制图也称管理图。它是企业质量管理中用来控制产品质量的一种有效措施。后来被应用到事故管理中，对伤亡事故变化进行动态管理，以控制生产过程中的伤亡事故，有目的地降低事故发生频率。

伤亡事故发生的人次数是一个随机变量，其变化情况大致符合二项分布。根据概率理论可以计算出其数学期望值(或称均值)，据此可以计算出伤亡事故的上下控制界限，从而作出伤亡事故控制图。

设某企业在一定统计时期内(一般为1年)的平均职工人数为 n，该时期伤亡

人次数为 N，把该时期划分为 M 个时间区段(一般以月为单位)，于是可得每个时间区段的平均事故率(月平均事故率)$\overline{K}$。

$$\overline{K} = N/M \cdot n$$

即每月每人发生伤亡事故的概率。由此可求得 $n \cdot \overline{K}$值——统计时期伤亡事故的期望值。

由期望值则可计算出控制图的中心线和上下控制限线的数值。即：中心线(用 CL 表示)：

$$CL = n \cdot \overline{K}$$

上控制限线(用 UCL 表示)：

$$UCL = n \cdot K - 2\sqrt{n \cdot \overline{K}(1 - \overline{K})}$$

下控制限线(用 LCL 表示)：

$$LCL = n \cdot K - 2\sqrt{n \cdot \overline{K}(1 - \overline{K})}$$

然后画出控制图。以横坐标表示时间(月份)，纵坐标表示伤亡人次数，用实线表示中心线，虚线表示上下控制限线，把每个时期(月)的伤亡人次数点在图上，并连成折线。

在正常情况下，在一定统计时期内，伤亡数字应该在上下控制限以内，在中心线两侧上下跳动。如果超出了上控制界限，说明激发事故的因素增加，事故次数超过正常范围，应该引起重视，分析原因，采取措施，加以控制；如果低于控制界限，说明激发事故的因素、事故次数显著减少，这是我们所希望的，应该总结经验。对图中点观察时，应特别注意超出上限的点，它是预示情况不好的警报。

下面举例说明控制图的应用。

某厂 1985 年平均职工人数为 6300 人，每月伤亡人次数如下表(表 6-2)。

表 6-2　每月伤亡人次数

月　份	1	2	3	4	5	6	7	8	9	10	11	12	总计
伤亡人数	5	4	11	4	14	18	13	15	10	11	12	5	122

分别计算出控制图各数值：

$$\overline{K} = N/n \cdot M = 122/12 \times 6300 \approx 0.001614$$

$$CL = n \cdot \overline{K} = 6300 \times 0.001614 \approx 10.1682 \approx 10$$

$$UCL = n \cdot \overline{K} - 2\sqrt{n \cdot \overline{K}(1 - \overline{K})}$$

$$= 10.1682 + 2\sqrt{10.1682(11 - 0.001614)} = 10.1682 + 6.3724 = 16.54 \approx 17$$

$$LCL = n \cdot \overline{K} - 2\sqrt{n \cdot \overline{K}(1 - \overline{K})} = 10.1682 - 6.3724 = 3.80 \approx 4$$

画出控制图。见图 6-3。

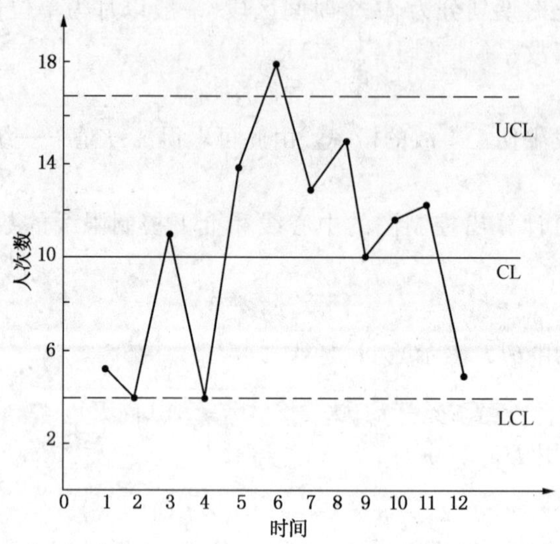

图 6-3 某厂事故控制图

从控制图上可以看出，6 月份伤亡人次已经超出上控制界限，说明该月有异常事故激发因素，应该分析原因，防止以后再次出现类似情况，1、2、4、12 月事故人次数较少，接近于下控制界限，应该总结经验，巩固成绩，推动工作。

控制图也可以结合安全目标管理用来控制未来统计时期的伤亡事故情况。为此，首先要根据以往的情况及上级的要求确定控制目标，然后据此进行计算并作出控制图。

例如，假定未来统计年度伤亡人次的控制指标为 N'，预计该年度平均职工人数为 n'，则可求得未来年度所要控制的月均伤亡事故率为：

$$\bar{K}' = N'/M \cdot N'$$

于是可求得期望值为 n，$\bar{K}'$，从而计算出 CL'、UCL'、LCL' 等值，作出未来年度的伤亡事故人次控制图。随着时间的推移，把每月的实际伤亡人次用点标于图上，连成折线，即可直观地看出伤亡事故发展变化的动态过程。如有异常，就及时采取措施，加以控制。

控制图也可以长时间连续使用，但控制界限应定期进行计算。在一张控制图上出现两个或多个控制界限结合使用，更有利于对事故发展趋势进行综合分析。

(4) 分布图

在厂区、车间的平面图上或者对某个生产过程的作业方式，把伤亡事故历史资料进行统计，然后按事故发生的部位用不同颜色的符号标志出形象图，即为分布图。

分布图上的事故点应当作为安全检查的重点对象，也作为制定日常巡回检查网络图的依据。

例如：某厂历年来发生的伤亡事故是：材料库3人次，占全厂总事故2.8%，一加工车间5人次，占4.7%，二加工车间12人次，占11.2%，三加工车间54人次，占50.4%，四加工车间33人次，占30.8%。按照上述方法绘出该厂事故分布图，见图6-4。

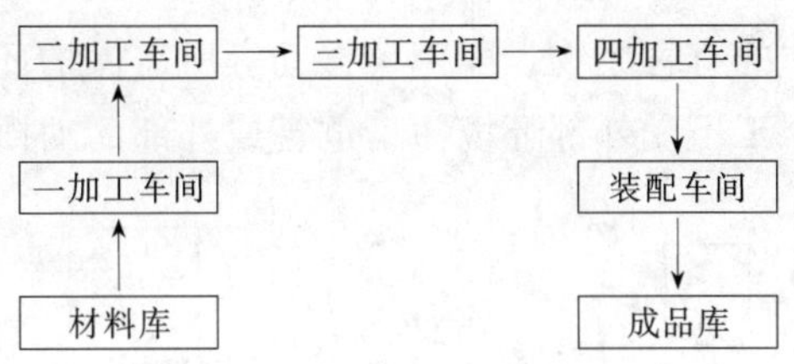

图6-4 某厂事故分布图

从图中可以看出，三、四加工车间是全厂事故分布的重点。应当重视研究分析其事故发生的具体原因，采取措施，以改变安全生产状况。同时，在日常安全检查中，应把这两个车间列为重点检查对象。

6.2 事故费用的概念

伤害问题涉及到预防、治疗、康复和赔偿几方面的活动，每个方面都有费用问题。人们可以期望预防费用与“跟随费用”(治疗、康复和赔偿费用)之间存在相反的作用，即前者的增加将或迟或早地导致后者的降低。“无论如何，如果从财政的观点看问题，因预防所花的费用应与治疗、康复和赔偿费用一样，被看成是职业伤害总费用的一个构成部分。”

事故的费用与事故发生前企业的“潜伏状况”——表现为“机能不良”以及事故后的修理有关，如图6-5所示。

从图中可见，事故的费用随企业管理方面在事故发生前所做(关于预防措施)的决定和事故发生后做出的有关决定而变化。

按照以上观点，职业伤害事故的费用，包括有关活动在生产计划阶段的费用、企业运营期间的费用和与生产损失相关联的财政损失三部分。

生产计划阶段的费用包括：

(1) 与下列生产要素的安全问题有关的费用

① 工作环境(如建筑物，场地)；② 使用的物质(原材料，半成品，成品，废品)；③ 工作设备(生产机械，运输装置和其他装置，控制和调节系统，机械防护装置，个体防护用具等)；④ 人(培训，医学鉴定，能力测试)；⑤ 工作方法(法规关于工作方法的强制性规定，工时数限制，女工、童工限制，轮班工作问题，工作节奏等)。

(2) 对易于预见的事件的预防费用

① 控制系统；② 预防维修计划；③ 储存备件；④ 应急救援(对房产、物质、人员等)；⑤ 安全活动。

(3) 其他费用

① 因企业生产中的有害废物、噪声、振动等所需保护环境和公众的费用。

② 保护企业内职工不受外部环境污染危害或外部活动损害的费用。

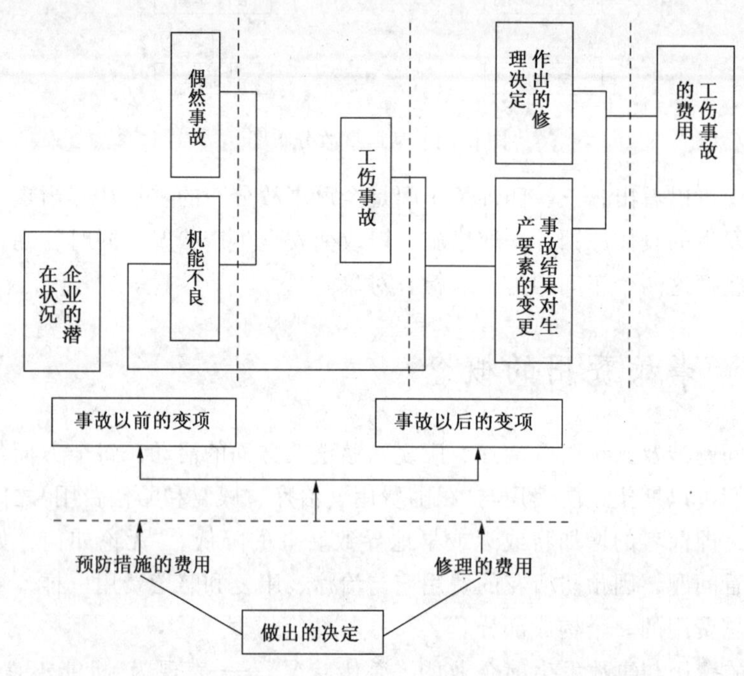

图 6-5 事故费用与事故前、后所做出的管理决定有关

生产计划阶段的费用可以视为广义的预防费用，这种费用是一个很大的投资，会在其后企业运营的一个长时期内发挥作用。企业运营期间的预防费用中的预防措施费用也具有长期的效应。如果把这种投资分担到它起作用的各年内，则可以看作各年度预防费用的一部分。

按以上的费用分类方法，企业运营期间的费用包括固定的和变动的预防费用、固定的和变动的保险费用、职业伤害发生后的变动性费用、与职业伤害有关的物质损失费用以及特殊的(计划外的)预防费用。若加上与生产损失相关联的财政损失，则总费用以下式表示：

$$C = D_{pf} + D_{af} + D_{pv} + D_{av} + D_{l} + D_{m} + D_{pe} + P$$

其中 C——总费用；

D_{pf}——固定的预防费用；

D_{af}——固定的职业伤害保险费用；

D_{pv}——变动的预防费用；

D_{av}——变动的职业伤害保险费用；

D_{l}——职业伤害发生后的费用；

D_{m}——由与职业伤害有关的物质损毁引起的费用；

D_{pe}——特殊性质的(计划外的)预防费用；

P——与生产损失相关联的财政损失。

其中预防费用包括：

(1) 固定的预防费用

① 硬件：与房屋、物料、设备有关的预防费用及与此有关的付给外部顾问或审计人员的费用。

② 软件：企业内安全卫生活动使企业管理者和有关工作人员花费的时间的费用(领导者、监督人、安全、医疗、防火、培训、人事等部门人员，文件、记录、统计人员等，工会代表)。

(2) 变动的预防费用

① 计划外的预防措施费用；② 计划外有关安全活动的费用。

(3) 特殊的预防费用

① 更新设备、设置新工序的费用；② 对原设备改进防护的费用。

保险费用包括：

(1) 固定的保险费用

① 工伤保险费用；② 物质保险费用(设备保险、火灾保险等)。

(2) 变动的保险费用

企业运营期间的保险费用、职业伤害发生后的变动性费用、与职业伤害有关的物质损失费用，加上与生产损失相关联的财政损失，就是我们通常所说的事故经济损失或事故费用。

此外，在生产过程中还存在“特殊的预防费用”，指事先没有想到的预防费用，主要是更新设备、设置新工序、稍对原设备改进防护的费用。

作为一般的准则，危险的财政管理导致对每种危险采用以下的措施：

① 通过采取预防措施消除一部分危险；

② 作为对危险起防护作用的保险，再承受一部分危险；

③ 其余部分由企业进行管理控制。

对于多数危险，是企业管理者决定怎样把危险在以上三方面归类。对造成物质损毁的事故危险，企业管理者的选择决定是自主的，但对于造成身体伤害和职业病的危险，其选择受到道德的和社会关于其危险最低水平的限制——由法规所限定，若违反则将受到制裁。劳动安全事故费用可由上述三部分组成，后两部分由事故发生率决定，因此构成了事故费用。

预防费用是为了减少事故的发生，其中“固定的预防费用”与事故发生率无关，在短期内费用额不变，费用额的大小取决于企业关于劳动安全卫生的方针，以及行业或政府关于最低安全标准的法规；变化的预防费用与事故频率和严重度有关；另一项是计划外的预防费用，属于一开始(设计生产程序，设计或购买机器等)未想到的措施，不是因任何特定的事故引起，常由法规、标准的变化引起。

保险费用亦分为固定的保险费用和变动的保险费用。前者取决于企业生产活动的危险性质，由“差别费率”决定，后者为浮动费率，取决于事故频率和严重度。

劳动安全事故费用、预防费用、事故费用如图 6-6 所示。非保险费用(间接费用)是本项研究的重点之一。

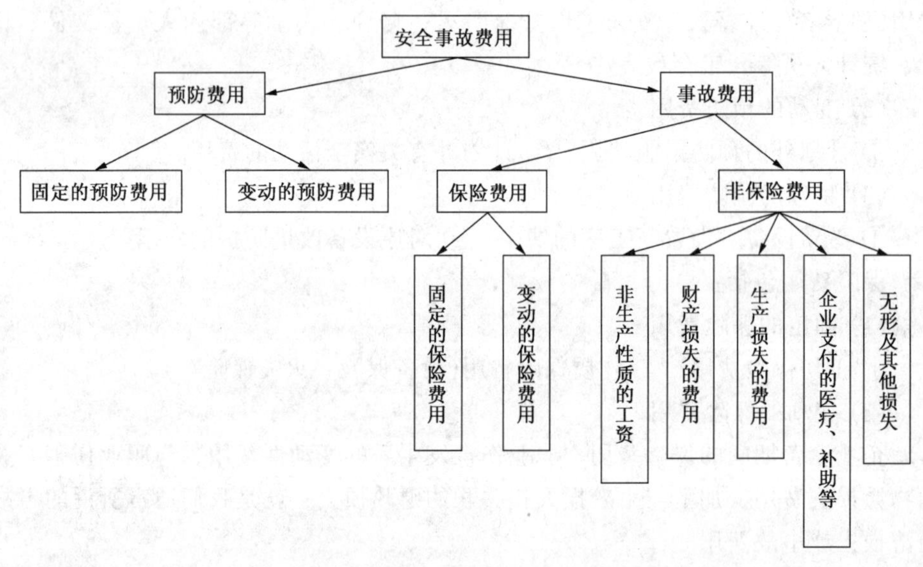

图 6-6 劳动安全事故费用的组成

6.3 事故经济损失估算方法

6.3.1 事故经济损失费用要素

6.3.1.1 直接费用与间接费用

直接费用的概念对不同的人是不同的，有的人把保险费用称为直接费用，因为这种费用是账面上都有的、明确的，此外的费用称为间接费用。有的人按与事故的关系区分直接和间接费用，如 GB 6721—86 规定的方法。

英国卫生安全执行局(HSE)执行部(OU)在其《工作事故的费用》(The Costs of Accidents at Work，1992)中说明了保险/非保险与直接/间接费用之间的关系(图 6-7)：

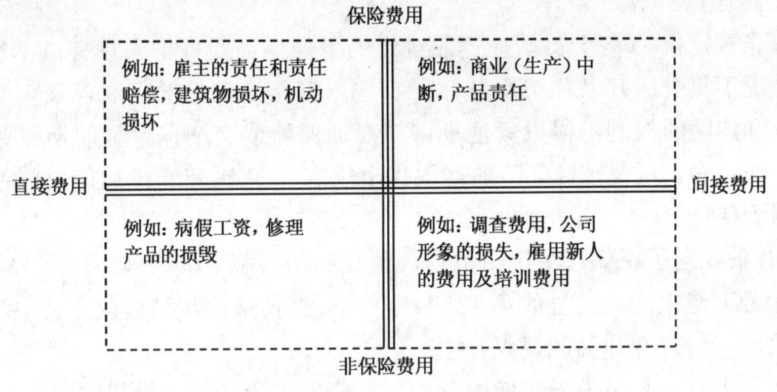

图 6-7　两种费用分法的关系

OU 认为，“以前的研究专注于‘间直比’，然而这个比值的准确意义依作者而各不相同，难于比较”。“分析保险费用的优点是多数组织知道他们有哪些保险、费用多少，因而通过与类似行业的案例研究结果进行比较，可以估算他们受到的可能损失”。

美国全美安全理事会(NSC)的看法是(《工业生产事故预防手册(第八版)》)：“因为‘直接’费用与‘间接’费用之间的区别很难划分清楚，所以已废弃不用而赞成改用更确切的词，即‘保险’的费用与‘非保险’的费用。这样，公司估算其事故费用的数据会具有合理的准确性”。该书进一步解释道：“要使费用数据最大限度地有用，它就必须尽可能准确地代表公司的自身经历。从经验中得到的代表很多不同行业的不同公司的间接费用与直接费用之间的固定比值并不能符合此目的。事故费用的估算一般不考虑行业之间的危险的差别，也不考虑公司之间的安全绩效的差别。”

我国原劳动部在成功的试点工作的基础上于 1996 年 8 月发布了《企业职工工伤保险试行办法》，并要求于同年 10 月实施。国家技术监督局也已批准并印发了《职工工伤与职业病致残程度鉴定》(国家标准 GB/T 16180 —1996)。随着我国社会主义市场经济的进一步发展和劳动安全卫生管理及其体制的改革，全面实行工伤保险的条件会日益成熟。因此，在我国可以使用保险费用和非保险费用的分类。直接费用即保险费用，间接费用即非保险费用。

6.3.1.2　保险费用

(1) 工伤保险

受伤害者及其家庭所享受的保险待遇主要是医疗费用和不能工作期间的津贴。

国际劳工组织大会于 1964 年通过的第 121 号公约《工伤事故和职业病津贴公约》第

6条规定：

受覆盖的工伤事故或职业病应包含下列范围：① 病态；② 正如国家法规规定的，因病态而不能工作并停发工资；③ 全部或部分丧失挣钱能力，已超过规定的程度，且很可能是永久性的，或相应地产生体能下降；④ 由于供养人死亡，造成规定类别的受益人丧失生活来源。

第9条规定：① 各会员国应遵照规定的条件保证受保护人享有以下待遇：a. 在病态情况下接受医疗及相关服务；b. 在第6条指出的情况下取得现金津贴。② 享受医疗和津贴的权利不得以就业期限、参加保险或交纳保险金的期限为先决条件；至于职业病，可就接触危险的期限作出规定。③ 医疗和津贴待遇应在整个覆盖期间得到保证。

第10条规定了在病态情况下取得的医疗和相关服务的内容。

国际劳工组织同时通过的第121号建议书《工伤事故津贴建议书》的第8至15条提出关于支付现金津贴的建议：

第8条指出，凡丧失工作能力者均应从停发工资的第一天起领取现金津贴。

第9条指出，如属暂时丧失劳动能力、初步丧失劳动能力或完全丧失劳动能力(很可能是长期的或因此造成某种生理缺陷)，津贴金额不得低于：① 工资收入的三分之二；但应规定最高津贴额或供计算津贴参考之用的工资收入的最高数额；② 在采用统一津贴比率的条件下，男工人数最多的部门的平均工资的三分之二。

第10条指出，① 如因工伤或职业病长期丧失劳动能力或造成某种生理缺陷，在其影响程度超过百分之二十五的情况下，现金津贴应采用按期支付的方式。② 如果因工伤或职业病长期丧失劳动能力或造成生理缺陷的影响程度低于百分之二十五，可采取一次付清的办法，而不是分期支付的方式。一次性支付的金额应与按期支付的金额保持合理的比例关系，不得低于分三年支付的津贴总额。

第11条指出，如果受害者经常需要旁人照顾，应作出安排，以便在合理的范围内支付这类照顾所需的费用，若无这样的安排，则应适当提高按期支付的津贴金额。

第12条指出，如果工伤或职业病导致无法从事某项工作或毁容，而在评估受害者的损失时并未把这些情况完全考虑在内，应向受害者提供特别津贴或补充津贴。

第13条指出，如果按期支付给遗属及其子女的津贴低于规定的最高数额，应向由死者生前负担生活费的下列人员按期支付津贴：① 父母；② 兄弟姐妹；③ 孙辈。

第14条指出，给死者家属的津贴最高限额不得低于在因工伤事故或职业病长期完全丧失劳动能力或造成某种生理缺陷的情况下所应支付的津贴数额。

第 15 条指出，一九六四年工伤事故和职业病津贴公约第 14 条第 2、3 款和第 18 条第 1 款所述的津贴数额应根据工资总水平或生活费用的变化定期进行调整。

很多国家的工伤保险制度都有关于“暂时伤残补助”、“永久残废恤金”、“医疗补助”、“遗孀恤金”、“孤儿恤金”的数额(工资额的一个百分比)、最高限额、支付期等的具体规定。

我国劳动部文件(劳部发[1996]266 号)发布的《企业职工工伤保险试行办法》第四章规定了工伤保险待遇：

死亡情况下，有一次性工亡补助金、丧葬补贴和供养亲属抚恤金。

非死亡情况下，有医疗费用、护理费、辅助器具费和工伤津贴。对于按 GB/T 16180—1996《职工工伤与职业病致残程度鉴定》被鉴定为一级至四级的工伤津贴包括伤残抚恤金、一次性伤残补助金、安家补助金；被鉴定为五级至十级的工伤津贴包括在职伤残补助金(或伤残抚恤金——对五、六级中退职者)和一次性伤残补助金(或一次性伤残就业补助金——对七至十级中的自谋职者)。

其中“供养亲属抚恤金”和“伤残抚恤金”按上年度职工平均工资增长一定比例，每年调整一次。

《办法》对上述的各项津贴的数额都有具体的规定。

在医疗费用中，包括：挂号费，住院费，医疗费，药费，就医路费，住院中的伙食补助及到外地就医的交通食宿费用。护理费因依赖的程度不同而取平均工资的不同的百分数。

企业向工伤保险机构交纳的保险金额，按照国家规定的差别费率(反映不同行业的危险程度)和浮动费率(反映企业工伤事故和职业病发生情况或企业安全水平)，是职工工资额的一个百分数。

在未实行工伤保险的企业，计入企业支付的相当于下述费用项目中的费用即可；非死亡情况下——医疗费用，护理费，辅助器具费，工伤津贴；或死亡情况下——一次性工亡补助金，丧葬补贴和供养亲属抚恤金，以及其他有关费用。

(2) 其他保险

事故造成的物质(设备、建筑物、车辆等)保险、火灾保险、接续损失保险等其他保险费用与工伤保险费用一样，是直接经济损失(保险费用)的一部分。

6.3.1.3　间接费用要素及分类

计算伤害事故给企业造成的经济损失，关键是计算非保险费用。

非保险费用(间接费用)的要素及分类：

(1) 企业支付的补偿、医疗、补助和其他费用

① 急救费用；② 运送受伤害者去企业外医疗处理的交通费用；③ 企业承担的企业外医疗费用；④ 保险补偿等待期的工资；⑤ 企业自愿付给受伤害者及其家庭的补助金；⑥ 其他费用(各种补偿费，丧礼补助，探望费等)。

(2) 非生产性质的工资

受伤害者：① 受伤害当天的时间损失费用；② 缺工期间企业支付的工资补贴(工伤保险金之外)；③ 返回工作后因看病或其他原因造成的时间损失费用。

其他人员：① 救助、围观、护理等损失的时间费用；② 事故发生后因停产、维修、整理、复工花费的时间费用；③ 事故调查和处理工作中涉及的时间费用。

(3) 财产损失费用

① 建筑物、机械、装置、护具等的修复费用；② 建筑物、机械、装置、护具等不能再继续使用时的损失；③ 原材料、燃料、半成品、产品、包装材料的损失；④ 其他物的损失。

(4) 生产损失费用

① 停产造成的接续损失；② 为弥补减产而多负担的支出(加班等)；③ 因未完成合同而支付的延期费等费用；④ 受伤害工人返岗后能力下降或转轻度工作造成的工资损失；⑤ 新替换的工人能力不足造成的工资损失；⑥ 减产造成的工资损失。

(5) 其他有关费用

① 替换受伤害者的工人的雇用费；② 替换受伤害者的工人的培训费；③ 罚款；④ 与诉讼有关的费用；⑤ 清除环境污染的费用；⑥ 其他因事故造成而由企业负担的费用。

对上述某些项目的说明：

(1)中①：按各国惯例，给予受伤害者保险补偿的开始之日前有一个等待期(一般是几天)。

(2)中⑤：主要指工人，也包括某些管理人员。

(2)中⑥：主要指工人和一般工作人员(如安全员)，管理者、职能部门(如安全部门及涉及的其他职能部门)、工会等方面的人员不计。

(3)中①：包括聘用外部人员、购/租设备或场地、材料/备件/消耗物品的费用等。包括恢复原位的费用。不要计入2中⑤的费用。

(4)中②：包括额外服务费用(照明，供热，清洁等)和额外管理费用。

(3)、(4)中由相关保险承担的赔偿费用因在直接费用中已计，此处不计。

(5)中②：包括监督人(车间主任、工段长)或其他工人培训新工人的时间费用。

(5)中⑥：所有上述项目中未计的费用。此项费用根据实际情况确定。可能的费用有：支付给企业外人员的应急救援费用、技术鉴定费用；对外接待费；受伤害工人重新培训的费用；新工人造成的过量损耗；仅因本次事故使物质保险增加的费用；本次事故导致的劳动关系对抗造成的损失费用等。

6.3.2　损失的计算方法

(1) 经济损失计算见公式(1)

$$E = E_d + E_i \tag{1}$$

式中　E——经济损失，万元；

E_d——直接经济损失，万元；

E_i——间接经济损失，万元。

(2) 工作损失价值计算见公式(2)

$$V_w = D_L \cdot M/(S \cdot D) \tag{2}$$

式中　V_w——工作损失价值，万元；

D_L——事故的总损失工作日数，死亡一名职工按 6000 个工作日计算，受伤职工视伤害情况按 GB 6441—86《企业职工伤亡事故分类标准》的附表确定，日；

M——企业上年税利(税金加利润)，万元；

S——企业上年平均职工人数；

D——企业上年法定工作日数，日。

(3) 固定资产损失价值按下列情况计算

① 报废的固定资产，以固定资产净值减去残值计算；② 损坏的固定资产，以修复费用计算。

(4) 流动资产损失价值按下列情况计算

① 原材料、燃料、辅助材料等均按账面值减去残值计算；② 成品、半成品、在制品等均以企业实际成本减去残值计算。

(5) 事故已处理结案而未能结算的医疗费、歇工工资等。

(6) 对分期支付的抚恤、补助等费用，按审定支出的费用，从开始支付日期累计到停发日期。

(7) 停产、减产损失，按事故发生之日起到恢复正常生产水平时止计算其损失的价值。

6.3.3　经济损失的评价指标和程度分级

(1) 经济损失评价指标

① 千人经济损失率

计算按公式(3)

$$R_s(‰) = E/S \times 1000 \tag{3}$$

式中　R_s——千人经济损失率；

E——全年内经济损失，万元；

S——企业平均职工人数，人。

② 百万元产值经济损失率

计算按公式(4)

$$R_v(\%) = E/V \times 100 \tag{4}$$

式中 R_v——百万元产值经济损失率；

E——全年内经济损失，万元；

V——企业总产值，万元。

(2) 经济损失程度分级

① 一般损失事故。经济损失小于1万元的事故。

② 较大损失事故。经济损失大于1万元(含1万元)但小于10万元的事故。

③ 重大损失事故。经济损失大于10万元(含10万元)但小于100万元的事故。

④ 特大损失事故。经济损失大于100万元(含100万元)的事故。

(3) 几种经济损失的测算法

① 医疗费按公式(A1)测算：

$$M = M_b/(P \cdot D_c) \tag{A1}$$

式中 M——被伤害职工的医疗费，万元；

M_b——事故结案之日前的医疗费，万元；

P——事故发生之日至结案之日的天数，日；

D_c——延续医疗天数，指事故结案后还须继续医治的时间，由企业劳资、安全、工会等按医生诊断意见确定，日。

注：上述公式是测算一名被伤害职工的医疗费，一次事故中多名被伤害职工的医疗费应累计计算。

② 歇工工资按公式(A2)测算：

$$L = L_q(D_a + D_k) \tag{A2}$$

式中 L——被伤害职工的歇工工资，元；

L_q——被伤害职工日工资，元；

D_a——事故结案日前的歇工日，日；

D_k——延续歇工日，指事故结案后被伤害职工还须继续歇工的时间，由企业劳资、安全、工会等与有关单位酌情商定，日。

注：上述公式是测算一名被伤害职工的歇工工资，一次事故中多名被伤害职工的歇工工资应累计计算。

6.3.4 关于另外四种费用的说明

(1) 管理时间损失

管理时间损失包括：

① 企业领导者、监督人(车间主任、工段长等)花在事故现场抢救、事故调查处理和生产恢复、生产重组工作上的时间;

② 有关职能部门和团体的人员(安全卫生部门、医疗部门、财务部门、职业安全卫生委员会、工会的人员及行政人员、企业的医生、护士、救护队员等)在事故现场抢救、事故调查处理、对外界的联系等项工作中的时间。

我国早就提出"管生产的管安全"的原则,并把安全生产列为领导责任制中一项十分重要的内容,这是从长期实践中得到的宝贵经验。我国的这一原则完全符合全面损失控制原理。国际标准化组织在制定ISO 9000质量管理和质量保证体系序列标准和ISO 14000环境管理体系序列标准并在各国得到实施、认可和成功之后,已提出职业安全卫生管理体系问题。部分国家(包括我国)已制定并实施了本国的职业安全卫生管理体系标准或规范。目前国际上倡导把职业安全卫生管理体系融入组织总的管理体系,作为一体化管理体系不可分割的组成部分。这说明,安全与生产、安全与质量、安全与环境是不可分的。因此,与安全生产有关的工作是领导者和有关职能部门和人员份内的职责。

另一方面,事故后的生产重组可能导致生产率的提高,正的效益自然不属于事故损失。

因此,事故发生后的现场指挥、组织、救助及事故调查处理中的组织、会议、询问与被询问、撰写和研究事故报告、生产重组与预防重演措施的制定等项工作中涉及到以上两类人员的时间费用不计入事故费用。

但应注意,因事故造成上述人员的加班费用是事故费用,在请外部人员进行修理、整顿、恢复工作时本企业人员的管理工作时间计入事故费用。

(2) 预防措施的费用

这种费用的出现与其说是因事故引起,不如说是因管理失误或预防措施的缺陷而造成。另一方面,无论归于"特殊的预防费用"还是归于"变化的预防费用",由特定事故导致的预防措施的费用将在事故之后的长时间内起作用。

(3) 事故导致的第二次事故的费用

对于先导事件是接续事件的原因的两次事件,要根据具体情况在时间、空间和因果关系的必然性方面判断是否作为一次事件处理。有的案例,例如某化工厂造气车间紧急停车不但造成本车间的损失,而且造成后面车间的无谓能耗和其他损失,由于在时间上联系紧密,且具有必然性,作为同一事故处理。相反的一个例子,是甘肃某公司吊装队1990年3月31日在拆除同月12日炼铁厂1号高炉爆炸事故中崩塌的斜桥平台时发生平台坠落、平台上工作的2名工人死亡。后一事故是前一事故引起的,但在时间上相隔较长,且并非是不可避免的,没有因果关系上的必然性,就作为两次事故处理。

(4) 无形损失

无形损失包括：对道德的影响，即雇主对人的生命价值、肢体完整性、安全健康的轻视或漠视对雇员心理的影响；对劳动关系的影响；顾客的抱怨、不满意；商业形象、企业信誉的损失。这些因素难以用金钱来度量。前面提到了因事故使劳动关系对抗造成的损失，指请愿、罢工等抗议活动对企业造成的损失。

6.4 事故责任的追究

6.4.1 发达国家安全生产与事故责任追究

世界各国都十分重视安全生产工作，普遍把严密立法、强化监察、责任约束作为重要手段，以保障国家经济的正常运行，保护劳动者的合法权益。在我国加快完善市场经济体制的过程中，了解发达国家安全生产法规建设、管理体制和责任追究的基本情况，注重分析和消化吸收，对推进我国安全生产的法制化建设有着深远的意义。

6.4.1.1 美国职业安全卫生法与事故责任追究

美国国会通过调查认为，由于劳动场所引起的人身伤害和疾病，导致的生产停顿、工资损失、医疗支出和伤残补偿费等给各州之间的经济发展带来了障碍，为帮助并鼓励各州作出努力，以保证劳动条件的安全卫生，为职业安全卫生领域提供科学研究、情报资料和教育训练，有必要制定全美职业安全卫生法。

1970 年，经美国国会参众两院审定后，首次颁布了《职业安全卫生法》。1991 年，经修改，国会重新以 2193 号法令颁布。

美国职业安全卫生法共 29 节 34 条。主要内容：为保证男女劳动者工作条件安全和卫生以及其他诸目的、国会调查结果的目的、定义、本法的适用性、责任、职业安全卫生标准、咨询委员会、视察与调查和记录保存、传票、执法步骤、司法复查、职业安全卫生复查委员会、抵制紧迫危险的步骤、民事诉讼代表、商务秘密的机密性、变动与宽容和豁免、罚则、州的司法权和州的计划、联邦机构的职业安全卫生方案和责任、研究和有关活动、培训和雇员教育、国家职业安全卫生研究所、给州以授给物（补助、拨款、授地）、统计、审计、年报、州工人补偿全国委员会、对小商业者的经济援助、增设劳工部部长助理、增加职位、紧急定位信标、可分性、拨款、生效日期、立法历史等。简要介绍如下：

6.4.1.1.1 立法目的

(1) 鼓励雇主和雇员尽可能地减少在受雇场所发生职业安全卫生的灾害次数，并促使雇主为雇员提供安全卫生的劳动条件，制定新的方案或改进现行方案。

(2) 规定雇主和雇员为获得安全卫生的劳动条件，双方在责任和权利上的分工与合作。

(3) 授权劳工部长为有关各州之间的经济商业事务，规定带有强制性的职业安全卫生标准，并成立职业安全卫生复查委员会，根据本法令行使裁决权。

(4) 依靠雇主和雇员的积极性，并根据他们提出的建议，改善保障职业安全和卫生的劳动条件。

(5) 为开展职业安全卫生领域的科研工作提供条件，包括对心理因素的研究，以及改善职业安全卫生条件的新方法和新技术。

(6) 探索发现潜伏性疾病的各种方法，探明劳动条件和疾病之间的因果联系，并从事其他有关卫生问题的研究。

(7) 提供医疗标准，尽可能保证不使雇员由于劳动经历而蒙受健康、工作能力或寿命等减退的结果。

(8) 制定培训方案，以增加职业安全和卫生领域工作人员的数量和提高其业务工作的能力。

(9) 为职业安全卫生标准的发展和推广提供便利。

(10) 制定有效的实施方案，包括防止在安全监察人员到现场监察前事先通知对方的禁令和对任何违禁者予以惩罚的决定。

(11) 向各州提供拨款，帮助他们实现安全生产，鼓励他们为职业安全卫生管理和实施他们的职业安全卫生法令去承担最充分的职责，并根据法令条款制定计划，改进州的职业安全卫生法令的管理和实施，开展与之相关的试验和示范项目。

(12) 为有助于实现本法令的目的，并准确地陈述职业安全卫生问题的性质，建立有关职业安全卫生的报告制度。

(13) 鼓励劳资双方作出共同努力，以减少雇佣中出现的伤害和疾病。

6.4.1.1.2　雇主责任

(1) 必须为他们每个雇员提供没有对雇员造成或不可能造成死亡、严重生理伤害危险的工作和工作场所。

(2) 必须遵守职业安全卫生法令颁布的职业安全卫生标准。

6.4.1.1.3　安全监察人员的职责与权力

法令规定了劳工部长及其部长代理人安全卫生监督检查的职责。其部长代理人可指安全卫生监督管理部门最高行政长官，也可泛指安全卫生监察人员。部长代理人在安全卫生监督检查中，在出示有关证件后，可行使以下主要职责与权力：

(1) 可进入雇主雇佣的雇员正在工作的工厂、车间、机关、建筑工地或者其他工作场所或工作环境。

(2) 可对上述工作场所和工作环境进行安全监察，检查其工作条件、建筑、机器、仪器、装置、设备和材料，并可向这些雇主、占有者、经营者、代理人中的任何人或雇员提问。

(3) 对企业存在违反安全卫生标准的情况，必须用书面传票形式通知雇主，并写明违法行为、经济处罚的决定和所实施经济处罚的法律依据。

(4) 安全监察工作中发现可能迅即发生事故的情况，必须按规定的执法程序，命令雇主立即避免、改变或排除这种紧迫危险，并禁止任何人进入危险场所。

(5) 在事故调查过程中，可要求证人到场作证并在宣誓后提供证词，如证人不到场，可通过法院命令要求其到场，如不服从法院命令，按蔑视法庭罪惩罚。此外，劳工部长有权颁布、修改、废除任何职业安全卫生标准。在确定雇员正处于有毒物质或者有害物理因素严重影响的危险情况下，劳工部长可不受美国法典的约束，发布保护雇员的临时性紧急标准，并自颁布之时起立即生效。

6.4.1.1.4　责任追究

美国职业安全卫生法规定，对违反国家职业安全卫生法或标准、法则、命令、条例等的行为，主要是通过经济处罚和刑事处罚追究其雇主的责任。

任何雇主如果有意或屡次违反国家职业安全卫生法或标准、法则、命令、条例等，每一次违法行为可处以不超过1万美元的罚款。

任何雇主有意识地违反职业安全卫生法或标准、法则、命令、条例等，造成雇员死亡事故的，不但处以上述经济处罚，还要追究刑事责任，一般处以不超过6个月的监禁。

对有事故记录的企业，则加倍处罚。即对雇主处以不超过2万美元的罚款，造成雇员死亡事故的，还要追究刑事责任，处以不超过1年的监禁。

安全卫生监察人员对企业存在的事故隐患或不符合法律、标准、法则、命令、条例等规定要求的情况发出限期整改指令，即传票后，如果雇主每延迟1天，罚款1000美元。

在事故调查中，对凡有意造假供词或证件的人，法律规定可处以不超过1万美元的罚款，或不超过6个月的监禁，如果杀害正在从事调查和监察的人员，可处以任何年限或终身监禁。

对安全卫生监察人员未经部长或部长指定的人员的授权，事先通知企业要对其实施安全卫生监察，将会受到1000美元以下的罚款，或不超过6个月的监禁，或二者并处。

6.4.1.2　英国劳动安全卫生与事故责任追究

英国安全卫生方面的法律法规较为健全，1974年颁布了《英国劳动安全卫生法》。《英国劳动安全卫生法》分4部分，共85条。主要内容：序言、基本责任、安全卫生委员会及安全卫生执行局、安全卫生条例及惯例法的批准、执法、信息的获取和透露、与农业有关的特别条款、违法行为条款、杂项和补充、雇佣医疗咨询服务、其他杂项和综合类。同时与之配套的有《1974 年工业法庭(关于对改进通知书和禁止通知书提出申诉)条例》、《1974 年安全卫生许可证申诉(申诉会程序)条例》、《1975 年安全卫生询问(程序)条例》、《1977 年安全代表和安全委员会条例》、《1977 年安全卫生(执法当局)条例》等。下面作简要介绍。

6.4.1.2.1　立法目的

为保障劳动者的安全、健康和福利，保障与劳动者活动有关的其他人员的安全和健康，并对危险物质的保管和使用进行控制，预防人们非法地获取、占有和使用这类物质，控制危险物质排入大气，保护生态环境，以及对雇员提供医疗咨询服务，确保工程建设安全，制定该法律。

6.4.1.2.2　雇主责任

(1) 采取切实可行的措施保证每一名雇员在劳动中的安全、健康和享有福利。

(2) 为落实上述职责，雇主必须为雇员提供安全和健康的劳动场所和环境，劳动场所必须保证进出口通畅，劳动环境对雇员健康无危害。

(3) 企业要有严密的安全生产规章制度、劳动福利保障制度和雇员的培训制度。

(4) 任命经工会认可的安全代表，安全代表对企业日常的安全事务有监督权和协调处埋有关纠纷权。

(5) 经常与安全代表磋商，了解安全措施的有效性，经常修改企业的安全生产方针和为实现其方针的组织措施，促进企业的安全生产管理水平的提高。

(6) 根据法律要求成立安全委员会，加强企业安全生产管理等。

6.4.1.2.3　安全代表职责

(1) 调查劳动场所的隐患和危险事件与事故的原因。

(2) 调查所代表的雇员对劳动中的安全、健康和福利方面的不满与申诉。

(3) 就雇员在劳动场所遇到的影响安全、健康和福利的普遍问题向雇主提出抗议。

(4) 有权检查劳动场所的劳动条件和安全状况，有权索取检查劳动场所的资料文件。

(5) 有权与国家安全生产监督执法机关协商劳动场所有关的安全问题。

(6) 接受国家安全生产监察员提供的信息。

(7) 参加有关安全会议等。

6.4.1.2.4　安全委员会

企业内如有 2 名以上安全代表提出成立安全委员会的建议，雇主就必须成立安全委员会。

雇主对安全委员会成员的选择和行使的职责必须与安全代表和工会认可的代表协商一致，并由雇主贴出通知，张贴在雇员容易看到的地方。

6.4.1.2.5　安全卫生委员会与安全卫生执行局

安全卫生委员会是由雇主、雇员、地方政府代表组成的法人团体组织，共有10名代表组成。主要职责：确定工作场所和公共场所的安全卫生条件，提出新法律和新标准；指导事故调查；提供信息咨询；组织就业医疗咨询服务等。

安全卫生执行局同样也是由雇主、雇员、地方政府代表组成的法人团体组织，其成员由安全卫生委员会推荐并经国务大臣同意后，再由安全卫生委员会任命。安全卫生执行局的主要任务是执行服务和协助安全卫生委员会工作。该局8个处室分别设在伦敦等3个城市，在全国有21个地区局，4000多名官员(包括国家监察员、检查官、政策指导官、技术员、医疗专家等)。

安全生产委员会的权力：对任何事故、偶发事件、情况有调查权；可指示安全卫生执行局或授权任何人依法调查、询问(在此有证词听证会询问的特定含义)、有传唤证人作证或写出证词的权力；可以修改任何惯例法和经劳动大臣同意后撤销已经批准的惯例法(所谓惯例法是指规范的说明和具有实际指导意义的文件，并非我们通常意义上的法律，但是作为惯例法的禁止条款可作为法庭判罚的依据)；向有关人员支付委托调查和询问等工作的费用；发布安全卫生信息等。

安全监察员由执法当局任命，行使的权力在任命书中明确，通常监察员具有以下主要权力：

(1) 进入企业现场进行安全检查权。如有必要，经执法当局批准可带领任何人同往，必要时甚至可请一名警察同往。

(2) 有权对现场物品或物质采样，必要时可拆除取样分析，但不可毁坏物品。

(3) 可要求雇主提供有关资料或复印有关文件等。

(4) 可要求有关人员回答有关问题、作证和笔录签名。

(5) 发现违法、隐患或险情时，可根据情节颁发改进通知书或禁止通知书，并作出经济处罚。

(6) 发现紧急危险时，有权作出必要的紧急处理。

(7) 对违法者有起诉权。

6.4.1.2.6　责任追究

对个人行为违法、他人过失而违法、法人团体违法等可追究经济和刑事责任。经济处罚一般在400英磅以下。对安全监察员下发改进通知书或禁止通知书逾期不改的，每天可处以100英磅以下的罚款，并累计计算。除此之外，对违法诉讼进入司法程序的，法庭可对违法者作出经济赔偿以及没收有关物品的处罚。

刑事追究一般判4年以下徒刑。

6.4.1.3 日本劳动安全卫生法与事故责任追究

日本劳动安全卫生立法的指导思想：一是正确调整劳资关系；二是为经济发展服务；三是稳定社会。

1972年，日本政府为了防止劳动灾害，明确责任体系，促进自主的活动措施等，通过推行有关防止劳动灾害计划性的综合对策，在确保作业场所劳动者安全和健康的同时，创造舒适愉快的作业环境，颁布了与劳动基准法相配套的《劳动安全卫生法》。1988年，经修改后，以法律第37号颁布。

日本劳动安全卫生法共12章122条。主要章节：总则、防止劳动灾害计划、安全卫生管理体制、防止劳动者的职业危害和防止损害劳动者健康的措施、关于机械等和有害物质的规章制度、劳动者就业时的措施、保持与增进健康的措施、许可、安全卫生改进计划、安全卫生监督、各种细则、罚则等。下面作简要介绍。

6.4.1.3.1 业主和劳动者责任和义务

企业主的责任和义务：

(1) 企业主不仅要遵守劳动安全卫生法中为防止劳动灾害而规定的最低基准，而且必须通过实现舒适愉快的作业环境和改善劳动条件，以便确保作业场所劳动者的安全和健康。

(2) 企业主必须对国家实施有关防止劳动灾害的对策予以合作。

(3) 设计、制造或进口机械、仪器及其他设备者、制造或进口原材料者以及建设或设计建筑物者，在设计、制造、进口或建设时，必须尽可能做到防止劳动灾害。

(4) 将建筑工程转包给他人者，必须考虑在施工方法、工程期限等方面不得附加有损于完成安全卫生作业的不利条件。

(5) 有2个以上建筑业企业的企业主，在一个场所内以联合承包临时企业形式从事承包有关企业的工程时，企业主必须确定其中一人为代表，并报当地劳动基准局局长。

劳动者的责任和义务：

(1) 遵守防止劳动灾害的法律、法规和规定。

(2) 尽可能地协助企业主及其他有关人员实施有关防止劳动灾害的措施。

6.4.1.3.2 安全卫生管理体制

企业安全卫生管理机构和人员的设置原则要求：

按《劳动安全卫生法》的规定，日本按不同企业类别和企业人员规模对企业安全卫生管理机构有不同的设置要求。

(1) 对林业、矿业、建筑业、运送业、清扫业，企业安全卫生机构和安全管理人员配备按其职工人数规模要求，分四种类型。

第一种类型职工人数为100人以上。要求企业设安全卫生委员会，企业内设安全卫生总管理员、安全管理员、卫生管理员和产业医生。

第二种类型职工人数为50～99人。企业可根据需要设安全卫生委员会、安全委员会或卫生委员会，但是，企业必须内设专职安全卫生总管理员、安全管理员、卫生管理员和产业医生。

第三种类型职工人数为10～49人。企业可自主选择设或不设安全卫生管理机构和安全卫生管理人员，但是，企业不设专职安全卫生管理人员时，必须聘请外单位有经验的人员任本企业的安全卫生推进员，帮助和指导企业抓好安全生产工作。

第四种类型职工人数为9人以下。企业安全机构由业主自主选择，无任何约束要求。

(2) 对制造业、电气业、热供给业、水道业、通信业、机械修理业、商贸业，企业安全卫生机构和安全管理人员配备按其职工人数规模要求，同样分四种类型。

第一种类型职工人数为300人以上。要求企业设安全卫生委员会，企业内设安全卫生总管理员、安全管理员、卫生管理员和产业医生。

第二种类型职工人数为50～299人。企业可根据需要设安全卫生委员会、安全委员会或产业医生。

第三种类型职工人数为10～49人。

第四种类型职工人数为9人以下。

第三种和第四种规模要求同上。

(3) 除了上述提到的行业之外，企业安全卫生机构和安全管理人员配备按其职工人数规模要求，同样分四种类型。

第一种职工人数为1000人以上。要求企业设安全卫生委员会，企业内设安全卫生总管理员、安全管理员、卫生管理员和产业医生。

第二种类型职工人数为50～999人。企业可根据需要设安全卫生委员会、安全委员会或卫生委员会，但是，企业必须内设专职安全卫生总管理员、安全管理员、卫生管理员和产业医生。

第三种类型职工人数为10～49人。

第四种类型职工人数为9人以下。

第三种和第四种规模要求同上。

企业安全卫生管理机构的设置：

对行业和规模符合政令规定的每个企业单位，企业主必须按原劳动省令规定，成立安全卫生委员会、安全委员会或卫生委员会。

(1) 安全卫生委员会。委员由企业主从本企业安全卫生总管理员、安全管理员、卫生管理员、产业医生和有安全卫生方面经验的劳动者中指定。安全卫生委员中设主席 1 名，由第一委员担任，并主持安全卫生委员会的工作。安全卫生委员会第一委员由企业主从统管实施该企业安全卫生事业的安全卫生总管理员或与此类似条件的人员中指定。

安全卫生委员会的主要职责：向企业主提供有关防止劳动者职业危害应采取的基本对策事项；有关防止损害劳动者健康应采取的基本对策；有关谋求保持、增进劳动者健康应采取的基本对策事项；有关涉及安全卫生方面的劳动灾害的原因及防止再次发生劳动灾害的对策事项等。

(2) 安全委员会。委员会人员组成与工作职责不涉及上述卫生方面的人员与事项。

(3) 卫生委员会。委员会人员组成与工作职责不涉及上述安全方面的人员与事项。

企业安全卫生管理人员的设置：

对行业和规模符合政令规定的每个企业单位，企业主必须按劳动省令规定，选拔任用安全卫生总管理员、安全管理员、卫生管理员、安全卫生推进员、产业医生等。

(1) 安全卫生总管理员。由企业主从具有原劳动省规定的资格人员中选拔任用，每个企业只设 1 名。主要职责：负责制定有关防止劳动者的职业危害或损害劳动者健康的措施；负责有关劳动者安全卫生教育的实施；负责有关健康检查的实施以及其他为保持和增进健康的措施；负责制定劳动灾害原因的调查及防止再次发生的对策。

(2) 安全管理员。由企业主从具有原劳动省规定的资格人员中选拔任用，企业可根据实际需要设置多名。主要职责只涉及安全卫生总管理员中安全方面的职责内容。

(3) 卫生管理员。由企业主从具有原劳动省规定的资格人员中选拔任用，企业可根据实际需要设置多名。主要职责只涉及安全卫生总管理员中卫生方面的职责内容。

(4) 安全卫生推进员。由企业主从规定行业以外的企业中选取符合原劳动省规定的资格人员中选拔任用。主要负责制定防止劳动者的职业危害或损害劳动者健康的措施中的技术业务工作。

(5) 产业医生。由企业主从具有原劳动省规定的资格人员中选拔任用。主要职责是从事劳动者的健康管理及按原劳动省令规定的其他事项。

6.4.1.3.3 安全监察人员的职责与权力

日本劳动安全卫生法中规定，在各都、道、府、县设劳动基准局，在劳动基准局下，可设劳动基准监督署。劳动基准局和劳动基准监督署承担劳动安全卫生监督管理工作，并设劳动基准监督官、产业安全专职官员、劳动卫生专职官员、劳动卫生指导医生。

劳动基准监督官的主要职责与权力：

(1) 在出示有关证件后，可进入企业单位，询问有关的人员、检查账本、文件及其他物件，或进行作业环境测定，或者在检查所要求的范围内，无偿地带走产品、原材料和仪器。

(2) 身为医生的劳动基准监督官，可对患有原劳动省规定的传染病和有其他疾病嫌疑的劳动者进行诊查。

(3) 对违反本法律规定的犯罪行为，可根据刑事诉讼(1948 年法律第 131 号)规定，行使司法警察的职务。

产业安全专职官员的主要职责与权力：

(1) 在出示有关证件后，可进入企业单位，询问有关的人员、检查账本、文件及其他物件，或进行作业环境测定，或者在检查所要求的范围内无偿带走产品、原材料和仪器。

(2) 掌管特别机械许可审查、安全卫生改进计划和有关呈报业务审查、劳动灾害原因的调查，以及其他与安全有关的需要特殊专业知识的业务外，还要就防止劳动者职业危害的必要事项方面，对企业主、劳动者及其他有关人员进行指导和帮助。

劳动卫生专职官员的主要职责与权力：

(1) 在出示有关证件后，可进入企业单位，询问有关的人员、检查账本、文件及其他物件，或进行作业环境测定，或者在检查所要求的范围内，无偿地带走产品、原材料和仪器。

(2) 掌管危险化学品生产的许可审查、危险化学品安全标志和说明书编制的审查、化学物质的有害性调查，监督企业作业环境测定安全评价和作业管理情况、安全卫生改进计划和有关呈报业务审查、劳动灾害原因的调查，以及其他与卫生有关的需要特殊专业知识的业务外，还要就防止损害劳动者健康的必要事项和保持、增进劳动者健康的必要事项方面，对企业主、劳动者及其他有关人员进行指导和帮助。

劳动卫生指导医生的职责：

劳动卫生指导医生的工作是临时性的，由劳动大臣从具有劳动卫生方面学识和经验的医生中选任。主要职责是为劳动大臣提供保持劳动者健康的建议。

6.4.3.1.4 责任追究

日本劳动安全卫生法规定，对违反国家法律的行为，主要是通过经济处罚和刑事处罚追究其违法人员的责任。

(1) 对企业主违反国家法律的行为，按不同情节最高可处以 3 年以下的徒刑或 200 万日元以下的罚款。

(2) 对企业安全卫生总管理员、安全管理员、卫生管理员、安全卫生推进员、产业医生和安全卫生总负责人工作失职的违法行为，处以 30 万日元以下处罚。

(3) 对直接肇事违法人员，除追究其刑事或经济处罚责任外，同时还要对法人代表或法人或普通人的代理人处以罚金和追究刑事责任。

从上述介绍可以看出，世界各国的安全生产立法虽不尽相同，各有特点，但是指导思想和基本原则是共性的，一是加强了对企业安全卫生责任的约束，促进企业实现自主保安；二是法律要求与责任履行对应，对违法者将追究其法律责任；三是政府安全卫生监督管理机构设置有国家法律保障，而且资金保障充分，并且安全与卫生监督管理相统一、服务与指导相统一，许可审查与忠告建议相统一。另外，国家对企业人员的培训教育和安全卫生科学技术研究、充分发挥中介组织的作用等作出了规定，使安全卫生监督管理部门集中、统一、高效，安全卫生监察权威性很强。

6.4.2 我国对安全生产事故责任追究

《国务院关于特大安全事故行政责任追究规定》(以下简称《规定》)共 24 条，内容丰富，规定具体严格、操作性强。为正确理解和贯彻好《国务院关于特大安全事故行政责任追究规定》，应着重把握好以下几个方面问题：

6.4.2.1 适用对象

(1) 地方人民政府主要领导人和政府有关部门正职负责人；

(2) 地方人民政府和政府有关部门直接负责的主管人员和其他直接责任人员；

(3) 特大安全事故肇事单位和个人；

(4) 中小学校长和直接责任者；

(5) 中介机构正职负责人。

对第一层面责任人，《规定》第 2 条中明确指出：地方人民政府主要领导人和政府有关部门正职负责人对特大安全事故的防范、发生，依照法律、行政法规和本规定的规定有失职渎职情形或者负有领导责任的，依照本规定给予行政处分；构成玩忽职守罪或者其他罪的，依法追究刑事责任。

对第二层面责任人，《规定》第 2 条第 3 段中明确：地方人民政府和政府有关部门对特大安全事故的防范、发生直接负责的主管人员和其他直接责任人员，依照本规定给予行政处分；构成玩忽职守罪或者其他罪的，依法追究刑事责任。

对第三层面责任人，《规定》第 2 条第 4 段中明确：特大安全事故肇事单位和个人的刑事处罚、行政处罚和民事责任，依照有关法律、法规和规章的规定执行。虽然规定中没有明确界定违法追究处罚的标准，但是，实际工作中规定仍具有参考性。

对第四个层面责任人，《规定》第 10 条明确：对中小学在不能确保学生安全的情况下，组织学生进行劳动技能教育以及学生参加公益劳动等社会实践活动时发生事故的，以及组织学生从事接触易燃、易爆、有毒、有害等危险品的劳动或者其他危险性劳动和将学校场地违规出租作为易燃、易爆、有毒、有害等危险品的生产、经营场所的，依法追究校长和直接责任者的行政责任。

对第五个层面责任人，《规定》第 11 条明确：负责行政性审批的中介机构对不符合法律、法规和规章规定的安全条件予以批准的，对机构的正职负责人，根据情节轻重，给予降级、撤职直至开除公职的行政处分；与当事人勾结串通的，要开除公职；构成受贿罪、玩忽职守罪或者其他罪的，依法追究刑事责任。

6.4.2.2 特大安全事故的标准

《规定》第 3 条指出：特大安全事故的具体标准，按照国家有关规定执行。《规定》条文中没有明确特大事故的标准，只提到按照国家有关规定执行。从原有规定来看，1989 年 3 月 29 日，国务院发布《国务院关于特别重大事故调查程序暂行规定》(第 34 号令)，明确特别重大事故简称为特大事故，特别重大事故应该与特大事故为同一概念。而 1989 年 7 月 10 日原劳动部印发了《劳动部关于加强企业职工伤亡事故统计管理工作的通知劳安字[1989]12 号文》，又明确规定了特大事故是指一次死亡 10 人以上的事故。据此，凡一次死亡 10 人以上的事故，被视为特大事故，安全监督管理部门接到报告后均立即呈报国务院，并形成了制度一直沿袭至今。

但是，1990 年 3 月 20 日，原劳动部又印发了《关于<特别重大事故调查程序暂行规定>有关条文解释的通知》(劳安字[1990]9 号)，对不同行业的死亡人数、受伤人数、经济损失规定了不同的特大事故标准，即：

(1) 民航客机发生的机毁人亡(死亡 40 人及其以上)事故；

(2) 专机和外国民航客机在中国境内发生的机毁人亡事故；

(3) 铁路、水运、矿山、水利、电力事故造成一次死亡 50 人及其以上，或者一次造成直接经济损失 1000 万元及其以上的；

(4) 公路和其他发生一次死亡 30 人及其以上或直接经济损失在 500 万元及其以上的事故(航空、航天器科研过程中发生的事故除外)；

(5) 一次造成职工和居民 100 人及其以上的急性中毒事故；

(6) 其他性质特别严重、产生重大影响的事故。凡符合上述情况之一的，即为特大事故。因而出现了特大事故标准的两种解释，在执行中一直存在歧意。

这次国务院法制办在《规定》征求意见稿中曾明确写过一次死亡 10 人以上的

事故为特大事故，但在“中央两会”征求意见后考虑到种种因素没有具体写明。从国务院法制办在汇总各省的意见，给国务院的起草说明来看，当时提出了三个方案，特大事故的标准仍倾向于规定为一次死亡 10 人以上或者一次死亡低于 10 人但性质特别严重、社会影响恶劣的事故为特大安全事故。主要理由，一是每年全国一次死亡 10 人以上事故百余起，对一个省以至市、县的分布数量不是太多，追究负有领导责任的地方政府领导的行政责任，人数不会太多，而且也不可能都能追究省级领导人的行政责任；二是每年全国一次死亡 30 人以上的特别重大安全事故十余起，如果标准放宽，警示和教育力度不大。

目前，对特大事故的标准认定，国务院授权国家安全生产监督管理局拿出具体意见，此事仍在商定中，应该说，特大事故的标准定为一次死亡 10 人以上的事故为特大事故，从执行《国务院关于特大安全事故行政责任追究规定》角度看，有一定的合理性、警示性和威慑性。

6.4.2.3　追究特大事故的种类

(1) 特大火灾事故；

(2) 特大交通事故；

(3) 特大建筑质量事故；

(4) 民用爆炸物品和化学危险品特大事故；

(5) 煤矿和其他矿山事故；

(6) 锅炉、压力容器、压力管道和特种设备特大事故；

(7) 其他特大安全事故。

常见的是前 6 项特大事故，但是意想不到的事故类别只要属于特大安全事故，实际均在追究种类之列。

6.4.2.4　社会影响特别恶劣或者性质特别严重的事故

《规定》第 15 条指出：发生特大安全事故，社会影响特别恶劣或者性质特别严重的，由国务院对负有领导责任的省长、自治区主席、直辖市市长和国务院有关部门正职负责人给予行政处分。此条《规定》主要涉及处理省部级领导干部，关键是什么叫社会影响特别恶劣或者性质特别严重的事故。

从工作实践来看，社会影响特别恶劣或者性质特别严重的事故主要判断的标准是：

(1) 在重大政治活动、重大节假日期间及城市公众聚集场所发生的特大事故；

(2) 死亡人数中未成年人(或中、小学生)占一定比例的特大事故；

(3) 在一个地区连续发生多起的重特大事故；

(4) 因腐败渎职、贪赃枉法造成的特大事故；

(5) 因偷工减料和使用假冒伪劣产品造成的特大事故；

(6) 故意隐瞒事故，性质恶劣，群众反映强烈，造成重大社会影响的特大事故等。

6.4.2.5 失职、渎职界定

衡量的标准为《规定》的第 4 条至第 13 条：

(1) 各地人民政府及政府有关部门是否依照有关法律、法规和规章的规定，对本地区实施了有效的安全监督管理。对保障本地区人民群众生命、财产安全是否采取了行政措施。对本地区或者职责范围内防范特大安全事故的发生、特大安全事故发生后，是否迅速和妥善作出了处理。

(2) 地方各级人民政府是否坚持了每个季度至少召开一次防范特大安全事故工作会议的制度，防范特大安全事故工作会议是否由政府主要领导人或者政府主要领导人委托的政府分管领导人负责召集，有关部门正职负责人是否参加了会议，并分析、布置、督促、检查了本地区防范特大安全事故的工作。防范特大安全事故工作会议是否作出了决定和形成了会议纪要，会议确定的各项防范措施是否得到了贯彻实施。

(3) 市(地、州)、县(市、区)人民政府是否组织有关部门按照职责分工对本地区容易发生特大安全事故的单位、设施和场所安全事故的防范明确了责任、采取了措施，并组织有关部门对上述单位、设施和场所进行了严格检查。

(4) 市(地、州)、县(市、区)人民政府是否制定了本地区特大安全事故应急处理预案。本地区特大安全事故应急处理预案是否经政府主要领导人签署后，报上一级人民政府备案。

(5) 市(地、州)、县(市、区)人民政府是否对各类特大安全事故的隐患进行了查处，发现特大安全事故隐患后，有没有责令立即排除，特大安全事故隐患排除前或者排除过程中，对无法保证安全的，是否责令暂时停产、停业或者停止使用。

(6) 市(地、州)、县(市、区)人民政府及其有关部门对本地区存在的特大安全事故隐患，且超出其管辖或者职责范围的，是否立即向有管辖权或者负有职责的上级人民政府或者政府有关部门报告，情况紧急的，是否立即采取了包括责令暂停产、停业在内的紧急措施，并同时报告上级人民政府或者政府有关部门。作为上级人民政府或者政府有关部门接到报告后，是否立即组织查处。

(7) 县(市、区)、乡(镇)人民政府及教育行政部门是否作出了中、小学校对学生进行劳动技能教育以及组织学生参加公益劳动等社会实践活动安全生产的规定，并有效防止了学校以任何形式和名义组织学生从事接触易燃、易爆、有毒、有害等危险品的劳动或者其他危险性劳动，以及将学校场地出租作为从事有易燃、易爆、有毒、有害等危险品的生产、经营场所。

(8) 政府部门或机构是否依照法律、法规和规章规定的安全条件和程序进行

安全生产行政性审批(包括批准、核准、许可、注册、认证、颁发证照、竣工验收等)，有无弄虚作假、勾结串通等违规操作的行为。

(9) 政府部门或者机构是否对取得行政性审批的单位和个人实施了有效的监督检查，发现其不再具备安全条件的，是否撤销了原批准，吊销了证照。对未依法取得批准，擅自从事有关活动的，行政性审批有关部门发现或者接到举报后，有无采取措施和吊销其相关证照。

6.4.2.6 行政责任追究处理等级

对地方政府和政府有关部门正职负责人、地方政府和政府有关部门直接负责的主管人员和其他直接责任人员、中小学校长及其直接责任者、中介组织正职负责人的行政处分规定有：记过、降级、撤职、开除公职的行政处分。

但是，违规性质不同，行政处分的起始档和最高档确定也不相同。如《规定》第10条指出：对政府教育行政部门因管理不力，隶属中小学校组织学生从事接触易燃、易爆、有毒、有害等危险品的劳动或者其他危险性劳动，以及将学校场地出租作为从事易燃、易爆、有毒、有害等危险品的生产、经营场所，根据情节轻重，可给予记过、降级直至撤职的行政处分(在规定中仅此一条有记过处分一档)。

《规定》第14条明确：负责行政审批的政府部门或者机构、负责安全监督管理的政府有关部门，未依照本规定履行职责，发生特大安全事故的，对部门或者机构的正职负责人，根据情节轻重，给予撤职或者开除公职的行政处分。起始档就是撤职，最高档是开除公职，共两档。

《规定》第16条明确：特大安全事故发生后，有关县(市、区)、市(地、州)和省、自治区、直辖市人民政府及政府有关部门应当按照国家规定的程序和时限立即上报，不得隐瞒不报、谎报或者拖延报告，并应当配合、协助事故调查，不得以任何方式阻碍、干涉事故调查。特大安全事故发生后，有关地方人民政府及政府有关部门违反前款规定的，对政府主要领导人和政府部门正职负责人给予降级的行政处分。这一条只规定了降级处分一档。

对国有企事业单位负责人的行政处分，从现阶段情况看，虽没有明确作出规定，但是原则上是参照本规定处理。对非国有制企业法人代表和事故直接责任者的处罚因行政处分没有任何意义，主要应加大经济处罚和刑事追究的力度。

6.4.2.7 法律责任与权责追究

职责就是责任，违法必究是法律的权威性、威慑力的具体体现。在现代民主法制社会，没有政府责任，行政权的运行就没有制约，公民权的行使就没有保障，违法行政就不可能受到追究，依法行政就不可能推进。行政机关工作人员工作失职、渎职，企业领导违章指挥，职工违章操作、违反劳动纪律，造成重特大事故，必然承担法律责任，受到刑事和行政追究，以及经济处罚等。

现行法律法规中的权责追究主要分为刑事追究、行政责任追究和经济处罚三种情况，一般都有一些原则或具体的规定。

(1) 刑事追究

根据刑法规定，安全生产方面的刑事责任主要有以下几种情况：

① 违反法规和规章制度造成重大事故的违反法规和规章制度追究的对象可能是企业经营管理者，也可能是事故直接责任人。刑法中规定，凡违反航空、铁路、交通运输法规和规章制度，致使发生重大飞行、铁路运营和交通事故，造成严重后果的责任人，处三年以下有期徒刑或者拘役；造成飞机坠毁和特别严重后果的，处三年以上七年以下有期徒刑；发生交通事故后因逃逸致人死亡的，处七年以上有期徒刑。

② 存在隐患拒不整改造成重大事故的

企业存在事故隐患，安全生产执法部门提出改进意见或者职工提出改进建议后，仍不整改，发生重大事故，追究的对象主要是企业经营管理者和主管负责人。《刑法》中规定了三种情形：一是生产性企业、事业单位的劳动安全设施不符合国家规定，经有关部门或者单位职工提出后，对事故隐患仍不采取措施，造成重大事故的直接责任人员；二是违反消防管理法规，经消防监督机构通知采取改正措施而拒绝执行造成重大事故的直接责任人员；三是明知校舍或者教育教学设施有危险，而不采取措施或者不及时报告造成重大事故的直接责任人员。上述三种情形处三年以下有期徒刑或者拘役；情节特别严重的，处三年以上七年以下有期徒刑。

③ 违章指挥、违反劳动纪律造成重大事故的企业管理人员强令工人违章冒险作业，或者企业职工由于不服管理、违反规章制度和违反爆炸性、易燃性、放射性、毒害性、腐蚀性物品的管理规定，在生产、储存、使用、运输中发生重大伤亡事故或者造成其他严重后果的，追究的对象主要是企业主管负责人和职工。《刑法》中规定处三年以下有期徒刑或者拘役；情节特别严重的，处三年以上七年以下有期徒刑。

④ 对于建设、设计、施工、工程监理单位违反国家规定，降低工程质量标准，造成重大安全事故的，追究的对象主要是单位直接责任人员。《刑法》中规定处五年以下有期徒刑或者拘役；后果特别严重的，处五年以上十年以下有期徒刑。

⑤ 非法生产、经营和运输枪支、弹药、爆炸物品的

《刑法》第一百二十五条规定：非法制造、买卖、运输、邮寄、储存枪支、弹药、爆炸物品的，处三年以上十年以下有期徒刑；情节严重的，处十年以上有期徒刑、无期徒刑或者死刑。非法买卖、运输核材料的，依照前款规定处罚。

2001 年 12 月 29 日，第九届全国人民代表大会常务委员会第二十五次会议上，审议通过了《中华人民共和国刑法修正案》。将上述第二款修改为：非法制

造、买卖、运输、储存毒害性、放射性、传染病病原体等物质，危害公共安全的，依照前款规定处罚。

⑥ 国家机关工作人员失职、渎职和营私舞弊造成重大事故的国家机关工作人员因滥用职权或者玩忽职守以及营私舞弊，致使公共财产、国家和人民利益遭受重大损失的，追究的对象主要是国家机关工作人员。刑法规定处三年以下有期徒刑或者拘役；情节特别严重的处三年以上七年以下有期徒刑。国家机关工作人员营私舞弊，犯前款罪的，处五年以下有期徒刑或者拘役；情节特别严重的，处五年以上十年以下有期徒刑。

(2) 行政责任追究

由于过失或者没有履行工作职责造成安全事故，尚未构成犯罪的，需要追究有关责任人员的行政责任，可根据情节给予地方人民政府、政府有关部门、企事业单位等有关领导不同等级的行政处分。从现行的安全法规看，《国务院关于特大安全事故行政责任追究的规定》都没有明确和具体规定，只是列出了违反某一规定对主管人员和直接责任人员由其上级主管机关或者监察机关给予行政处分，行政责任追究处理的等级并没有具体的量化标准。

从现阶段行政处罚的有关法律法规看，可给予行政处罚的主要有四种情况：一是对本辖区和本单位存在重大事故隐患不闻不问，放纵任其发展，以致造成伤亡事故的；二是不具备安全生产的条件，冒险蛮干，以致发生伤亡事故的；或经有关部门指出，并责令其改正，逾期仍未整改，发生伤亡事故的；三是疏于安全监督和管理，未按国家有关法律法规和规章制度、程序办事，以致造成伤亡事故的；四是国家行政机关、中介机构未履行职责，或收受贿赂、弄虚作假，违规审批、发证，或者出具不实证书等，以致造成伤亡事故的。

⑶经济处罚

对国家安全生产监督管理部门在安全执法检查工作中，实施的经济处罚一般有三种形式：第一种在安全生产活动中对具体的违法行为，根据违法行为实施一定数额的经济处罚，一般处以 5 万元以下金额的罚款，最高处罚达 10 万元，而 2001 年 10 月 27 日第九届全国人民代表大会常务委员会第二十四次会议通过的《中华人民共和国职业病防治法》和 2002 年 1 月 26 日公布的《危险化学品安全管理条例》中，最高已出现 50 万元的经济处罚，开始呈现重罚打击的态势；第二种是对扰乱正常的安全生产经营秩序，根据违法所得的倍数处罚，一般处以一倍以上五倍以下的罚款；第三种是对违法经营实施没收违法所得的经济处罚。

此外，一些法规还制定了加重处罚条款和数种违法合并处罚的规定，以及对当事人收到罚款通知书后，逾期不缴纳的，必须加收滞纳金的规定。

综合分析我国安全生产的法制建设，虽然在法制化建设的道路上存在着这样和那样的问题，还有许多不尽如人意的地方，需要进一步加强法制化的建设，但是，依法行政已是不以人们意志为转移的客观规律，势在必行，决不是权宜之计。随着经济成分和经济利益的多样化，社会生活方式的多样化，社会组织形式的多样化，社会情况已经发生一些深刻复杂的变化，依法规范社会政治、经济、文化活动，统一行为准则，依法处理各种权利和利益关系，才有可能从根本上提高行政效率。在安全生产工作方面，要始终坚持依法行政，努力防止重政策、轻法律，习惯于靠行政手段、行政指令办事情，充分发挥法律的规范、引导、调节、保障的功能，保证政府贯彻执行党的方针、政策的连续和稳定性。

第7章　典型危险化学品事故案例

在危险化学品生产、储存、运输、经营、使用过程中发生的火灾、爆炸、泄漏、毒害等重大恶性事故，严重伤害人类的生命和健康，破坏生产资料和公共财产。这些重大事故是人类不希望的，但同时也为人类提供血的教训，是人类以生命为代价的极其宝贵的财富，必须十分珍惜。本章通过对一些过程工业系统发生的典型事故进行分析，深化对事故发生、发展规律的认识，从而更有效地预防事故和控制事故后果。

7.1　"8.12"油库特大火灾事故分析

7.1.1　事故概况

山东某油库区始建于1973年，油库原油储存能力76万m^3，成品油储存能力约6万m^3，是我国三大海港输油专用码头之一。

1989年8月12日9时55分油库老罐区，2.3万m^3原油储量的5号混凝土油罐爆炸起火，大火前后共燃烧104h，烧掉原油4万多m^3，占地250亩的老罐区和生产区的设施全部烧毁，这起事故造成直接经济损失3540万元。在灭火抢险中，10辆消防车被烧毁，19人牺牲，100多人受伤。其中公安消防人员牺牲14人，负伤85人。

8月12日9时55分，2.3万m^3原油储量的5号混凝土油罐突然爆炸起火。到下午2时35分西北风风力增至4级以上，几百米高的火焰向东南方向倾斜。燃烧了4个多小时，5号罐里的原油随着轻油馏分的蒸发燃烧，形成速度大约1.5m/h、温度为150～300℃的热波向油层下部传递。当热波传至油罐底部的水层时，罐底部的积水、原油中的乳化水以及灭火时泡沫中的水汽化，使原油猛烈沸溢，喷向空中，撒落四周地面。下午3时左右，喷溅的油火点燃了位于东南方向相距5号油罐37m处的另一座相同结构的4号油罐顶部的泄漏油气层，引起爆炸。炸飞的4号罐顶混凝土碎块将相邻30m处的1号、2号和3号金属油罐顶部震裂，造成油气外漏。约1min后，5号罐喷溅的油火又先后点燃了3号、2号和1号油罐的外漏油气，引起爆燃，整个老罐区陷入一片火海。失控的外溢原油像火山喷发出的岩浆，在地面上四处流淌。大火分成三股，一部分油火翻过5号罐北侧1m高的矮墙，进入储油规模为30万m^3全套引进日本工艺装备的新罐区1

号、2号、6号浮顶式金属罐的四周。烈焰和浓烟烧黑3罐壁，其中2号罐壁隔热钢板很快被烧红。另一部分油火沿着地下管沟流淌，汇同输油管网外溢原油形成地下火网。还有一部分油火向北，从生产区的消防泵房一直烧到车库、化验室和锅炉房，向东从变电站一直引烧到装船泵房、计量站、加热炉。火海席卷整个生产区，东路、北路的两路油火汇合成一路，烧过油库1号大门，沿着公路向位于低处烧去。大火殃及其他许多单位。18时左右，部分外溢原油沿着地面管沟、低洼路面流入海湾。大约600t油水在海面形成几条十几海里长，几百米宽的污染带。

事故发生后，社会各界积极行动起来，全力投入抢险灭火的战斗。在大火迅速蔓延的关键时刻，党中央和国务院对这起震惊全国的特大恶性事故给予了极大关注。

山东省和当地的负责同志及时赶赴火场进行了正确的指挥。地方公安消防支队及部分企业消防队，共出动消防干警1000多人，消防车147辆，组织了几千人的抢救突击队，出动各种船只10艘。

在国务院的统一组织下，全国各地紧急调运了153t泡沫灭火液及干粉。部队也派出消防救生船和水上飞机、直升飞机参与灭火，抢运伤员。

经过5天5夜浴血奋战，13日11时火势得到控制，14日19时大火扑灭，16日18时油区内的残火、地沟暗火全部熄灭。

7.1.2 事故原因及分析

油库特大火灾事故的直接原因：非金属油罐本身存在的缺陷，遭受对地雷击产生感应火花而引爆油气。

事故发生后，4号、5号两座半地下混凝土石壁油罐烧塌，1号、2号、3号拱顶金属油罐烧塌，给现场勘察，分析事故原因带来很大困难。在排除人为破坏、明火作业、静电引爆等因素和实测避雷针接地良好的基础上，根据当时的气象情况和有关人员的证词(当时该地区为雷雨天气)，经过深入调查和科学论证，事故原因的焦点集中在雷击的形式上。混凝土油罐遭受雷击引爆的形式主要有六种：一是球雷雷击；二是直击避雷针感应电压产生火花；三是雷电直接燃爆油气；四是空中雷放电引起感应电压产生火花；五是绕击雷直击；六是罐区周围对地雷击感应电压产生火花。

经过对以上雷击形式的勘察取证、综合分析，5号油罐爆炸起火的原因，排除了前4种雷击形式；第5种雷击形成可能性极小，理由是：绕击雷绕击率在平地是0.4%，山地是1%，概率很小；绕击雷的特征是小雷绕击，避雷针越高绕击的可能性越大。当时该地区的雷电强度属中等强度，5号罐的避雷针高度为30m，属较低的，故绕击的可能性不大；经现场发掘和清查，罐体上未找到雷击痕迹。因此绕击雷也可以排除。

事故原因极大可能是由于该库区遭受对地雷击产生感应火花而引爆油气。根据是:

(1) 8 月 12 日 9 时 55 分左右，有 6 人从不同地点目击，5 号油罐起火前，在该区域有对地雷击。

(2) 中国科学院空间中心测得，当时该地区曾有过二三次落地雷，最大一次电流 104A。

(3) 5 号油罐的罐体结构及罐顶设施随着使用年限的延长，预制板裂缝和保护层脱落，使钢筋外露。罐顶部防感应雷屏蔽网连接处均用铁卡压固。油品取样孔采用九层铁丝网覆盖。5 号罐体中钢筋及金属部件的电气连接不可靠的地方颇多，均有因感应电压而产生火花放电的可能性。

(4) 根据电气原理，50 ~ 60m 以外的天空或地面雷感应，可使电气设施 100 ~ 200mm 的间隙放电。从 5 号油罐的金属间隙看，在周围几百米内有对地的雷击时，只要有几百伏的感应电压就可以产生火花放电。

(5) 5 号油罐自 8 月 12 日凌晨 2 时起到 9 时 55 分起火时，一直在进油，共输入 1.5 万立方米原油。与此同时，必然向罐顶周围排放同等体积的油气，使罐外顶部形成一层达到爆炸极限范围的油气层。此外，根据油气分层原理，罐内大部分空间的油气虽处于爆炸上限，但由于油气分布不均匀，通气孔及罐体裂缝处的油气浓度较低，仍处于爆炸极限范围。

除上述直接原因之外，要从更深层次分析事故原因，吸取事故教训，防患于未然。

(1) 油库区储油规模过大，生产布局不合理。老罐区 5 座油罐建在半山坡上，输油生产区建在近邻的山脚下。这种设计只考虑利用自然高度差输油节省电力，而忽视了消防安全要求，影响对油罐的观察巡视。而且一旦发生爆炸火灾，首先殃及生产区，必遭灭顶之灾。

(2) 混凝土油罐先天不足，固有缺陷不易整改。油库 4 号、5 号混凝土油罐始建于 1973 年。当时我国缺乏钢材，是在战备思想指导下，边设计、边施工、边投产的产物。这种混凝土油罐内部钢筋错综复杂。透光孔、油气呼吸孔、消防管线等金属部件布满罐顶。在使用一定年限以后，混凝土保护层脱落，钢筋外露，在钢筋的捆绑处，间断处易受雷电感应，极易产生放电火花；如遇周围油气在爆炸极限内，则会引起爆炸。混凝土油罐体极不严密，随着使用年限的延长，罐顶预制拱板产生裂缝，形成纵横交错的油气外泄孔隙。混凝土油罐多为常压油罐，罐顶因受承压能力的限制，需设通气孔泄压，通气孔直通大气，在罐顶周围经常散发油气，形成油气层，是一种潜在的危险因素。

(3) 混凝土油罐只重储油功能，大多数因陋就简，忽视消防安全和防雷避雷设计，安全系数低，极易遭雷击。1985年7月15日。油库4号混凝土油罐遭雷击起火后，为了吸取教训，分别在4号、5号混凝土油罐四周各架了4座30m高的避雷针，罐顶部装设了防感应雷屏蔽网，因油罐正处在使用状态，网格连接处无法进行焊接，均用铁卡压接。这次勘察发现，大多数压固点锈蚀严重。经测量一个大火烧过的压固点，电阻值高达1.56Ω，远远大于0.03Ω规定值。

(4) 消防设计错误，设施落后，力量不足，管理工作跟不上。油库是消防重点保卫单位，实施了以油罐上装设固定式消防设施为主，两辆泡沫消防车、一辆水罐车为辅的消防备战体系。5号混凝土油罐的消防系统，为一台每小时流量900t、压力8kg的泡沫泵和装在罐顶上的4排共计20个泡沫自动发生器。这次事故发生时，油库消防队冲到罐边，用了不到10min，刚刚爆燃的原油火势不大，淡蓝色的火焰在油面上跳跃，这是及时组织灭火施救的好时机。然而装设在罐顶上的消防设施因平时检查维护困难，不能定期做性能喷射试验，事到临头时不能使用。油库自身的泡沫消防车救急不救火，开上去的一辆泡沫消防车面对不太大的火势，也是杯水车薪，无济于事。库区油罐间的消防通道是路面狭窄、坎坷不平的山坡道，且为无环形道路，消防车没有掉头回旋余地，阻碍了集中优势使用消防车抢险灭火的可能性。油库原有35名消防队员，其中24人为农民临时合同工，由于缺乏必要的培训，技术素质差，在7月12日有12人自行离库返乡，致使油库消防人员严重缺编。

(5) 油库安全生产管理存在不少漏洞。自1975年以来，该库已发生雷击、跑油、着火事故多起，幸亏发现及时，才未酿成严重后果。原石油部1988年3月5日发布了《石油与天然气钻井、开发、储运防火防爆安全管理规定》。而该油库上级主管单位安全科没有将该规定下发给油库。这次事故发生前的几小时雷雨期间，油库一直在输油，外泄的油气加剧了雷击起火的危险性。油库1号、2号、3号金属油罐设计时，是5000m^3，而在施工阶段，仅凭领导的个人意志，就在原设计罐址上改建成1万m^{3}的罐。这样，实际罐间距只有11.3m，远远小于安全防火规定间距33m。当地公安局十几年来曾4次下达火险隐患通知书，要求限期整改，停用中间的2号罐。但直到这次事故发生时，始终没有停用2号罐。此外，对职工要求不严格，工人劳动纪律松弛，违纪现象时有发生。8月12日上午雷雨时，值班消防人员无人在岗位上巡查，而是在室内打扑克、看电视。事故发生时，自救能力差，配合协助公安消防灭火不得力。

7.1.3 吸取事故教训，采取防范措施

对于这场特大火灾事故，应从以下几方面采取措施：

(1) 各类油品企业及其上级部门必须认真贯彻“安全第一、预防为主”的方针，各级领导在指导思想上、工作安排上和资金使用上要把防雷、防爆、防火工

作放在头等重要位置，要建立健全、针对性强、防范措施可行、确实解决问题的规章制度。

(2) 对油品储、运建设工程项目进行决策时，应当对包括社会环境、安全消防在内的各种因素进行全面论证和评价，要坚决实行安全、卫生设施与主体工程同时设计、同时施工，同时投产的制度。切不可只顾生产，不要安全。

(3) 充实和完善《石油设计规范》和《石油天然气钻井，开发、储运防火防爆安全管理规定》，严格保证工程质量，把隐患消灭在投产之前。

(4) 逐步淘汰非金属油罐，今后不再建造此类油罐。对尚在使用的非金属油罐，研究和采取较可靠的防范措施。提高对感应雷电的屏蔽能力，减少油气泄漏。同时，组织力量对其进行技术鉴定，明确规定大修周期和报废年限，划分危险等级，分期分批停用报废。

(5) 研究改进现有油库区防雷、防火、防地震、防污染系统；采用新技术、高技术，建立自动检测报警联防网络，提高油库自防自救能力。

(6) 强化职工安全意识，克服麻痹思想。对随时可能发生的重大爆炸火灾事故，增强应变能力，制订必要的消防、抢救、疏散、撤离的安全预案，提高事故应急能力。

7.2 “8.5”危险品化学仓库特大爆炸火灾事故分析

7.2.1 事故概况

1993年8月5日13时26分，广东某市的危险化学品仓库发生特大爆炸事故，爆炸引起大火，1h后，着火区又发生第二次强烈爆炸，造成更大范围的破坏和火灾。市政府立即组织数千名消防、公安、武警、解放军指战员及医务人员参加了抢险救灾工作，由于决策正确、指挥果断，加上多方面的全力支持，8月6日凌晨5时，终于扑灭了历时16h的大火。据初步统计，在这次事故中共有15人死亡，截止8月12日仍有101人住院治疗，其中重伤员25人。事故造成的直接经济损失超过2亿元。

据查，出事单位是中国对外贸易开发集团公司下属的储运公司与市危险品服务中心联营的安贸危险品储运联合公司。爆炸地点是仓库区清六平仓，其中6个仓(2~7号仓)被彻底摧毁，现场留下两个深7m的大爆坑，其余的1号仓和8号仓遭到严重破坏。

事故发生后，国务院有关领导很快赶到事故现场，对抢险救灾和事故调查做了重要指示。随后由劳动部组织有关专家成立事故调查专家组，从8月8日开始展开了事故调查工作。

7.2.2 事故发生发展过程及原因分析

(1) 事故模型描述

经过事故现场勘察、查取有关资料及认真讨论分析，确认此次爆炸火灾事故是先起火后爆炸，进一步蔓延扩大成灾：1993年8月5日，大约13时10分，清六平仓4号仓内冒烟、起火，引燃仓内堆放的可燃物并于13时26分发生第一次爆炸，彻底摧毁了2、3、4号连体仓，强大的冲击波破坏了附近货仓，使多种化学危险品暴露于火焰之前。这些危险品处于持续被加热状态1h左右，于14时27分，5、6、7号连体仓发生第二次爆炸。爆炸冲击波造成更大范围的破坏，爆炸后的带火飞散物(如黄磷、燃烧的三合板和其他可燃物)使火灾迅速蔓延扩大，引燃了距爆炸中心250m处木材堆场的3000立方米木质地板块、300米处6个四层楼干货仓、400~500m处3个山头上的树木。大火燃烧约16h。于8月6日凌晨5时左右被基本扑灭。

(2) 第一次爆炸点的确定

经市勘察测量公司对事故现场的勘测，测得第一次爆炸形成的爆坑直径为23m、深7m，坑为锅底形，爆坑中心距南面1号仓北墙55m、距东侧中间铁轨29m。对照这个地域(DF 212—86)工程“中转仓库小区总平面布置图”和“杂品中转仓库(4)的建筑平面、立面、剖面及墙图”，确定第一次爆炸点在4号仓中部偏南处。

(3) 起火与爆炸时间的确定

依据市地震台的监测记录，第一次爆炸时间是13点26分11秒，里氏震级1.8。又据最先得到火灾报警的消防中队的记录，接警时间是13时22分。报警人危险品仓库保安队员自述他13点10分左右发现火情，先拨火警电话没拨通即就近找一名司机开车到笋岗中队报警，约10km路程需开车10min。以上三次时间数据，符合事实逻辑。确定起火时间是13时10分左右，从起火到爆炸约为16min。

(4) 起火物质的确定

安贸危险品储运公司提供的事故前4号仓内存放货物的名称、数量和位置，以及当事人(仓库保管员、保安员、叉车司机)提供的证词和装卸队提供的旁证，均言证4号仓内东北角处的“过硫酸钠”首先冒烟起火。调查组对“过硫酸钠”提出怀疑和异议。经追查铁路运输发票和安贸公司财务处收款票据，确证4号仓东北角存放的是过硫酸铵而不是过硫酸钠。根据过硫酸铵的特性，它先起火是可能的。

(5) 第一次爆炸物数量的确定

4号仓内存放的可爆物品有：多孔硝酸铵49.6t、硝酸铵15.75t、过硫酸铵20t、高锰酸钾10t、硫化碱10t。其中过硫酸铵、高锰酸钾等爆炸威力较弱，而多孔硝酸铵在高温或足够的起爆能量的作用下爆炸威力较强，常被用来制造工业炸药。4 号仓内爆炸的主要物质是多孔硝酸铵，其他可爆物品也有可能参与了爆炸。

据炸坑直径 23m、深 7m，依下式算出爆炸的硝酸铵为 29t。

$$Q = 4.1888(R_2/K_2)^3\rho$$

式中　Q——2 号硝铵炸药(g)的药量，若换算成 TNT，则需除以 1.05，若以硝酸铵计则需要再除以 0.35ρ；

R_2——炸坑半径，cm；

K_2——系数，一般为 7 ~ 10，本估算中取 $K_2 = 8.5$；

ρ——炸药密度，g/cm^3。

(6) 起火原因分析

市公安部门证实未发现人为破坏。当事人和建筑图纸提供的信息为：事故当天 4 号仓内无叉车作业；库区禁烟禁火严格；仓内通风尚好；仓内除防爆灯外无其他电气设施，防爆灯开关在 8 号仓旁办公室内集中控制。现场勘察发现 4 号仓电线为穿管导线，调查组认为 4 号仓内货物自燃、电火花引燃、明火引燃和叉车摩擦撞击引燃的可能性很小，而忌混物品混存接触反应放热引起危险物品燃烧的可能性很大，理由如下：

① 经反复查证，列出了 4 号仓物品种类及数量图。大量氧化剂高锰酸钾、过硫酸铵、硝酸铵、硝酸钾等与强还原剂硫化碱、可燃物樟脑精等混存在 4 号仓内，此外，仓内还有数千箱火柴，为火灾爆炸提供了物质条件。

② 仓中货物堆放密集，周转频繁。事故前，4 号仓内已无空位，把无法入仓的一千多袋硝酸铵堆在该仓外东北角站台上。事故现场勘察发现了这堆残留物。

8 月 5 日上午，从 4 号仓搬运出 800 袋共 20t 过硫酸铵(余 800 袋仍堆在仓内东北角)经仓中间通道运出装入香港来的货柜汽车运走；8 月 5 日中午 12 时，又加班装运硝酸钾，尚未装完就发生了事故，装运 4 号仓硝酸钾的汽车被爆炸冲击波推出 10 余米并烧毁。在以上装卸过程中，多人爬上货堆搬运清点，也曾发生坠袋、翻袋现象，难免洒漏过硫酸铵、硝酸钾。

③ 4 号仓内多处存放袋装硫化碱，有的码在氧化剂旁边。

④ 文献专著记载，工业硫化碱，熔点 50℃，易潮解，易吸收空气中二氧化碳变成深红褐色并放出易燃有臭蛋味的硫化氢气体。

北京理工大学实验室实验结果证明，过硫酸铵遇硫化碱立即激烈反应，放热，产生硫化氢，同时生成深褐色黏稠液体；差热实验出现陡峭放热峰。

以上分析说明：4 号仓内强氧化剂和强还原剂混存、接触，发生激烈氧化还原反应，形成热积累，导致起火燃烧。这是发生事故的直接原因。

(7) 火灾爆炸的蔓延和扩大

4 号仓硝酸铵爆炸后，引燃了库区多种可燃物质，库区空气温度升高，使多种化学危险品处于被持续加热状态。6号仓内存放的约30t有机易燃液体(乙酸乙烯9t，闪点44℃，沸点77℃，爆炸下限3.3%；甲酸甲烯4t，闪点18.9℃，沸点31.8℃，爆炸下限5.9%；甲苯4t，闪点4.4℃，沸点110.7℃，爆炸下限1.27%；工业乙醇12t，闪点12.7℃，沸点78℃，爆炸下限3.3%)被加热到沸点以上，快速挥发，冲破包装与空气、烟气形成爆炸混合物，并于14时27分34秒发生燃爆。燃爆释放出巨大能量，造成瞬间局部高温高热，出现闪光和火球，引发该仓内存放的硝酸铵第二次剧烈爆炸(实际是两次间隔时间极短的大爆炸)。5、6、7号连体仓被彻底摧毁，8号单体仓严重破坏。现场留下一个长36m、宽21m、口为椭圆形、底为两个6m深的锅底形炸坑(估计有37t和25t硝酸铵爆炸)。爆炸核心高温气流急速上升，周围气体向这里补充，形成蘑菇状云团。

第二次巨大爆炸产生的大量飞散物，如黄磷(在空气中会自燃)和其他引燃物飞落在约0.6km^{2}范围内，成为火种，又引燃了多处火灾，其中火势较大的有七处：

① 6座四层楼的干货仓库；

② 8栋二层楼的食品和牲畜仓库；

③ 清六平仓东侧隔铁路毗邻的露天堆货场；

④ 肉联厂东侧的木材场上3000m^{3}柚木地板块垛；

⑤~⑦ 距清六平仓中心火场400~500m处的3个山头的树木。

大火的蔓延，使爆炸的仓库区形成一片火海。当时是偏南风，处于下风向的东北部区域受害较重，受灾面积也较大；地处上风向的设施虽然距爆炸中心仅200米，但由于风向有利，在消防干警、武警官兵及时奋力保护下幸免受灾。火灾区大火持续近16h，于8月6日凌晨5时左右被基本扑灭。

7.2.3 事故性质和责任

7.2.3.1 干杂仓库被违章改作化学危险品仓库使用

仓库区总平面布置方案图是北京有色冶金设计研究总院深圳分院设计的，建设单位是市仓库开发企业公司。1987年5月29日，市城市规划局方案审查项目名称为干杂货平仓；设计单位按干杂品库设计；1987年8月26日、9月13日基建工程项目施工报建表的工程名称也是杂品干货仓；1990年4月30日，市公安局消防支队按照干杂货平仓的使用性质对清六干杂货平仓进行消防验收，发给消防验收合格证。干杂货平仓验收合格后，移交中贸发(集团)储运公司使用、管理。该仓库启用后，未报经有关部门批准，擅自将原2至3号仓、4至5号仓之间搭建，形成两个联体仓。中贸发储运公司在成立安贸公司之前，就在清六平仓存放过烟花爆竹。

1990年6月18日，市中贸发(集团)储运公司与市爆炸危险物品服务公司联合给市人民政府报送"关于成立合营公司'市危险物品储运公司'的请示"，附有公司章程、合同和可行性研究报告。可行性研究报告中称，清六平仓的地理位置适合作危险品储存仓库，并将干杂货平仓说成是按照有关规定根据化学危险物品的种类、性能，设置了相应的通风、防火、防毒、防爆、报警、调温、防潮、避雷、防静电等安全设施的危险物品仓库。市政府办公厅按照办文程序，先征求了有关部门意见，经市公安局、运输局同意，市政府办公厅于 1990 年 9 月 6 日下发《关于成立市安贸危险物品储运公司的批复》，批复中指出；该公司的经营范围为危险物品的储存、运输及装卸搬运(须经市运输局和公安局审批、备案)。经调查，安贸危险品储运公司只向公安局申报，未向运输局申报。1990 年 10 月 15 日发了营业执照。

市公安局没有按照国家有关规定审查。如：

(1) 平仓作为爆炸物品(烟花爆竹)库，则库间距离和对外部安全距离，以及与库区外主要道路的距离等均不符合有关规定。

(2) 平仓作为易燃易爆化学品(甲类)库，则每座建筑物的占地面积和防火墙间的占地面积均不符合《建筑设计防火规范》的有关规定。在不具备条件的情况下就审批、发证。1990 年 10 月 7 日，市公安局发了《广东省爆炸物品储存许可证》；1990 年 11 月 6 日，市公安局发了《广东省剧毒物品储存许可证》；1990 年 11 月 7 日，市公安局发了《爆炸品、危险品接卸中转许可证》。

广州铁路公安局市公安处接到关于申请接卸储存危险物品的报告后，虽然指出清六道南端平仓不宜作爆炸物品仓库、甲类危险物品储存仓库使用，但又同意暂时在清六道南端平仓接卸到达该市北站办理的危险货物。

上述有关部门违反了《中华人民共和国消防条例》、《中华人民共和国消防条例实施细则》、《中华人民共和国民用爆炸物品管理条例》、《国务院化学危险物品安全管理条例》和《中华人民共和国城市规划法》。

7.2.3.2　火险隐患没有整改

1991 年 2 月 13 日，市公安局消防支队对安贸危险物品储运公司的仓库进行防火安全检查，发现重大火险隐患，给该公司发出市公安局火险隐患整改通知书，主要内容有两条：

第 1 条，该仓库在消防审核时是按干杂中转仓库申报的，现将干货仓改为爆炸性危险品仓库，在改变仓库的使用性质时，未报经市消防部门审核。

第 2 条，该公司储存爆炸性危险物品仓库，距离铁路支线的安全间距不足，对铁路外贸物资运输的安全构成威胁。提出的整改意见是，"储存爆炸危险物品的仓库应立即停止使用，储存的爆炸性危险物品应在 2 月 20 日前搬出，否则按有关规定严肃查处"。

安贸危险物品储运公司接到火险隐患整改通知书后，没有整改。市公安局也未进行有效监督，致使重大事故隐患没有得到解决，造成了严重后果。

上述有关部门违反了《中华人民共和国消防条例》和《中华人民共和国消防条例实施细则》。

7.2.3.3 平仓混装严重

按深公爆证字1号批准文件和深公毒证字89105号批准文件明确规定：8号平仓存放爆炸品(烟花爆竹)；4号平仓存放易燃品；7号平仓存放氧化剂；6号平仓存放毒害品；3号平仓存放腐蚀品；2号平仓存放压缩液化气体。在实际使用中，严重混装，把不相容的物品同库存放、相邻存放，严重违反1987年2月17日国务院发布的《化学危险物品安全管理条例》第三章第二十四条规定，如3号平仓内的氨基磺酸、硫化碱、甲苯等与强氧化剂均不相容，不能同库存放，但实际上不但同库存放，且与多孔硝酸铵相邻存放。4号平仓内高锰酸钾、过硫酸铵、硝酸钾、硝酸铵、多孔硝酸铵等均为氧化剂、强氧化剂，而硫化碱为强还原剂，又有火柴可燃物，均一起存放在一个库内，且相互邻接。5号平仓内有保险粉和强氧化剂硝酸钾、硝酸铵、高锰酸钾和氧化剂硫酸钡等同库存放。6号平仓存放有甲苯、硫化碱、保险粉、硫磺等与氧化剂硝酸铵、硝酸钡等。7号平仓也存放有硝酸铵、高锰酸钾，同时存放有保险粉、元明粉以及布匹、纸板等。同时还存在灭火方法不同的化学危险品同库存放的现象，如金属粉、丙烯酸甲酯、保险粉等遇水或吸潮后易发热，引起燃烧，甚至爆炸。

由于将干杂货仓库违章改作危险品仓库使用，化学危险物品混装严重，管理混乱，从业人员业务素质低，因此，导致事故发生是必然的。

7.2.4 结论

干杂仓库被违章改作化危险品仓库及仓内化学危险品存放严重违章是造成“8.5”特大爆炸火灾事故的主要原因。4号仓内混存氧化剂与还原剂，发生接触，发热燃烧，是“8.5”特大爆炸火灾事故的直接原因。“8.5”特大爆炸火灾事故是一起严重的责任事故。

7.3 “10.21”炼油厂爆炸事故分析

7.3.1 事故经过

1993年10月21日下午3点钟，江苏某石化公司炼油厂油品分厂半成品车间无铅汽油罐区操作工在开启310号汽油罐出口阀作循环调合时，误开了311号汽油罐出口阀，造成了311号罐内汽油打入已经满罐但入口阀处于开启状态的310号罐，下午近6:00，310号罐浮顶被顶破，汽油大量外冒、气化、扩散、流淌后，油蒸气遇罐区公路上行驶的手扶拖拉机排气管火星爆炸燃烧，万吨油罐冒起了冲天大火，罐顶、罐区、阀门、沟管、山林同时多火点烧成一片，燃烧面积达 23437.5m^2。市消防支队“119”调度室闻警后，集中调动全市 99 辆消防车前往火场，江苏省和上海、安徽等兄弟省市又相继调出 88 辆车增援，三省、市共 12 个城市的 187 辆消防车，军警民 6000 余人联合作战，同心协力搏火龙。到场消防力量实施统一指挥，先冷却控制，15 个小时发起总攻，经过 17h 的扑救，大火于次日上午 11 时 15 分被扑灭，加上扑救地面复燃火势和持续冷却。22 个小时后结束战斗。现场 2 人死亡(其中 1 名是农民工)，直接经济损失 38.96 万元。

7.3.2　事故原因的分析

火灾扑灭后，消防监督部门经过调查勘察，基本得出了一个结论性的意见。然而，对于这样一起大火。有很多问题需要出示明确的科学依据，如 310 和 311 号油罐内的油品发生了怎么样的移位变化，爆炸燃烧共损耗多少汽油，油料的燃烧量怎样分布，引爆原因究竟是手扶拖拉机排气管还是人体静电等。这些问题，都由南京市安委会组织的专家组通过勘查论证，科学的计算分析找到准确的答案。

7.3.2.1　爆炸耗油量和 TNT 当量

310 号油罐冒顶溢油后，油蒸气扩散与空气混合遇火源引起爆炸，在爆炸空间范围与燃烧部位都明显留下痕迹。经测量，可燃混合气体的爆炸发生面积为 23437.5m^2；尽管现场地势不平，烧痕高度不一，但根据树上枝叶烧焦和山坡、建筑物等的烧痕高度，可估算爆炸混合气体扩散的平均高度为 5m；爆炸的空间体积为 117187.5m^3。

(1) 汽油蒸气浓度的确定

由于汽油爆炸浓度下限为 1.3%，因此现场浓度一定大于 1.3%。

经现场测定，空间爆炸时汽油蒸气平均浓度取值 2.2%，因为一位操作工发现情况从操作室出来，没走几步就忍受不住油气异味而晕倒在地，据查能致人昏迷的油气浓度为 2.2%，当然各扩散点扩散浓度不尽相同。

(2) 爆炸损耗汽油量的计算

$$G = S \cdot H \cdot C \cdot M/22.4 \times 10^{-3}$$

式中　G——燃爆损耗汽油量，t；

S——燃爆面积，m，取 $S = 23437.5\text{m}^2$；

H——燃爆平均高度，m，取 $H = 5\text{m}$；

C——平均油蒸气浓度，%，取 $C = 2.2\%$；

M——油气平均分子量，取 $M = 96$。

根据上述公式计算，空间爆炸损耗汽油为 11.15t。

(3) 空间爆炸当量的计算

汽油爆炸能量为10300kcal/kg，换算成TNT当量相当于96.737t。可见，此次爆炸的总能量是非常大的，但它不是“点源”或有效的封闭空间，而是20000m^2的完全敞开空间，因此没有形成超压和冲击波，对波及到的建筑物仅有轻微的损坏。

7.3.2.2 溢流油料分布量

罐区的空间爆炸和大面积燃烧，310号油罐在罐区爆炸后的罐顶溢油状态下的燃烧，以及311号油罐火灾后油位下降的事实说明：罐区310号和311号油罐在爆炸前罐内油位都发生了非正常变化。310号油罐在爆炸前处于自循环状态，油位既不应该增加，也不应该减少；311号油罐在爆炸前处于静止状态，液位不应变化，也不应和任何罐有油量关系。但火灾后测定，310号罐油量已增加至满罐燃烧并外溢，311号罐油平面降低了1.822m。因此310、311号两罐油量的平衡、变化的过程及变化的原因是揭开事故之谜的关键。经查，310号罐循环泵的输送能力为351m^3/h，311号罐油的减少量，恰是泵在启动后到爆炸这段时间内打入310号罐的量。310号罐在泵运转前的液面为14.26m，爆炸后浮顶外露，油量已经增加。说明310号罐入口阀事故前已经处于开启状态，进入310号罐的油量应该是311号罐的减少量。总的物料平衡与分布为：

(1) 总烧损量

311号油罐原有油位13.972m，爆炸后检查为12.15m，减少1.822m，合计减量为855.588t，这部分油全部进入了310号罐。在31O号罐火被扑灭后，为抢修罐底阀门，曾同时向罐内垫水和向304号罐压油78.984t，火灾后滞留在310号罐内的净增油量为594.207t，由此可得事故中燃烧、跑损的总量为182.394t。

(2) 310罐燃烧量

310号罐爆炸后燃烧时浮顶凸突，罐顶环形密封处液面完全暴露在空气中，在17.78m的环形面积形成熊熊大火。按下列公式计算：

$$G_1 = W \cdot S_1 \cdot h$$

式中 G_1——罐顶燃油量，t；

W——为汽油燃烧重量速度，取80.85kg/m^2·h；

S_1——罐顶环隙面积，m，取17.78m^2；

h——燃烧时间，$h = 17$h。

计算得 $G_1 = 24.439$t。

在当时风速3m/s，高度为16m的环状面积内外环供氧充足，燃烧速度会加快，加上罐顶溢冒流淌火帘，烧掉的油比理论计算要多，考虑增加一倍，大约烧掉油量为48.874t。罐底阀门泄漏量每小时按1474kg考虑，烧掉油量为25.064t，则油罐燃烧损失总量为73.938t。

(3) 罐区地面渗透与防洪明沟燃烧量

310 罐在冒罐的状态下，汽油部分雾化扩散，部分流淌到地面，被地面吸附、渗透，顺地势流向防洪沟，流经距离约为 480m，面积为 1160m^2，爆炸之后，罐区一片大火，明沟持续燃烧，大约在半小时之后，明沟火才熄灭；罐区内地面呈蜡烛状燃烧，由于地面本身的阻火作用，地面火很快熄灭。

地面吸附及明沟燃烧损失油量为：

G = 损失汽油总量 －（罐顶及罐底阀门燃油量 + 空间爆燃油量）

= 182.394 －（48.874 + 25.064 + 11.15）

= 97.306(t)

排水明沟烧损油量为：

$$80.85 \times 1160 \times 0.5 = 46893\text{kg}(46.893\text{t})。$$

地吸附及燃烧油量为：

$$97.306 - 46.893 = 50.412\text{t}。$$

所以，310 号油罐火灾中汽油总损失量为 182.394t。

7.3.2.3　确定爆炸着火源

310 号罐汽油冒顶扩散后，是什么能量(着火源)引燃了可燃混合气体，也是专家组要论证确定的难题之一。当时，对着火源有两种存在的可能，一种是驾驶通过罐区公路的手扶拖拉机排气管冒出的火花，还有一种认为是静电所致。专家组通过认真分析论证，同意了消防部门确定的“手扶拖拉机排气管引爆”的结论。

(1) 静电引爆的可能性

当汽油溢冒扩散后，静电产生的条件分析：

① 人体静电产生静电火花的可能。因为操作工发现油罐冒顶后跑去关阀门，行走约 300m，有可能产生静电并达到放电的程度；风速对拖拉机手的磨擦也可能产生静电，人处于绝缘状态，产生的静电不易从四个轮胎导走。

② 其他因素产生静电的可能。如汽油漫罐时喷油气雾带电，地面汽油蒸发带电等。但经专家组论证，静电引爆给予排除。这是因为：当时的空气湿度为 70%～75%，在这种气象条件下产生静电的可能性极小；汽油大量从罐顶漫溢飘散，油罐中心区浓度非常之大，操作工跑动关闭阀门之处浓度会超过爆炸上限；爆炸发生后，同伴找到他时，已严重烧伤，身上衣服烧光，头发烧焦，但还在慢慢行动，嘴中不停地讲话，后虽在送往医院途中死亡，但显然他没有处于爆炸中心。

(2) 手扶拖拉机排气管火星引爆的认定

① 经鉴定，吕国生驾驶的手扶拖拉机虽有阻火器，但排气管堵塞积炭，已失去阻火作用，在起动初速时就有火星冒出。

② 用同样型号的拖拉机进行试验，空载拖拉机(爆炸区内拖拉机为重载)阻

火器除去积炭(爆炸区内拖拉机积炭严重)条件下，驱动 8min，阻火器部位明显出现火星。

③ 驾驶拖拉机经过的道路，恰好是汽油蒸气扩散挥发的边缘偏内一点，蒸气浓度处在最佳状态。

④ 经对拖拉机手与操作工的尸体解剖，操作工烧伤面积 80%，其中Ⅱ度烧伤 45%，Ⅲ度烧伤 30%；驾驶员烧伤面积达 95%，其中Ⅱ度烧伤 55%，Ⅲ度烧伤 45%，且烧伤部位明显不同，左侧面部及脖颈部烧伤严重，前胸有几处开创性伤口，而背部伤势明显较轻，这是由于位于前方的拖拉机排气管火星引爆可燃气体的初始状态及传播方向造成的结果。

7.3.3 事故原因的认定

经上述分析，可以认定事故原因是：当日 15 时左右，白班操作人员进行 310 罐加剂后用泵循环操作时，本应打开循环线上该罐的出口阀，但却错误地将循环线上 311 罐出口阀打开，造成 311 罐抽出的油进入 310 罐之后，在计算机连续报警的情况下，始终没有引起操作人员的重视；交接班不严不细，没有发现在事故状态下运行，接班后事故状态延续，导致 310 罐冒罐外溢，汽油蒸气在罐区及罐区范围之外大面积扩散。18 时 15 分左右，驶入爆燃区域的手扶拖拉机尾气排气火花点燃了大面积扩散的气油蒸汽与空气混合物，终于酿成这次重大火灾事故。事故的具体过程是：

(1) 311 罐收满油后，理应关闭罐根阀封罐，但这个岗位不关闭油罐的罐根阀进行封罐已成惯例，致使在循环线上开错阀的误操作，将 311 罐中的油泵入 310 罐，造成满罐外溢。

(2) 操作人员工作责任心不强，严重违反操作纪律，对 310 罐的高液位报警无动于衷，既不报告也不认真查找原因，待闻到汽油味才去检查已为时过晚。

(3) 操作工交接班不到现场进行交接，也不认真核对运行流程，只是进行了口头交接，致使流程错误未能及时发现。

(4) 巡回检查挂牌制等岗位责任制流于形式，形同虚设(牌已锈蚀，长时间不挂牌)，也没有人对巡检制度的执行进行检查和督促。

(5) 罐区阀组各阀门上没有标记，几个罐的阀组并列在一条线上，容易在操作中造成失误。

(6) 该油罐区属一级防火防爆区，拖拉机等机动车辆理应禁入，但厂里对外单位机动车颁发通行证管理不严，手扶拖拉机手竟持过期的通行证将拖拉机从油罐区旁的马路上驶过，尾气的火花直接导致了“10.21”火灾事故的发生。

(7) 油罐的消防泡沫线未按正规设计，自 1988 年投用后没有认真检查完好的状况。油罐的半固定泡沫灭火线底阀没有安装(4 个阀埋在土下，一个也没安上)，长期没有发现，在救火中泡沫短路跑掉，没有起到消防线应起的作用，延误了灭火的时机。

(8) 防火堤内的排水明沟出罐区没有按规定加装闸板或阀门，造成满罐溢出的汽油流出堤外。

(9) 该油罐区缺乏符合消防规范的总体设计，建成的汽油罐区一直没有形成环形消防通道，造成火灾时普通消防车不能接近火源进行有效的扑救，延长了大火扑灭的时间。

7.3.4 事故教训

7.3.4.1 预防事故必须加强法制

本次事故，从根本上说，是由于管理人员和操作人员长期不重视安全法律、法规造成的，是这个厂对火险隐患整改不力所致。据消防部门调查，310 号油罐所在的罐区建于 1965 年，1982 年改建为汽油罐，工程实施过程中既没有按消防规范对消防安全设施、道路等进行改造，也未按规定要求办理防火审批手续，整个罐区没有消防通道，未按规定设置防火堤。此外，消防设施不足，已有的也多数损坏，不能发挥作用。特别严重的是库区对机动车辆管理不严，未装阻火器的机动车辆可以随意进出。这次大火的火种就是未装阻火器的拖拉机带入的。

对于这些问题，南京市消防部门曾多次发出重大火险隐患通知书，要求其尽快整改。1993 年 8 月 3 日和 9 月 17 日也曾先后两次发出通报，并责成其将整改情况在 9 月 30 日前报市防火委员会，但该厂仍未重视。

由于这个厂长期忽视防火安全，近几年不断发生火险火情。就在去年 6 月 30 日，这个厂的铂重整车间就因违章作业，致使氢气罐燃烧爆炸，当场炸死 3 人。但这个厂仍未吸取教训，致使轰动全国的“10.21”大火发生。

7.3.4.2 预防事故必须加强人的管理和教育

这次火灾经历了一连串的环节，只要有一个环节不通，也不会酿成如此大的事故。然而，对石化工业的事故原因进行的统计结果表明，由于技术上没有解决的问题或由于意外不可抗拒的原因造成事故的，几乎没有碰到，而事故却经常出在管理上和纪律上。据了解，其他行业也存在类似的现象。这样，消除和减少生产事故，所表现的是必然从生产过程的各个环节入手，运用科学的方法，超前管理，系统防范，做好生产的本质安全基础工作。所强调的做法通常是企业安全管理必须加强领导，经常进行安全规章制度教育，落实安全经费，建设现场防护设施，强化安全检查和隐患整改。这些都曾是企业安全管理行之有效的办法和经验。然而，从根本上讲，这些成功都是外力作用的结果，没有正常发挥生产者即管理和纪律的施承者的潜能，没有创造出具有再生能力的“抗病”机体群。

消除和减少生产事故，必须从生产的支承主体——人着手，加强对人的教育和管理，变行政管理为契约整合和自然追求，以达到安全再生的目的，也是减少生产事故的根本途径。

7.4 “6.27”化工厂特别重大事故分析

7.4.1 事故概况

1997年6月27日晚，北京某化工厂发生火灾爆炸事故，死亡9人，伤39人，20余个1000~10000m^3的装有多种化工物料的球罐被毁，直接经济损失1.17亿元。事故发生后，有关部门先后组织了三个专家组对事故原因进行调查，历时3年半，终于在2000年12月15日，国家经贸委对该厂“97.6.27”特别重大事故作出批复，认定本次事故为责任事故。

这次事故，正值香港回归的前夕，发生在首都北京，损失巨大，在国内外造成很坏的影响。

7.4.2 事故原因分析

事故表现出的现象与信息表明，此次事故经历了四个阶段：

(1) 6月27日晚21时左右，罐区出现了可燃气体泄漏；

(2) 21时27分左右，发生第一次爆炸燃烧(油泵房爆炸)；

(3) 21时42分左右乙烯B罐发生大爆炸；

(4) 整个罐区发生大火。

由此可见事故的演变过程存在着合乎逻辑的因果关系，即：泄漏的可燃气体是引发第一次爆炸的因，而第二次爆炸既是泄漏的可燃气体的果，又是引发乙烯B罐爆炸的因。

调查证明，出现第一次爆炸前，整个罐区的空气中已经弥漫大量可燃气体，其直接证据有：

(1) 21时5分，在罐区不同区域的职工都闻到可燃气体的怪味；

(2) 21时10分左右，在控制室中的操作人员观察到仪表盘上有可燃气体的报警信号显示。

为了判定可燃气体的来源，对当时罐区情况进行了分析：

(1) 在18个常压立式罐内，装有包括石脑油、轻柴油、加氢汽油、调质油、裂解汽油、碳九、燃料油、乙二醇在内的8种可燃物料；

(2) 在13个高压球罐内装有包括乙烯、丁二烯、抽余碳四、碳五、丙烷、混合碳四在内的6种可燃物料；

(3) 约在20时30分左右，当班工人正将铁路上的45节车皮轻柴油卸入常压罐区。

上述可燃物料中任何一种大量泄漏，都有可能成为可燃气体。遇到火源，都会引起燃烧爆炸。因此，判断首先泄漏的是何种可燃物料，必须经过严谨的科学分析与鉴定，而不能仅仅根据表面现象，加以直观的、非理性的分析就做出结论。

在此次事故中，判断首先泄漏的是何种可燃物料最直接的物证，应是在爆炸时死于现场人员的尸检结果。因为死于现场人员的肺里与气管中必然会保留有死亡前吸入的环境气体。这些环境气体中所含有的可燃气体组分，则应是此次事故中首先泄漏的可燃气体。

北京市公安局刑事科学技术检测中心对 9 位死者进行了尸检，结果得出：在死于现场 4 人(其中 3 人死于油泵房附近，1 人死于石脑油罐附近)的肺部与气管中存在有石脑油、轻柴油和加氢汽油组分，而无乙烯组分；死于医院 5 人的肺部与气管中既无石脑油、轻柴油和加氢汽油组分，也无乙烯组分。这是因为他们离开现场后还进行了呼吸，已将吸入的可燃气体排出体外。

这一检测结果明确地证实：乙烯 B 罐大爆炸前，弥漫于罐区空气中的可燃气体是石脑油、轻柴油与加氢汽油油气，而不是乙烯。

按照事物发展的因果关系，在确定了引起此次事故的可燃气体是石脑油油气等之后，必然地要找出导致石脑油等可燃物料是来自哪里及如何泄漏的相关证据：

(1) 6 月 27 日 20 时工人交接班。接班工人的任务是将火车上 45 节车皮内的轻柴油卸入轻柴油罐区的 B 罐中。按照操作规程要求，应将通向轻柴油罐区的总阀门打开，而将通向石脑油罐区的总阀门关闭(因二者共用一条管线)。

(2) 然而现场勘测结果证实，上述两个总阀的实际状态是：通向轻柴油罐区的总阀处于关闭状态，无法向轻柴油罐卸入轻柴油；而通向石脑油罐区的总阀处于开启状态。因此从火车上卸下的大量轻柴油被错误地卸入到石脑油罐区的 A 罐中(石脑油罐区共有 A、B、C、D4 个罐，其中 A 罐的分阀处于开启状态)。

(3) 在 6 月 27 日 20 时之前的数据记录纸上。记录的数据是：石脑油 A 罐的液面高度为 13.725m(满装为 13.775m)。这说明，在接班前，A 罐已装满了石脑油。

上述证据清楚地表明：6 月 27 日 20 时工人接班后，由于通向轻柴油罐区的总阀和通向石脑油罐区的总阀分别处于错关与错开状态，因此，使本应卸入轻柴油罐中的轻柴油被错误地卸到已装满石脑油的 A 罐中，从而导致大量的石脑油“冒顶”溢出。“冒顶”溢出的大量石脑油(其中不可避免地会混有轻柴油)挥发成可燃气体，在微风的吹动下，很快整个罐区弥漫高浓度的可燃石脑油等油气。

由此可以得出：从 6 月 27 日 20 时接班开始卸轻柴油，到 21 时左右人们闻到可燃气体怪味和可燃气体报警，再到21时27分左右油泵房爆炸燃烧，最后导致乙烯B罐被烧烤，于21时42分左右发生突沸爆破等一系列事件相继出现，从而构成了具有逻辑因果关系的事故链。

2000年12月15日，国家经贸委对该厂“6.27”特别重大事故作出批复。批复指出：

经过调查取证、计算机模拟和鉴定分析，事故的直接原因是：在从铁路罐车经油泵往储罐卸轻柴油时，由于操作工开错阀门，使轻柴油进入满载的石脑油A罐，导致石脑油从罐顶气窗大量溢出(约637m^3)，溢出的石脑油及其油气在扩散过程中遇到明火，产生第一次爆炸和燃烧，继而引起罐区内乙烯罐等其他罐的爆炸和燃烧。主要依据是：

(1) 阀门状态。事故调查发现，卸轻柴油前石脑油A罐是满罐，卸油管通往石脑油A罐的两道阀门均开着，通往轻柴油罐的总阀门却关着。卸轻柴油时，轻柴油不能进人轻柴油罐，而只能从石脑油A罐底部管口进入石脑油A罐，并导致石脑油从罐顶外溢。

(2) 石脑油A罐基础及附近地面被烧变色。石脑油A罐罐体无破裂现象，而防火堤内数千平方米石灰石地面，有2/3被积油烧至变色，其中约一半变成白色石灰；石脑油A罐的水泥基础被烧裂并露出钢筋，上述情况只有在地面上存有大量积油并燃烧才能出现。而其他油罐着火后，防火堤内的地面和罐基础完好。

(3) 经对事故遇难者所在位置的分析和微量化学分析，确定事故是因石脑油泄漏引起的。由于死于事故现场的4人都在石脑油A罐周围(其中2人是经乙烯罐区到石脑油罐区遇难的)，并对死者肺部取样进行微量化学分析，证实含有石脑油成分而没有乙烯，说明该4人死前吸入了泄漏的石脑油气体。

此外，从事故现场建(构)筑物破坏情况、现场所有人员的位置及伤亡情况，以及中心计算机记录的压力变化、地下排水沟系统爆燃痕迹、现场人证材料分析，并经国家爆炸实验室计算机模拟等，均证明石脑油大量溢出是事故的直接原因。有关专家经对乙烯管道残骸分析，没有发现陈旧裂纹，不能得出乙烯管道泄漏是事故直接原因的结论。

事故的直接原因暴露出该厂安全生产管理混乱，岗位责任制等规章制度不落实。此外，也反映出罐区自动控制水平低，罐区与锅炉房之间距离较近且无隔离墙等问题。

综上所述，此次事故是一起责任事故。

国家经贸委的批复指出：实事求是、科学地分析事故原因，是总结经验教训、举一反三的重要前提。要认真汲取事故教训，落实安全规章制度，强化安全防范措施，进一步加强首都的安全生产管理工作，防止此类事故再次发生，确保首都和人民生命财产安全。

7.4.3 事故教训

7.4.3.1 应建立并完善重大事故调查工作的法规与程序

事故，尤其像“6.27”一类的特大事故是人们所不希望发生的，然而却又是现今还无法完全避免的，一旦当我们面对这种残酷的现实时。我们所能选择的惟一正确作法是，按照相应的法规与程序，进行科学的调查和理性的分析，查明事故的真正原因，总结经验教训，以便采取相应的措施与对策，使我们所付出的沉重代价能变为认识世界、改造世界的巨大财富。然而，无数客观事实告诉我们，要真正做到这一点，有时是很困难的。这是因为事故调查不仅是一项技术性极其复杂的系统工程，而且是一项社会性很强的工作。对事故，尤其是对重大事故的调查与处理，不可避免地会涉及到有关单位、部门的利益，甚至会危及这些单位与部门领导人的个人前途。因此，事故调查工作有时会遇到阻力，受到干扰，难以及时地做出科学、客观、公正的结论。有鉴于此，目前世界各国都制定、颁发了相应的法律、法规，成立超脱的事故调查专门机构。如 1986 年美国“挑战者”号航天飞机事故，并不是由美国航空航天局组织调查，而是由美国总统任命的特别专家组进行调查。我国政府对事故调查工作十分重视，1989 年国务院颁发了 34 号令，即《特别重大事故调查程序暂行规定》，对特大事故调查的组织领导等作了明确规定，对重大事故调查工作起到了积极作用。然而。近 10 年的实践表明，34 号令还存在着不完善之处，也与目前不断发展的社会主义市场经济不完全相适应。因此，应总结这些年重大事故调查工作正反两方面的经验教训，并参照国外的先进作法，对 34 号令加以修改完善，尽快制订出适合我国国情的重大事故调查法规，将我国的事故调查工作纳入法制化、规范化、程序化的轨道，使事故调查能得出科学、客观、公正的结论，达到防止和减少重大事故出现的目的。

7.4.3.2 建立科学而严密的安全管理体系是预防事故的根本保证

历史的经验告诫我们，对于像此化工厂这样一类高危险性企业，必须建立起科学而严密的安全管理体系，才能有效地防止重大事故的发生。科学而严密的安全管理体系一般应包括：安全法规、安全标准、安全设施和安全文化等。

虽然“6.27”特大事故的直接原因是操作失误，但根本原因却是企业在安全管理体制上存在严重疏漏。

首先是安全教育不够，从业人员的安全意识淡薄，敬业精神与责任心不强，导致出现不应有的操作失误。

其次是安全设施存在问题，表现在两方面：一是在设备的设计上没有防止误操作的技术设施，是出现误操作的潜在因素；二是在出现操作失误的时候，缺乏及时发现与信息反馈的技术设施。

第三是在安全管理体制中的监控、检查机制不力，对企业内各个关键环节不能实施有效的安全监控与检查。

从6月27日20时开始卸轻柴油到21时42分发生大爆炸，历时1小时40分钟。在此期间，只要能切断事故链中的任何一个环节，都可能有效地制止事故的发生和发展。遗憾的是，由于该企业在安全管理体制和制度上的不健全，酿成悲剧。有关行政主管部门和所有企业都应从中吸取教训，改善和加强安全管理工作。

7.5 “12.23”特别重大天然气井喷事故

2003年12月23日，位于重庆市开县高桥镇，由某公司川钻12队承钻的川东北气矿罗家16H井发生特大井喷事故，造成243人死亡，直接经济损失9262多万元。

7.5.1 事故经过

12月23日2时52分，罗家16H井钻进至井深4049.48米时，因更换钻具需要，在仅进行了35分钟泥浆循环后(应该循环90分钟)，就开始起钻。在操作中没有遵守每3柱灌满泥浆1次的规定，最长达提升9柱才进行灌浆。12时开始停止操作，用了4个多小时的时间检修机械故障，然后没有充分循环泥浆即继续起钻。

21时55分，录井员发现泥浆溢流，向司钻报告发生井涌，司钻发出井喷警报，井队采取多种措施未能控制局面。至22时4分左右，井喷完全失控，硫化氢气体大量逸出。22时30分左右，井队人员开始撤离现场，同时疏散了井场周边居民。23时20分左右，井队人完全撤离，在外围设立了警戒线。

23日23时左右，重庆市安全生产监督管理局接到川东北气矿事故报告，并要求协助事故抢险工作。随后，事故所涉及的地方各级政府进行了组织危险区内群众撤离，向安全地区转移安置工作。

24日15时55分左右，16H井放喷管线点火成功，至此含高浓度硫化氢的天然气持续喷出了约18个小时。

27日11时，罗家16H井压井成功，持续约85小时的井喷得到控制。在事故中撤离灾区的群众总计65632人。此次特大井喷事故致使243人死亡(职工2人，当地群众241人)，造成重大财产损失、环境破坏和社会影响。

7.5.2 事故原因

经调查，“12.23”特别重大天然气井喷失控导致硫化氢中毒事故是一起责任事故，主要有以下两个方面的原因。

7.5.2.1 直接原因

(1) 起钻前泥浆循环时间严重不足。没有按照规定在起钻前要进行90分钟泥浆循环，仅循环35分钟就起钻，没有将井下气体和岩石钻屑全部排出，影响泥浆液柱的密度和密封效果。

(2) 长时间停机检修后没有下钻充分循环泥浆即行起钻。没有排出气侵泥浆，也影响了泥浆液柱的密度和密封效果。

(3) 起钻过程中没有按规定灌注泥浆。没有遵守每提升3柱钻杆灌满泥浆1次的规定，其中有9次是超过3柱才进行灌浆操作的，最长达提升9柱才进行灌浆，造成井下没有足够的泥浆及时填补钻具提升后的空间，减小了泥浆柱的密封作用，不足以克服提升钻具产生的“拉活塞”作用。

(4) 未及时发现溢流征兆。当班人员工作疏忽，没有认真观察录井仪，以至丧失了及时发现泥浆流量变化等溢流现象，采取应对措施的时机。

(5) 违章卸下钻具中防止内喷的回压阀。有关负责人员违反相关作业规定，违章指挥卸掉回压阀，致使发生井喷时钻杆无法控制，导致井喷失控。

(6) 未及时采取放喷管点火，将高浓度硫化氢天然气焚烧的措施。造成大量硫化氢喷出扩散，导致人员中毒伤亡。

7.5.2.2 管理原因

(1) 安全生产责任制不落实。该井场现场管理不严，存在严重的违章指挥，违章作业问题；没有安排专人观察泥浆灌入量和出口变化；录井工严重失职，没有安排及时发现灌入泥浆不足的异常情况；发现事故征兆后没有通知钻井人员，也不向当值领导汇报；录井负责人没有按规定接班，对连续起钻9注未灌满泥浆的异常情况熟视无睹。

(2) 工程设计有缺陷，审查把关不严。未按照有关安全标准标明井场周围规定区域内居民点等重点项目；没有进行项目进行安全评价、审查，对危险因素缺乏分析论证。

(3) 事故应急预案不落实，事故后抢险措施不力。由于井队没有向当地政府通报生产作业具有的潜在危险、可能发生的事故及危害、事故应急措施和方案，没有向人民群众做有关宣传教育工作，致使当地政府和人民群众不了解事故可能造成的危害、没有硫化氢中毒和避险防护知识，致使事故损害扩大。事故发生时，现场农民虽被通知后逃离，但在井喷被控制住后，又纷纷返回家中，就在返回途中，因为硫化氢尚未散去，导致200多人中毒死亡。

(4) 安全教育不到位，职工安全意识单薄。有关单位对职工安全培训不力，要求不严，井队职工操作水平差，技术素质低。一些干部职工对井控工作不重视，存在严重麻痹和侥幸心理，对于高含硫、高天然气水平井存在的风险及可能出现的严重情况，思想认识不足，没有采取针对性防范措施。

此外，事故发生在夜晚，群众居住分散，交通条件差；当地为山区低洼地势，空气流通不畅也是导致大量人员伤亡的客观原因。

7.5.3 事故教训

本次事故造成巨大的人员伤亡和财产损失，社会影响也相当恶劣。事故的教训是十分深刻的。

(1) 事故前预防机制的缺失，管理环节的断链，为事故埋下了隐患。天然气开采属于高危行业，管理部门应进行严格的安全和环保评估并检查执行是否到位。天然气井附近，生产部门应划出一个至少500米的安全距离，在1公里的范围之内不应有常住居民。但事实上，矿井周围30米内便有六、七户人家，而周围1公里的范围内，则是村舍林立，鸡犬相闻，大约有数百户。管理部门没有对周边群众进行安全防范方面的教育和逃生培训，没有任何人曾经向他们宣传过井喷可能造成的危害以及事故发生后如何自救，管理部门之间缺乏必要的沟通，石油管理部门除了办理征地手续、交税外，很少与当地政府直接打交道。

(2) 缺乏对事故初起阶段的迅速、有效的应对，错失了控制事故损失的最佳时机。事故中一系列的、看起来很细小环节的失误，导致了事故的不断扩大：起钻时泥浆液的密度不够，造成压力失衡；顶驱没有及时抢接或抢接失败，导致井喷无法控制；没有及时点火，导致硫化氢飘逸，有毒气体四散。井喷刚刚发生时有一个多小时的时间可以组织点火，但这个最佳时机却在一片混乱中错失，最终造成了惨重的死伤。井喷事故发生后，施工人员由于慌乱，在钻杆没有取出之前就将平压板压在井口，从而使平压板被压扁，由于硫化氢有很强的腐蚀性，钻杆掉入井内，井口基本被压住，但仍有两个漏气孔，气体出量很小，当时可以打开两边的放喷管线并点火以减小硫化氢的浓度。从22∶03井口失控至23∶20井场泥浆泵停泵，时间至少在1小时17分钟以上，这说明天然气的浓度还未达到天然气空气混合比和硫化氢空气混合比的爆炸极限，组织放喷点火应该有充足的时间，点火也不致危及井场安全。但是，在这段时间内，虽然组织了井队人员抢险，但未及时组织放喷点火，也未在撤离后安排专人监视井口喷势情况，检测井场有害气体浓度，致使无法及时确定放喷点火时间，更未向上级请示放喷点火。

(3) 以节约成本为借口，忽视必要的安全投入也是使事故扩大化的重要因素。企业明确规定，每起3至5柱灌注钻井液一次，对于罗家16H这样的高含硫天然气井则必须每3柱灌满一次。但是，“节约成本”，已经成了行业惯例，同行中少有人能严格按照规定来做。工人们每起6柱才灌注钻井液一次，同时拆卸了回压阀，导致井内液压力下降，被认为是造成井喷发生并酿成灾难的直接原因，“节约成本”导致了灾难的发生。

从以上的简单分析，我们可以看到：思想意识上的轻视、疏忽，没有把群众利益当成大事，事前准备和事后抢救中的小节上的疏漏，导致了这场惨剧的发生。从事故的教训中应得到的启示是：

(1) 必须强化“安全第一”思想，加强安全管理，全面落实安全生产责任制。从实践“三个代表”重要思想的高度认识作好安全生产工作的重大意义，认真贯彻执行各项法律法规。要加强企业管理工作，特别要加强长期单独分散作业单位的管理。要完善安全生产责任制体系，明确各级、各岗位的工作任务和责任，作到“纵向到底、横向到边”，并严格考核。

石油、化工以及其他可能造成社会灾害行业的企业及其下属单位要向当地政府通报本单位生产经营作业具有的潜在危险、可能发生的事故及危害、事故应急防护措施和方案，依法接受地方政府的安全生产监督管理。

地方政府必须依照“安全生产属地管理”的原则，将这类企业纳入安全生产监督管理工作范围和安全生产责任制考核体系，主动向企业了解情况，掌握重大事故隐患动态变化情况，依法加强监督管理。

(2) 必须建立健全的事故应急救援体制。企业要制订科学、完善、切实可行的事故应急预案，配备防护急救装备器材，并认真组织演练，不断检验完善应急预案。可能造成社会灾害的企业及其下属单位和当地政府要注意双方预案严密的衔接联动，要将这些企业的重大事故应急救援纳入社会整体应急救援体系，建立切实可靠的联系方法和联合行动方案。以期达到控制灾害，减少损失，保护人民生命财产安全，维护社会秩序稳定的目的。应急预案并不只是一张纸，而应该在编制后进行演练，发现不完善的地方予以修订，然后公布，并上报有关部门，充分发挥应急预案的作用，把好最后一道关。

(3) 应及时修订、完善并严格执行有关安全生产的国家和行业标准。有关部门应组织力量审查清理石油、化工等可能造成社会灾害行业有关安全生产的各类标准和规范，对不符合要求的内容应及时修订、完善，以全面提高安全生产技术水平。同时要按程序对工程项目严格进行审查审批，要认真执行“三同时”制度，监督企业严格遵守有关安全生产的国家和行业标准，对违反国家和行业标准的行为给予惩处。

(4) 必须加强安全教育，提高生产人员和社会大众的安全意识和安全素质。对可能造成社会灾害的企业及其下属单位要开展社会性的宣传，把生产经营过程具有的潜在危险、可能发生的事故及危害、应急防护常识和避险措施告知社会大众，使当地人民群众了解可能发生的事故的危害后果，掌握应急防护常识和避险措施。地方政府也应就本地可能发生的社会灾害性事故的有关常识开展宣传教育工作。

(5) 必须加强科技攻关，提高安全技术水平。对一些石油天然气开采安全的关键技术问题，如高含硫大产量水平井井钻井控工艺、气井溢流和井喷预警技术等，加强研究，开展科研攻关，提高防范事故的能力；对于条件特殊、工艺不成熟情况下的施工作业，必须采取可靠的安全防范措施。

7.6 “3.29”京沪高速液氯泄漏事故

7.6.1 事故经过

2005年3月29日晚，一辆在京沪高速公路行驶的罐式半挂车在江苏淮安段与一辆山东货车相撞发生交通事故，引发车上罐装的液氯大量泄漏，造成29人死亡，436名村民和抢救人员中毒住院治疗，门诊留治人员1560人，10500多名村民被迫疏散转移，大量家畜、农作物死亡和损失，受灾农作物面积2万多亩，畜禽死亡1.5万头(只)，造成直接经济损失1700余万元，京沪高速公路宿迁至宝应段(约110公里)关闭20小时。

事故发生后，江苏省政府立即启动了全省危险化学品运输安全事故应急救援预案，当地大批公安、武警、消防、安监等人员投入了事故的抢救工作。省政府成立了“3.29”事故应急处理指挥部，指挥部下设五个工作组。

(1) 危险源处置组。在专家组的指导下具体负责将翻落高速公路的液氯槽罐尽快拖离路面，采取措施，消除危险源。

(2) 受灾地区清查组。具体负责清查因液氯泄漏而受灾的群众情况，统计详细受灾人数，妥善安置受灾群众，加强受灾区安全警戒，并及早研究死伤人员和受灾群众的赔偿等工作。

(3) 医疗救治组。具体负责氯气中毒人员的医疗救治工作。

(4) 交通疏导组。全力做好因事故封闭京沪高速后的交通疏导工作，积极缓解交通堵塞压力。

(5) 综合组。做好事故材料报送、新闻宣传等工作。同时，开展疏散群众的安置工作，在确保安全的前提下继续搜寻受灾区群众；抓紧处置液氯槽罐，积极稳妥地消除危险源，为尽快开通高速公路创造条件；全力做好医疗救助工作，不惜一切代价，抢救受伤人员；稳妥做好事故宣传报道工作。

经过公安、武警、消防、安监等部门的通力合作，苦战10多小时，这起重大的液氯泄漏事故得到了圆满的解决。

7.6.2 事故原因

7.6.2.1 事故直接原因

发生在京沪高速公路淮安段的“3.29”液氯泄漏事故性质及责任经专家确认，这是一起由于使用报废轮胎、严重超载，事发后肇事人逃逸，由交通事故导致的液氯泄漏特大责任事故。

运载剧毒化学品液氯的肇事车为重型罐式半挂车槽罐车，核定载重为 15 吨的，事发时实际运载液氯多达 40.44 吨，超载达 169.6%；除此之外，该车使用报废轮胎，安全机件也不符合技术标准，在行驶的过程中导致左前轮爆胎，槽罐车侧翻，液氯泄漏；肇事车驾驶员、押运员在事故发生后逃离现场，失去最佳救援时机，直接导致事故后果的扩大。这一系列因素是造成此次特大事故的直接原因。

此外，运输中心对挂靠的这辆危险化学品运输车疏于安全管理；所运载液氯的生产和销售单位被有关部门证实没有生产许可证；运输中心没有履行监督和检查的职责，未能及时纠正车主使用报废轮胎和车辆超载行为，是这起事故的间接原因。

该车押运员缺乏应有的工作资质，没有参加相关的培训和考核，不具备押运危险化学品的资质，也不具备危险化学品运输知识和相应的应急处置能力，这是事故发生乃至伤亡损失扩大的另一个重要间接原因。

7.6.2.2　事故管理原因

参与事故处理的专家，造成此类事故的管理原因有：

(1) 对从业人员缺乏教育和管理，安全意识淡薄。液氯泄漏事故暴露出，不少企业的安全管理及自律方面存在不少问题：从业人员安全意识欠缺，业务素质极低，“既是肇事者，又是受害者”。《危险化学品安全管理条例》规定，危险化学品单位从事生产、经营、储存、运输、使用危险化学品或者处置废弃危险化学品活动的人员，必须接受有关法律、法规、规章和安全知识、专业技术、职业卫生防护和应急救援知识的培训，并经考核合格方可上岗作业。而这次淮安事件中，驾驶员没有基本的事故应急常识，在事故发生之后自行逃逸，导致最佳的抢险和营救时机措失。

(2) 多头监管，造成管理责任不明确。近年来危险化学品的安全监管也陷入“怪圈”：十多顶“大盖帽”管不住一辆槽罐车。《危险化学品安全管理条例》规定，涉及危险化学品监管的包括安全生产监管、公安、质量技监、环保、铁路、民航、交通、卫生、工商、农业、邮政等 10 个部门，在监管权限似乎很清楚，但又互相推委、扯皮的状态下，这辆超载的槽罐车“安然”途经数百里。所以现在没有把危险化学品的各个环节都管好、管牢、管死，部分原因可以归结为执法部门的执行不到位，各项规定基本上停留于纸上。出了事故，许多部门似乎都有责任，但事实上又没有哪个部门有能力真正承担得起这样重大的责任。

(3) 区域协调机制缺失，造成违纪、违法车辆有机可乘。近来发生的多起危险化学品泄漏事件都是发生在途中，事发地和出发地都不是一个省份管辖。这次事故发生地在江苏，而车辆是山东的。预防处理类似事件需要一个完善、正常、良好运作的区域协调机制。

7.6.3 事故教训

近年来，全国各地类似氯气泄漏事故事故频发，值得认真反思。

(1) 必须建立并完善重特大事故的调查工作的法规和程序

建立健全危险品事故发生时的应急处理机制。在这起事故中，一个明显的事实是，翻倒的槽罐车在连续“泄氯”近十个小时中，高速公路安全应急机制始终未落实，处理交通事故时，还有 36 名警察和武警官兵受伤。事情过后，人们不禁反思，即使司机逃逸，有关部门如何才能最快得知信息？怎样才能最快速地检测危险品事故？在处理类似事故时，应由哪些专业化的应急队伍去处理危险品事故？等等。这些问题的存在，都反映出应急处理的不足。在当前全面落实科学发展观的大环境下，建立健全普遍性的应急机制具有十分重要的现实意义，尤其在农村地区、重要交通枢纽地带更是如此。

加大执法力度，完善各种危险品管理法规的落实检查机制。《危险化学品安全管理条例》，对危险化学品的生产、经营、储存、运输、使用和对危险化学品实施监督管理的有关部门的职责作了详尽的规定，用于危险化学品运输工具的槽罐以及其他容器，必须依照由专业生产企业定点生产，并经检测、检验合格；运输危险化学品，必须配备必要的应急处理器材和防护用品；通过公路运输危险化学品，必须配备押运人员，并随时处于押运人员的监管之下，不得超装、超载。从这起事件来看，对氯气的运输似乎都不符合上述条件，存在多种安全隐患，如使用报废轮胎、严重超载、没有配备押运员，驾驶人员缺乏基本的安全知识，等等，但这辆超载车却仍是从山东济宁运到了江苏淮安，沿途至少有 3 个收费站，跨经苏鲁两省。在这辆“危险车”畅通无阻的背后，是行政执法部门发现“危险”不及时，对违法情况执法的不力，还是规章制度落实得不严不实，这就迫切需要建立各种规章制度的监督检查机制，迫切需要严肃法纪。如果山东方面能及时掌握槽罐车的资料，及时通报给沿途的地区，损失可能就减少了很多。而现实是在事故发生后，肇事司机逃逸了，淮安当地的相关职能部门都不知道发生泄漏的究竟是何种有毒化学物品，这无疑也延误了“救命”时间。

严格危险品事故发生后的责任追究机制。任何重大安全事故的发生都不是偶然的，而是由多方面的违规操作造成的。事故中，运输液氯的山东槽罐车司机有重大责任，其在肇事后逃逸，造成重大人员伤亡，对其以危害公共安全罪依法追究刑事责任是理所当然的。同时，也应看到这起安全事故的背后，是否有渎职犯罪，是否应追究相关执法部门的责任？完善重大事故的责任追究机制势在必行，检察机关应在事故发生后立即介入重大安全事故的调查，依法追究事故责任人或单位的相应责任，并向媒体及时发布事故责任调查的情况。

以人为本，建立受灾地区群众的权利保障机制。淮安液氯泄漏事故对当地群众造成的损失是灾难性的，事故造成直接经济损失达 1700 余万元人民币。然而令人者欣慰的是，当地政府主动投入到救济中，及时疏散群众、救助伤者，还将对受损群众进行补偿。对这些稳定人心、保障权益的行政行为应以法律的形式固定下来，形成一套完整的政府救助制度，使百姓向相关单位索赔时也有法可依。

(2) 必须加强对公众的安全教育

在这起重特大的液氯泄漏事故中，造成 29 人死亡。但如果我们能够做好科普的普及工作，完全可以避免如此重大的伤亡数字。液氯泄漏后，不少当地农民还没有明白怎么回事，就被液氯夺取了生命。而在逃生过程中，简易防毒办法是用湿润毛巾捂住鼻子，背风跑到空气清新处，很多人并不知道而造成轻微的中毒，带来了不必要的伤害。当地领导通过高音喇叭号召大家紧急撤离时，却没有明确告诉大家撤离方向，导致不少人是向着液氯泄漏的方向。所幸的是突然改变了风向，从而避免了更多人员的伤亡。大多死亡者都是在逃离路上被发现的。如果当地农民多了解一点液氯的知识，懂得一点简单的防护自救知识，完全有可能避免如此重大的人员伤亡。

(3) 推广先进的安全监控技术

我国已研制出利用 GPS 系统监管危险品运输车辆的技术。这项技术的核心就是利用 GPS 这个平台，对运输危险化学品的车辆进行全程监控。一旦遇到险情或发生事故，监控终端能够在最短时间内获取信息，通知有关部门启动应急机制，有效控制事故的发生和发展。以前已经有某些地方开始提倡安装这一系统，但由于不是强制规定，执行情况并不乐观。而在京沪高速公路淮安段并没有安装这一先进的 GPS 系统监管，又由于驾车司机的逃逸，错过了最佳抢险时间，造成了不必要的人员伤亡和经济损失。

而从现有监管体制来看，我国对危险化学品的管理涉及交通、民航、铁路、公安、质监等 10 个部门。这辆肇事车本身即涉及 3 个部门，槽罐归质检部门管，车体属交通部门管，车辆上路通行又涉及公安交通部门。在我国化工行业高度发展的今天，为了有效地协调个部门的管理工作，迫切需要更为先进的信息交流平台，协调各部门的合作关系，达到资源的最优化组合，最大限定地避免人员伤亡和经济损失。

附表　危险化学品的疏散距离

UN No/化学品名称	少量泄漏			大量泄漏		
	紧急隔离/m	白天疏散/km	夜间疏散/km	紧急隔离/m	白天疏散/km	夜间疏散/km
1005 氨(液氨)	30	0.2	0.2	60	0.5	1.1
1008 三氟化硼(压缩)	30	0.2	0.6	215	1.6	5.1
1016 一氧化碳(压缩)	30	0.2	0.2	125	0.6	1.8
1017 氯气	30	0.3	1.1	275	2.7	6.8
1023 压缩煤气	30	0.2	0.2	60	0.3	0.5
1026 氰(乙二腈)	30	0.3	1.1	305	3.1	7.7
1040 环氧乙烷	30	0.2	0.2	60	0.5	1.8
1045 氟气(压缩)	30	0.2	0.5	185	1.4	4.0
1048 无水溴化氢	30	0.2	0.5	125	1.1	3.4
1050 无水氯化氢	30	0.2	0.6	185	1.6	4.3
1051 氰化氢(氢氰酸)	60	0.2	0.5	400	1.3	3.4
1052 无水氟化氢	30	0.2	0.6	125	1.1	2.9
1053 硫化氢	30	0.2	0.3	215	1.4	4.3
1062 甲基溴	30	0.2	0.3	95	0.5	1.4
1064 甲硫醇	30	0.2	0.3	95	0.8	2.7
1067 氮氧化物	30	0.2	0.5	305	1.3	3.9
1069 亚硝酰氯	30	0.3	1.4	365	3.5	9.8
1071 压缩石油气	30	0.2	0.2	30	0.3	0.5
1076 双光气	60	0.2	0.5	95	1.0	1.9
1076 光气	95	0.8	2.7	765	6.6	11.0
1079 二氧化硫	30	0.3	1.1	185	3.1	7.2
1082 三氟氯乙烯	30	0.2	0.2	30	0.3	0.8
1092 丙烯醛(阻聚)	60	0.5	1.6	400	3.9	7.9
1098 烯丙醇	30	0.2	0.2	30	0.3	0.6
1135 2-氯乙醇	30	0.2	0.3	60	0.6	1.3
1143 2-丁烯醛(阻聚)	30	0.2	0.2	30	0.3	0.8
1162 二甲基二氯硅烷(水中泄漏)	30	0.2	0.3	125	1.1	2.9
1163 1,1-二甲基肼	30	0.2	0.2	60	0.5	1.1
1182 氯甲酸乙酯	30	0.2	0.3	60	0.6	1.4
1185 乙烯亚胺(阻聚)	30	0.3	0.8	155	1.4	3.5
1238 氯甲酸甲酯	30	0.3	1.1	155	1.6	3.4
1239 氯甲基甲醚	30	0.2	0.6	125	1.1	2.7
1242 甲基二氯硅烷(水中泄漏)	30	0.2	0.2	60	0.5	1.6
1244 甲基肼	30	0.3	0.8	125	1.1	2.7
1250 甲基三氯硅烷(水中泄漏)	30	0.2	0.3	125	1.1	2.9
1251 甲基乙烯基酮(稳定)	155	1.3	3.4	915	8.7	11.0
1259 羰基镍	60	0.6	2.1	215	2.1	4.3
1295 三氯硅烷(水中泄漏)	30	0.2	0.3	125	1.3	3.2

续表

UN No/化学品名称	少量泄漏			大量泄漏		
	紧急隔离/m	白天疏散/km	夜间疏散/km	紧急隔离/m	白天疏散/km	夜间疏散/km
1298 三甲基氯硅烷	30	0.2	0.2	95	0.8	2.3
1340 五硫化磷(不含黄磷和白磷)水中泄漏	30	0.2	0.5	155	1.3	3.2
1360 磷化钙(水中泄漏)	30	0.2	0.8	215	2.1	5.3
1380 戊硼烷	155	1.3	3.7	765	6.6	10.6
1384 连二亚硫酸钠(保险粉)，水中泄漏	30	0.2	0.2	30	0.3	1.1
1397 磷化铝(水中泄漏)	30	0.2	0.8	245	2.4	6.4
1412 氨基化锂	30	0.2	0.2	95	0.8	1.9
1419 磷化铝镁(水中泄漏)	30	0.2	0.8	215	2.1	5.5
1432 磷化钠(水中泄漏)	30	0.2	0.5	155	1.4	4.0
1433 磷化锡(水中泄漏)	30	0.2	0.8	185	1.6	4.7
1510 四硝基甲烷	30	0.3	0.5	60	0.6	1.3
1541 丙酮合氰醇(水中泄漏)	30	0.2	0.2	95	0.8	2.1
1556 甲基二氯化胂	30	0.2	0.3	60	0.5	1.0
1560 三氯化砷	30	0.2	0.3	60	0.6	1.4
1569 溴丙酮	30	0.2	0.3	95	0.8	1.9
1580 三氯硝基甲烷(氯化苦)	60	0.5	1.3	185	1.8	4.0
1581 三氯硝基甲烷和溴甲烷混合物	30	0.2	0.5	125	1.3	3.1
1581 溴甲烷和>2%三氯硝基甲烷混合物	30	0.3	1.1	215	2.1	5.6
1582 三氯硝基甲烷和氯甲烷混合物	30	0.2	0.8	95	1.0	3.2
1589 氯化氰(抑制)	60	0.5	1.8	275	2.7	6.8
1595 硫酸二甲酯	30	0.2	0.2	30	0.3	0.6
1605 1,2-二溴乙烷	30	0.2	0.2	30	0.3	0.5
1612 四磷酸六乙酯和压缩气体混合物	30	0.2	0.2	30	0.3	1.4
1613 氢氰酸，水溶液(含氰化氢≤20%)	30	0.2	0.2	125	0.5	1.3
1614 氰化氢	60	0.2	0.5	400	1.3	3.4
1647 1,2-二乙烷和溴甲烷液体混合物	30	0.2	0.2	30	0.3	0.5
1660 压缩一氧化氮	30	0.3	1.3	155	1.3	3.5
1670 全氯甲硫醇	30	0.2	0.3	60	0.5	1.1
1680 氰化钾(水中泄漏)	30	0.2	0.3	95	0.8	2.6
1689 氰化钠(水中泄漏)	30	0.2	0.3	95	1.0	2.6
1695 氯丙酮(稳定)	30	0.2	0.3	60	0.6	1.3
1698 亚当氏气(军用毒气)	60	0.3	1.1	185	2.3	5.1
1714 磷化锌(水中泄漏)	30	0.2	0.8	185	1.8	5.1
1716 乙酰溴(水中泄漏)	30	0.2	0.3	95	0.8	2.3
1717 乙酰氯(水中泄漏)	30	0.2	0.3	95	1.0	2.7
1722 氯甲酸烯丙酯	155	1.3	2.7	610	6.1	10.8
1724 烯丙基三氯硅烷，稳定的(水中泄漏)	30	0.2	0.3	125	1.0	2.9
1725 无水溴化铝	30	0.2	0.3	95	1.0	2.7
1726 无水氯化铝	30	0.2	0.2	60	0.5	1.6

续表

UN No/化学品名称	少量泄漏			大量泄漏		
	紧急隔离/m	白天疏散/km	夜间疏散/km	紧急隔离/m	白天疏散/km	夜间疏散/km
1728 戊基三氯硅烷(水中泄漏)	30	0.2	0.2	60	0.5	1.6
1732 五氟化锑(水中泄漏)	30	0.2	0.6	155	1.6	3.7
1736 苯甲酰氯(水中泄漏)	30	0.2	0.2	30	0.3	1.1
1741 三氯化硼	30	0.2	0.3	60	0.6	1.6
1744 溴，溴溶液	60	0.3	1.1	185	1.6	4.0
1745 五氟化溴(陆上泄漏)	60	0.5	1.3	245	2.3	5.0
1745 五氟化溴(水中泄漏)	30	0.2	0.8	215	1.9	4.2
1746 三氟化溴(陆上泄漏)	30	0.2	0.3	60	0.3	0.8
1746 三氟化溴(水中泄漏)	30	0.2	0.6	185	2.1	5.5
1747 丁基三氯硅烷(水中泄漏)	30	0.2	0.2	60	0.5	1.8
1749 三氟化氯	60	0.5	1.6	335	3.4	7.7
1752 氯乙酰氯(陆上泄漏)	30	0.2	0.5	95	0.8	1.6
1752 氯乙酰氯(水中泄漏)	30	0.2	0.2	60	0.3	1.3
1754 氯磺酸(陆上泄漏)	30	0.2	0.2	30	0.2	0.5
1754 氯磺酸(水中泄漏)	30	0.2	0.2	60	0.5	1.4
1754 氯磺酸和三氧化硫混合物	60	0.3	1.1	305	2.1	5.6
1758 氯氧化铬(水中泄漏)	30	0.2	0.2	60	0.3	1.3
1777 氟磺酸	30	0.2	0.2	60	0.5	1.4
1801 辛基三氯硅烷(水中泄漏)	30	0.2	0.3	95	0.8	2.4
1806 五氯化磷(水中泄漏)	30	0.2	0.3	125	1.0	2.9
1809 三氯化磷(陆上泄漏)	30	0.2	0.6	125	1.1	2.7
1809 三氯化磷(水中泄漏)	30	0.2	0.3	125	1.1	2.6
1810 三氯氧磷(陆上泄漏)	30	0.2	0.5	95	0.8	1.8
1810 三氯氧磷(水中泄漏)	30	0.2	0.3	95	1.0	2.6
1818 四氯化硅(水中泄漏)	30	0.2	0.3	125	1.3	3.4
1828 氯化硫(陆上泄漏)	30	0.2	0.3	60	0.5	1.0
1828 氯化硫(水中泄漏)	30	0.2	0.2	60	0.6	2.3
1829 三氧化硫	60	0.3	1.1	305	2.1	5.6
1831 发烟硫酸	60	0.3	1.1	305	2.1	5.6
1834 硫酰氯(陆上泄漏)	30	0.2	0.2	30	0.3	0.6
1834 硫酰氯(水中泄漏)	30	0.2	0.2	125	1.1	2.4
1836 亚硫酰氯(陆上泄漏)	30	0.2	0.5	60	0.5	1.1
1836 亚硫酰氯(水中泄漏)	30	0.2	1.0	335	3.2	7.1
1838 四氯化钛(陆上泄漏)	30	0.2	0.2	30	0.3	0.8
1838 四氯化钛(水中泄漏)	30	0.2	0.3	125	1.1	2.9
1859 四氟化硅	30	0.2	0.5	60	0.5	1.6
1892 乙基二氯化胂	30	0.2	0.3	60	0.5	1.0
1898 乙酰碘(水中泄漏)	30	0.2	0.2	60	0.6	1.6
1911 压缩乙硼烷	30	0.2	0.3	95	1.0	2.7

续表

UN No/化学品名称	少量泄漏			大量泄漏		
	紧急隔离/m	白天疏散/km	夜间疏散/km	紧急隔离/m	白天疏散/km	夜间疏散/km
1923 连二亚硫酸钙，亚硫酸氢钙(水中泄漏)	30	0.2	0.2	30	0.3	1.1
1939 三溴氧磷(水中泄漏)	30	0.2	0.3	95	0.6	1.9
1975 NO 和 NO_2 混合物，N_2O_4 和 NO 混合物	30	0.3	1.3	155	1.3	3.5
1994 五羟基铁	30	0.3	0.6	125	1.1	2.4
2004 二氨基镁(水中泄漏)	30	0.2	0.2	60	0.5	1.3
2011 磷化镁(水中泄漏)	30	0.2	0.8	245	2.3	6.0
2012 磷化钾(水中泄漏)	30	0.2	0.5	155	1.3	4.0
2013 磷化锶(水中泄漏)	30	0.2	0.5	155	1.3	3.7
2032 发烟硝酸	95	0.3	0.5	400	1.3	3.5
2186 氯化氢，冷冻液体	30	0.2	0.6	185	1.6	4.3
2188 胂	60	0.5	2.1	335	3.2	6.6
2189 二氯硅烷	30	0.3	1.0	245	2.4	6.3
2190 压缩二氟化氧	430	4.2	8.4	915	11.0	11.0
2191 硫酰氟	30	0.2	0.3	95	0.8	2.3
2192 锗烷	30	0.2	0.8	275	2.7	6.6
2194 六氟化硒	30	0.3	1.3	245	2.3	6.0
2195 六氟化碲	60	0.6	2.3	365	3.5	7.6
2196 六氟化钨	30	0.3	1.3	155	1.3	3.7
2197 无水碘化氢	30	0.2	0.5	95	0.8	2.6
2198 压缩五氟化磷	30	0.3	1.1	125	1.1	3.5
2199 磷化氢	95	0.3	1.3	490	1.8	5.5
2202 无水硒化氢	185	1.8	5.6	915	10.8	11.0
2204 羰基硫	30	0.2	0.6	215	1.9	5.6
2232 2-氯乙醛	30	0.2	0.5	60	0.6	1.6
2334 烯丙胺	30	0.2	0.5	95	1.0	2.4
2337 苯硫酚	30	0.2	0.2	30	0.3	0.6
2382 对称二甲基肼	30	0.2	0.3	60	0.5	1.1
2407 氯甲酸异丙脂	30	0.2	0.3	95	0.8	1.9
2417 压缩碳酰氟	30	0.2	1.1	125	1.0	3.1
2418 四氟化硫	60	0.5	1.9	305	2.9	6.9
2420 六氟丙酮	30	0.3	1.4	365	3.7	8.5
2421 三氧化二氮	30	0.2	0.2	155	0.6	2.1
2438 三甲基乙酰氯	30	0.2	0.2	30	0.3	0.8
2442 三氯乙酰氯(陆中泄漏)	30	0.2	0.3	60	0.6	1.4
2442 三氯乙酰氯(水中泄漏)	30	0.2	0.2	30	0.3	1.3
2474 硫光气	60	0.6	1.8	275	2.6	5.0
2477 异硫氰酸甲酯	30	0.2	0.3	60	0.5	1.1
2480 异氰酸甲酯	95	0.8	2.7	490	4.8	9.8
2481 异氰酸乙酯	215	1.9	4.3	915	11.0	11.0

续表

UN No/化学品名称	少量泄漏			大量泄漏		
	紧急隔离/m	白天疏散/km	夜间疏散/km	紧急隔离/m	白天疏散/km	夜间疏散/km
2482 异氰酸正丙酯	125	1.1	2.4	765	6.3	10.6
2483 异氰酸异丙酯	185	1.8	3.9	430	4.2	7.4
2484 异氰酸叔丁酯	125	1.0	2.4	550	5.3	10.3
2485 异氰酸正丁酯	95	0.8	1.6	335	3.1	6.3
2486 异氰酸异丁酯	60	0.6	1.4	155	1.6	3.2
2487 异氰酸苯酯	30	0.3	0.8	155	1.3	2.6
2488 异氰酸环已酯	30	0.2	0.3	95	0.8	1.4
2495 五氟化碘(水中泄漏)	30	0.2	0.5	125	1.1	3.1
2521 双烯酮，抑制的	30	0.2	0.2	30	0.3	0.5
2534 甲基氯硅烷	30	0.2	1.0	215	2.1	5.6
2548 五氟化氯	30	0.3	1.0	365	3.7	8.7
2576 三溴氧磷，熔融的(水中泄漏)	30	0.2	0.3	95	0.6	1.9
2600 压缩一氧化碳和氢气混合物	30	0.2	0.2	125	0.6	1.8
2605 异氰酸甲氧基甲酯	60	0.3	0.8	125	1.3	2.6
2606 原硅酸甲酯	30	0.2	0.2	30	0.3	0.6
2644 甲基碘	30	0.2	0.3	60	0.3	1.0
2646 六氯环戊二烯	30	0.2	0.2	30	0.2	0.3
2668 氯乙腈	30	0.2	0.2	30	0.3	0.5
2676 锑化氢	30	0.3	1.6	245	2.3	6.0
691 五溴化磷(水中泄漏)	30	0.2	0.3	95	0.8	2.4
2692 三溴化硼(陆地泄漏)	30	0.2	0.3	60	0.6	1.4
2692 三溴化硼(水中泄漏)	30	0.2	0.2	60	0.5	1.6
2740 氯甲酸正丙酯	30	0.2	0.3	60	0.5	1.4
2742 氯甲酸特丁酯	30	0.2	0.2	30	0.3	0.6
2742 氯甲酸异丁酯	30	0.2	0.2	60	0.3	0.8
2743 氯甲酸正丁酯	30	0.2	0.2	30	0.3	0.5
2806 氮化锂	30	0.2	0.2	95	0.8	2.1k
2810 双(2-氯乙基)乙胺	30	0.2	0.2	30	0.2	0.3
2810 双(2-氯乙基)甲胺	30	0.2	0.2	30	0.2	0.3
2810 双(2-氯乙基)硫	30	0.2	0.2	30	0.2	0.3
2810 沙林，sarin(化学武器)	155	1.6	3.4	915	11.0	11.0
2810 梭曼，soman(化学武器)	95	0.8	1.8	765	6.8	10.5
2810 嗒崩，tabun(化学武器)	30	0.3	0.6	155	1.6	3.1
2810 VX(化学武器)	30	0.2	0.2	60	0.6	1.0
2810 CX(化学武器)	30	0.2	0.5	95	1.0	3.1
2826 氯硫代甲酯乙酯	30	0.2	0.2	60	0.5	0.8
2845 无水乙基二氯化膦	60	0.5	1.3	155	1.6	3.4
2845 甲基二氯化膦	60	0.5	1.3	245	2.3	5.0
2901 氯化溴	30	0.3	1.0	155	1.6	4.0

续表

UN No/化学品名称	少量泄漏			大量泄漏		
	紧急隔离/m	白天疏散/km	夜间疏散/km	紧急隔离/m	白天疏散/km	夜间疏散/km
2927 无水乙基二氯硫膦	30	0.2	0.2	30	0.2	0.2
2977 六氟化铀，可裂变的(含铀－235 高于 1.0%)水中泄漏	30	0.2	0.5	95	1.0	3.1
3023 2－甲基－2－庚硫醇，叔－辛硫醇	30	0.2	0.2	60	0.5	1.1
3048 磷化铝农药	30	0.2	0.8	215	1.9	5.3
3052 烷基铝卤化物(水中泄漏)	30	0.2	0.2	30	0.3	1.3
3057 三氟乙酰氯	30	0.3	1.4	430	4.0	8.5
3079 甲基丙烯腈，抑制的	30	0.2	0.5	60	0.6	1.6
3083 过氯酰氟	30	0.2	1.0	215	2.3	5.6
3246 甲基磺酰氯	95	0.6	2.4	245	2.3	5.1
3294 氰化氢醇溶液(含氰化氢不高于 45%)	30	0.2	0.3	215	0.6	1.9
3300 环氧乙烷和二氧化碳混合物(环氧乙烷含量大于 87%)	30	0.2	0.2	60	0.5	1.8
3318 50%以上的氨溶液	30	0.2	0.2	60	0.5	1.1
9191 二氧化氯，水合物，冻结(水中泄漏)	30	0.2	0.2	30	0.2	0.6
9192 氟，冷冻液	30	0.2	0.5	185	1.4	4.0
9202 一氧化碳，冷冻液	30	0.2	0.2	125	0.6	1.8
9206 甲基二氯化膦	30	0.2	0.2	30	0.2	0.3
9263 氯二甲基乙酰氯	30	0.2	0.2	30	0.3	0.5
9264 3,5－二氯－2,4,6－三氟嘧啶	30	0.2	0.2	30	0.3	0.5
9269 三甲氧基硅烷	30	0.3	1.0	215	2.1	4.2

参 考 文 献

1 Center for Chemical Process Safety of the American Institute of Chemical Engineers. Gildelines for Dispersion Models. 2ed edition. 1996

2 Christopher Harris. Hazardous Chemicals and the Right to Know. Scott A. Harvey. New York: McGraw-Hill, Inc. Executive Enterprises Publications Co., Inc., 1993

3 Lab Safety Supply Inc.. Emergency Spill Response Pocket Guide. 1994

4 Faisal I. Khan. Cushioning the Impact of Toxic Release From Runaway Industrial Accidents With Greebelts. S. A. Abbasi. Journal of the Loss Prevention in the Process Industries, 2000, (13): 109 ~ 124

5 Dag Bjerketnedt et al. Gas Explosion Handbook. Journal of Hazardous Materials, 1997 (52): 1 ~ 150

6 Noni Holmes et al. An Exploratory Study of Meanings of Risk Control for Long Term and Acute Effect Occupation Health and Safety Risks in Small Business Construction Firm. Journal of Study Research, 1999, 30 (4): 251 ~ 261

7 Luise Vassie et al. Health and Safety Management in UK and Spanish SMEs: A Comparative Study. Journal of Safety Research, 2000, 31 (1): 35 ~ 43

8 Longmei Chen. A Scheme of Hazardous Chemical Identification for Transportation Incidents, Dahe Jiang, Jiyang Xia. Journal of Hazardous Materials, 1997(56): 117 ~ 136

9 吴宗之，刘茂．重大事故应急救援系统及预案导论．北京：冶金工业出版社，2003

10 赵国辉．化学突发事故应急救援．北京：化学工业出版社，1997

11 吴宗之，高进东．重大危险辨别与控制．北京：冶金工业出版社，2001

12 张应立，张莉．工业企业防火防爆．北京：中国电力出版社，2003

13 高孔谅．工厂防火防爆．北京：人民交通出版社，1992

14 王凯全，邵辉．事故理论与分析技术．北京：化学工业出版社，2004

15 何学庆．安全工程学．徐州：中国矿业大学出版社，2000

16 许文．化工安全工程概论．北京：化学工业出版社，2002

17 常德强．石化企业重大事故预警与应急系统 GIS 研究：[学位论文]．沈阳：东北大学，2003

18 王自齐，赵金恒．化学事故与应急救援．北京：化学工业出版社，1997

19 林泽炎．事故预防实用技术．北京：科学技术文献出版社，1999

20 孙桂林．劳动保护全书．北京：北京出版社，1990

21 谢兰杰，李增元．劳动保护管理学．北京：北京经济学院出版社，1991

22 卞耀武，李适时，黄淑和，闪淳昌．《中华人民共和国安全生产法》读本．煤炭工业出版社，2002

23 王智新等译．重大事故控制与实用手册．北京：中国劳动出版社，1993

24 王凯全．石油化工流程的危险辨识．沈阳：东北大学出版社，2003

25 宋大成．工伤事故和职业病的调查·统计·分析与对策．北京：中国林业出版社，1989

26 罗云．安全系统工程．武汉：中国地质大学出版社，1989

27 王力等译．石油化工企业事故案例剖析．北京：中国石化出版社，2004

28 北京市安全生产监督管理局．重特大事故案例选编．北京：中国工商出版社，2004

29 曹炳炎．石油化工毒物手册．北京：中国劳动出版社，1992
30 宁工红．常见毒物急性中毒的简易检验与急救．北京：军事医学科学出版社，2001
31 史志澄．化工急性中毒诊疗手册．北京：化学工业出版社，1995
32 冯庚．现场急救手册．北京：同心出版社，2001
33 国家环境保护总局，环境检察办公室．环境应急手册．北京：中国环境科学出版社，2003
34 程云书．建立化学事故应急预案的必要性．劳动保护，2003·10：20～22
35 应中飞．化工火灾扑救的思考．保驾护航，2002·12：6～7
36 李运才，袁纪武．化学事故应急救援体系的建设．劳动保护，2003·11：80～81
37 袁纪武，谢传欣．企业化学事故应急救援预案的编制．劳动保护，2004·1：75～77
38 纪国峰，翟良云．危险化学品事故现场处置基本程序．劳动保护，2004·2：72～74
39 牟善军，姜春明，周永平，程云书．欧洲化学品安全管理与化学事故应急救援工作情况考察报告．安全、环境和健康，2002·4：28～32

中国石化出版社**安全类图书**目录

书名	定价/元
安全教育系列丛书	
领导干部特大安全事故防范与责任追究必读(第二版)	28.00
厂长经理和管理人员安全知识必读(第二版)	26.00
车间主任安全管理必读(第二版)	18.00
企业员工安全知识必读(第二版)	9.00
新员工安全知识必读(第二版)	6.80
安全员必读(第二版)	16.00
班组安全学习必读(第二版)	8.00
民工安全教育必读(第二版)	9.00
事故处理与工伤保险(第二版)	12.00
事故应急处理预案编制必读(第二版)	12.00
煤矿安全生产法律法规精选	19.80
非煤矿山矿长和管理人员安全培训必读	25.00
非煤矿山职工安全培训必读	20.00
煤矿矿长和管理人员安全知识问答	19.60
煤矿工人安全知识问答	7.80
烟花爆竹安全生产销售必读	20.00
安全知识丛书	
安全知识问答	18.00
现代安全知识讲座	22.00
安全生产责任制编制指南	18.00
常用安全生产法规手册	20.00
危险化学品安全系列丛书	
危险化学品安全管理	22.00
危险化学品设备安全	28.00
危险化学品生产安全	25.00
危险化学品安全经营、储运和使用	30.00
危险化学品安全评价方法	28.00
危险化学品事故处理与应急预案	28.00
班组安全教育丛书	
石油化工企业班组安全教育读本	18.00
油品销售企业员工安全培训教材	28.00
油田企业安全教育读本	28.00
施工企业安全教育读本	25.00
班组 HSE 基础知识与操作实务	20.00
石油化工安全技术与管理丛书	
油气管道安全工程	45.00
油库加油站安全技术与管理	45.00
石油化工生产防火防爆	40.00
电气与静电安全	40.00
设备检修安全	60.00
油库千例事故分析	65.00
加油站百例事故分析	15.00

书名	定价/元
石油石化安全生产科普读物	
石油勘探开发安全知识	12.00
石油安全知识	11.00
石油化工生产储运销售安全知识	10.00
石油化工安全问答丛书	
油库安全管理技术问答	35.00
加油站安全与设备技术问答	25.00
施工企业安全知识问答	15.00
电气安全知识问答	20.00
职业病防治技术问答	15.00
石油化工安全评价技术	98.00
石油化工企业事故案例剖析[美]	45.00
石化职工健康指南	15.00
职业卫生管理与技术	30.00
石油化工职业病防治手册	18.00
中国石化集团公司安全生产监督管理制度	45.00
石油化工原料与产品安全手册	40.00
安全工程师任职资格培训教材	65.00
2005 年全国注册安全工程师执业资格考试要点解析	40.00
注册安全工程师执业资格考试指南	55.00
安全技术与管理	40.00
石油化工危险化学品实用手册	65.00
石油化工安全概论	35.00
常用化学危险物品安全手册(五)	135.00
常用化学危险物品安全手册(六)	125.00
石油化工防火防爆手册	160.00
石油化工安全工程(上)	16.00
HSE 施工作业图示	7.50
班组安全教育篇	12.00
石油化工安全管理	24.00
钻井工程事故预防与处理	15.00
石油化工防火与灭火	60.00
消防应用技术	38.00
消防员必读(第二版)	7.00
安全生产法条款解析	20.00
危险化学品安全评价	30.00
有害化学品安全手册	158.00
加油(气)站安全技术与管理	40.00
危险化学品生产安全技术与管理	45.00
作业场所化学品安全管理	45.00
有害物质及其检测	24.00
现代企业安全管理全书	148.00
民用燃气安全知识问答	4.00
石油化工安全技术(初级本)	20.00
石油化工安全技术(中级本)(第二版)	28.00
石油化工安全技术(高级本)	68.00